반백살의
미국 수돗물 들여다보기

The Safe Drinking Water Act Turns 50

A collection of *Journal AWWA* articles capturing five decades of challenges and successes

대한상하수도학회 특별출판위원회

김경민 · 김춘수 · 맹승규 · 오희경 · 이윤호 · 전강민
정관호 · 정석희 · 최용주 · 최정권 · 최정현 공역

American Water Works Association

도서출판 동화기술

The Safe Drinking Water Act Turns 50: A Collection of Journal AWWA Articles Reflecting on Successes and Challenges

Disclaimer

The authors, contributors, editors, and publisher do not assume responsibility for the validity of the content or any consequences of their use. In no event will AWWA be liable for direct, indirect, special, incidental, or consequential damages arising out of the use of information presented in this book. In particular, AWWA will not be responsible for any costs, including, but not limited to, those incurred as a result of lost revenue. In no event shall AWWA's liability exceed the amount paid for the purchase of this book.

Senior Acquisitions Editor: Geoffrey S. Shideler
Editorial Assistant: Tess Pickar
Manager – Publishing Operations: Gillian Wink
Cover illustration by: FlyingX/Shutterstock.com

Printed in the United States of America
ISBN: 978-1-64717-189-6
ISBN, electronic: 978-1-61300-716-7
https://doi.org/10.12999/AWWA.20869ed1

American Water Works Association

American Water Works Association
6666 West Quincy Avenue
Denver, CO 80235-3098
awwa.org

추천사

▌「반백살의 미국 수돗물 들여다보기」의 발간을 진심으로 축하드립니다.

저는 환경부 장관으로 재임하던 시절, 기후위기의 가속화와 미량오염물질 관리, 그리고 국민의 수돗물 신뢰 회복이라는 중대한 과제들을 매일 같이 마주했습니다. 특히 최근에는 강원도 가뭄과 같은 기후 재난이나 노후화된 상수도 인프라로 인한 수돗물 공급의 어려움, 그리고 PFAS 등 새로운 오염물질의 위협 등이 가속화되고 있고, "깨끗하고 안전한 수돗물"이라는 국가적 책무가 결코 당연한 것이 아님을 일깨워주고 있습니다.

이 책은 1974년 제정된 미국「수도법(Safe Drinking Water Act, SDWA)」의 50년 역사를 통해, 안전한 수돗물 공급을 위해 제도가 어떻게 태어나고 진화했는지를 생생하게 보여줍니다. 특히, 공중보건을 최우선으로 두는 규제 철학, 재정 지원 메커니즘, 그리고 국민과의 신뢰 형성은 오늘날 한국의 물 정책에도 여전히 중요한 과제입니다.

환경부 장관으로서 저는 수돗물 관리의 패러다임을 "위험 관리 기반"으로 전환하고, 기후위기에 대응하는 물 관리 정책을 강화하는 데 주력했습니다. 이러한 노력은 SDWA에 추고하고 있는 최선의 과학(Best Available Science)에 기반한 규제와 제도의 진화와 궤를 같이한다고 생각합니다.

대한상하수도학회가 주도하여 이 책을 번역 · 출판한 것은 매우 시의적절합니다. 한국 물 관리의 미래를 준비하는 정책 입안자, 현장 전문가, 그리고 학문을 연구하는 학생들에게 이 책은 반드시 읽어야 할 나침반이 될 것입니다.

안전한 수돗물은 국민의 건강과 직결되는 가장 기본적이면서도 가장 중요한 공공재입니다. 저는 이 책이 우리 사회의 물 관리 담론을 더욱 성숙하게 하고, 국회물포럼을 비롯한 다양한 협력체가 미래지향적인 정책을 만들어가는 데 귀중한 자양분이 되리라 확신합니다.

다시 한 번 본 역서의 출간을 축하드리며, 우리 모두가 함께 만들어갈 "안전하고 신뢰받는 수돗물의 미래"를 기대합니다.

2025년 10월

▌전 환경부 장관 · 국회물포럼 회장

한 정 애

저자 서문

미국수도법(Safe Drinking Water Act, SDWA) 50주년을 기념하며

미국수도법(Safe Drinking Water Act, SDWA)이 처음 시행되던 시기에 우리 중 대부분은 이 업계에 있지 않았습니다. 지표수처리규칙(Surface Water Treatment Rule), 납·구리 규칙(Lead and Copper Rule), 소독제 및 소독 부산물 규칙(Disinfectants and Disinfection Byproducts Rule)과 같은 굵직한 변화들이 채택되고 초기에 이행되는 과정을 직접 목격하지 못했습니다. 이 선집(Anthology)의 가치는 바로 여기에 있습니다. 이 자료집은 당시 현장에 있었던 이들의 기록을 통해, 성공과 한계를 생생하게 전달하며 우리를 과거 시간 속으로 데려갑니다. SDWA의 역사를 따라가다 보면, 우리는 이 법의 유산을 어떻게 이어가야 할지에 대한 통찰을 얻게 됩니다.

올해 우리는 SDWA 제정 50주년을 맞았습니다. 지난 반세기 동안, 이 핵심 법안은 국민에게 안전하고 신뢰할 수 있는 수돗물을 제공하기 위한 수자원 산업의 노력을 뒷받침해온 제도적 기반이었습니다. 본 선집은 SDWA의 기원과 그 동안의 주요 변화에 대해 이야기하며, 1974년 제정된 SDWA의 기원에서부터 오늘날에 이르기까지의 주요 개정과 진화를 서사적으로 보여줍니다. 각 글은 특정 시점에서 SDWA와 그 개정의 이익·도전·기회에 대한 관점을 공유합니다.

SDWA는 새로운 도전 과제를 해결하고 수자원 시스템의 성능을 향상시키기 위해 지속적으로 개정되어 왔습니다. 규정 준수 요구사항은 안전한 물에 대한 접근을 위협하는 위험을 더 정밀하게 식별·완화할 수 있는 역량의 성장과 보조를 맞추며 진화했습니다. 제 개인 경력에서 돌아보면, 지난 20년 동안 SDWA의 발전은 점진적이고 안정적이었지만, 최근의 세계적인 사건들, 과학의 발전, 그리고 수돗물 제공 서비스의 안전성·회복성·형평성에 대한 인식 심화는 더 포괄적인 규제를 요구하는 촉매로 작용했습니다.

SDWA가 남긴 긍정적 파급효과는 이미 널리 알려져 있습니다. 50년 동안 이룰 수 있는 성과를 떠올리면 지금도 놀라울 따름입니다. SDWA의 각 조항들은 일관되게 공공의 이익을 위해 개정되어 왔습니다. 본 선집에는 괄목한 만한 공중보건 개선을 이룬 SDWA 역사의 중요한 전환점들에 대한 이야기를 접할수 있고, 이는 수돗물의 안전성 향상, 수원 보호 강화, 투명성과 공공 인식 제고라는 성과를 도출하였습니다.

제가 특히 인상 깊게 읽은 대목은 1990년대 중반 수돗물주순환기(Drinking Water State Revolving Fund, DWSRF) 프로그램의 기원을 다룬 글들입니다. DWSRF는 상수도 시스템의 건설・개선・보수를 위해 주(州)에 상당한 재정 지원을 제공하는 획기적인 변화를 가져왔습니다. 특히, 독자적으로 재원을 동원하기 어려운 소규모 시스템에서는 생명줄과 같은 역할을 했습니다. 그 시작이 어떠했는지를 살펴보는 일은 지금도 시사점이 큽니다.

종합하면, SDWA는 물 산업 전반에 지속적인 개선과 혁신의 문화를 조성해왔습니다. 새로운 오염물질과 건강 위해가 등장할 때마다 SDWA는 이를 규명하고 효과적인 분석・처리법을 개발하기 위한 연구를 촉진했습니다. 위험평가와 최선의 이용 가능한 과학(Best Available Science)을 활용함으로써 처리기술의 발전을 이끌었으며, 상수도 시스템이 새로운 위협에 대응할 수 있도록 했습니다.

법이 확대될수록 보호 범위도 넓어지지만, 체계적으로 발전하기가 쉽지는 않습니다. 현재 129개 오염물질과 다수의 처리요건이 국가 수돗물 기준으로 관리되고 있으며, 이 목록은 앞으로도 증가할 전망입니다. 다행히도 AWWA 학술지의 규제 업데이트 특집호와 같은 유용한 자료와 1992년 이후 발행된 호에 부록으로 제공된 'SDWA 월차트(wall chart) 같이 도움이 될 수 있는 자료가 있습니다. 저 역시 대학의 수화학 실험실 벽에 걸린 접지형 월차트를 통해 국가 1・2차수돗물기준의 전체 목록을 처음 접했습니다. 훗날 제가 그 월차트 개발 및 개정을 통해 물 공급업체를 지원하는 회사에서 일하게 될 줄은 몰랐습니다. 저는 우리 업계가 SDWA의 이해와 이행을 돕는 조직의 일원이라는 사실을 자랑스럽게 생각하며, 우리는 수많은 조직 중 하나라는 사실에 감사드립니다. 우리 모두는 각자의 역할을 다하고 있습니다.

SDWA는 자체적인 도전 과제도 함께 제시했습니다. 규제 변화의 복잡성과 비용부담, 그리고 지속적으로 존재해온 재원 격차 문제는 지금도 이어집니다. 그러나 과거의 교훈은 이 격차를 해소할 수 있는 실천적 해법을 제공합니다. 상수도 시스템에 대한 수요가 가속화되는 현 시점에서 이러한 회고는 시의적절합니다.

앞으로도 SDWA의 목표와 가치를 지켜 나가야 합니다. 인프라 투자, 수자원 보전, 투명성과 공공참여의 책임 강화, 신종 오염물질에 대한 모니터링과 대응이 그 핵심입니다. 본 선집이 우리가 오늘에 이르기까지의 여정을 이해하고 앞으로의 방향을 잡는 나침반이 되길 바랍니다. SDWA는 물 산업을 위한 견고한 토대를 마련했고, 행동과 개선의 촉매가 되었습니다. 이제 이 토대 위에 전 지역사회에 안전하고 신뢰할 수 있는 수돗물을 지속적으로 제공하는 일은 우리 – 전문가, 학생, 물 분야를 사랑하는 이들 – 모두의 몫입니다.

챈스 로더데일(Chance Lauderdale), 박사, P.E.
HDR 수돗물 이사

역자 서문

우리나라의 수돗물 관리 제도는 지난 수십 년간 꾸준히 발전해 왔지만, 여전히 새로운 과제와 도전에 직면하고 있습니다. 기후변화, 새로운 오염물질의 등장, 인프라 노후화와 같은 문제는 안전하고 신뢰할 수 있는 수돗물을 국민에게 공급하기 위해 제도의 지속적인 혁신을 요구하고 있습니다. 이러한 맥락에서 미국수도법(Safe Drinking Water Act, SDWA)의 역사와 발전 과정을 담은 이 책을 번역하게 된 것은 매우 뜻깊은 일입니다.

1974년에 제정된 SDWA는 미국 상수도 분야의 근간을 이루는 법률로서, 50여 년간 다양한 개정을 거치며 국민 건강을 보호하는 데 중요한 역할을 수행해 왔습니다. 법률의 시행 과정에서 나타난 성과와 한계, 그리고 이를 극복하기 위한 사회적·기술적 노력이 본문에 생생하게 기록되어 있습니다. 이 책은 단순히 제도의 연혁을 나열하는 데 그치지 않고, 규제 철학의 변화와 정책적 합의, 공중보건 향상을 위한 지속적인 노력을 조명하고 있습니다.

우리나라 수도법 역시 제정과 개정 과정에서 미국의 경험으로부터 많은 시사점을 얻어왔습니다. 미국 SDWA의 경험들이 오염물질 관리, 상수도 시스템의 기술적 역량 강화, 공공참여와 투명성 확보, 재정 지원 메커니즘 등의 분야에서 우리 제도를 보완하고 발전시키는 데 중요한 역할을 하였습니다. 특히 최근 논의되는 미량오염물질(PFAS 등) 관리와 기후위기에 대응한 회복력 강화는 우리나라 물 관리 정책에서도 점차 비중 있게 다루고 있기에, 이번 번역 작업이 미래 제도의 발전 방향을 모색하는 데 유용한 나침반이 될 것이라 확신합니다.

이번 번역은 상하수도 분야에서 오랜 경험을 축적한 전문가들이 대한상하수도학회라는 큰 우산 아래 모여 공동으로 진행하였습니다. 학회 소속 전문가들의 협력 아래 원문의 맥락을 충실히 살리되, 우리나라 독자들이 이해하기 쉽도록 표현을 조율하고 전문 용어를 검토·감수하였습니다. 이러한 과정을 통해 본 역서가 학문적 가치뿐만 아니라 정책적·실무적 활용 측면에서도 널리 이바지할 수 있기를 기대합니다.

끝으로, 본 번역이 우리나라 물 관리 제도의 발전에 밑거름이 되어, 국민 모두가 안전하고 깨끗한 수돗물을 누릴 수 있는 미래를 앞당기는 데 기여하기를 바랍니다. 이 책이 학계와 정책 현장, 그리고 현업에서 활동하는 상수도 전문가들에게 널리 읽히고 활용되기를 진심으로 소망합니다.

2025년 10월

▌ 대한상하수도학회 특별출판위원회

김경민 · 김춘수 · 맹승규 · 오희경 · 이윤호 · 전강민 · 정관호 · 정석희 · 최용주 · 최정권 · 최정현

번역본을 발간하며

대한상하수도학회 학회장을 맡고 있는 건국대학교 사회환경공학부 권지향입니다.

"반백살의 미국 수돗물 들여다보기"(원제 : Safe Drinking Water Act Turns 50)를 출간하게 되어서 무척 기쁩니다. 처음 이 책의 번역을 부탁했을 때 흔쾌히 수락해 주신 국제위원회 최정현 위원장과 종이본과 PDF본을 놓고 감수하시느라 수고하신 국회 김경민 입법조사관, 그리고 열 일 제치고 번역에 동참해 주신 김춘수, 맹승규, 오희경, 이윤호, 전강민, 정관호, 정석희, 최용주, 최정권 교수님들께도 진심으로 감사합니다. 또한 인쇄본을 멋지게 만들어주신 도서출판 동화기술 관계자분께도 감사드립니다.

이 책은 미국 수도 역사에서 중요한 입법이 이뤄진 연도들을 중심으로, 건강하고 안전한 물 생산에 필요한 기술과 정책, 법과 제도가 무엇인지, 또 국민에게 신뢰받는 수도사업이 되기 위해 어떤 노력을 해야 하는 지를 여러 각도에서 검토하는 내용을 담고 있습니다. 여행 가서 경험하셨겠지만, 미국은 수도꼭지에서 수돗물을 받아 그냥 마시는 게 자연스러운 나라입니다. 그래서인지 수도에 근무하는 종사자들은 깨끗한 물로 더 좋은 세상을 만들고 있다는 자부심 그리고 안전한 수돗물을 공급하기 위해 수행해야 하는 각종 임무에 대한 열정 또한 대단합니다. 처음 이 책을 접했을 때, 우리나라 수돗물의 신뢰도를 높일 방안이, 건강하고 마시기 적합한 수돗물을 만들기 위해 적극적인 투자가 이뤄지게 하는 방안이 있지 않을까 기대했습니다. 미국과 한국은 많은 부분에서 처한 여건이 다르지만, 이 책에는 분명 벤치마킹할 필요가 있는 제도·정책에 대한 아이디어가, 입법이나 정책 수행 때 심사숙고해야 할 철학적인 고찰이 담겨 있습니다. 수도와 관련된 전문가들은 당연하고, 학생들을 포함한 수돗물이 궁금한 모든 분에게 이 책을 추천합니다.

아침에 일어나자마자 마시는 한 잔의 물, 깨끗한 하루를 맞을 수 있게 해주는 시원한 샤워수 등 우리의 일상을 지켜주는, 핵심 기반 시설인 수도의 가치는 말로 다 표현하기 어렵습니다. 특히 최근 강원도 가뭄 사태는 취수원의 중요성과 더불어 수돗물 공급의 안정성이 날마다의 실생활에서 얼마나 절실한지를 실감하게 합니다. 현재 우리나라 수도가 안고 있는 도전과제인 기후위기에 대한 대응, 새로 유입되는 오염물질의 효과적인 처리, 상수도 인프라 노후화 개선 등 같은 당면 문제를 극복하고 지속가능한 수돗물 공급 및 발전에 필요한 제도 및 정책 발굴에 이 책이 도움이 되기를 기대합니다.

상하수도분야의 학문발전과 기술개발을 도모하는 전문학회인 대한상하수도학회는 앞으로도 맑고 깨끗한 수돗물을 만들고 공급하는 데 필요한 활동을 활발히 수행하고 상하수도 분야 발전에 도움이 되는 출판물을 발간하는 데에도 지속적으로 관심을 두겠습니다. 언젠가 대한민국의 수돗물 발전사를 돌아볼 기회도 만들어 보겠습니다.

출판에 힘써주신 모든 분께 다시 한 번 감사드립니다.

2025년 10월

▌ 대한상하수도학회 회장

권지향

목차

30여 년간 유틸리티를 비춘 이정표 : HDR의 월 차트 역사

1974년 제정된 SDWA는 공중 보건 보호를 위해 미국환경보호청(U.S. Environmen-tal Protection Agency, USEPA)에 공공 수돗물 규제 권한을 부여했습니다. 그 후 수차례 개정을 거치며, 수돗물에 대한 규제 환경은 매우 역동적으로 변화했습니다.

1986년, 대중의 수돗물 수질 우려에 대하여 의회는 광범위한 개정안을 통과시켰습니다. 1986년 미국수도법(Safe Drinking Water Act, SDWA) 개정안은 83개의 오염물질을 규제해야 했으며, 3년 간격으로 25개의 오염물질을 목록에 추가해야 했습니다. 이러한 개정으로 인해 새로운 연방 규정이 채택되어, 규정 준수의 복잡성과 비용이 크게 증가했습니다.

1996년 SDWA 개정은 5년마다 오염물질 목록을 고시하여 USEPA의 우선순위 설정・정보수집・의사 결정을 체계화하도록 했습니다. 오염물질 후보 목록(Contaminant Candidate List, CCL)에 오른 오염물질은 규제 결정이 내려질 때까지는 규제를 받지 않습니다.

현재 미국에는 미국인의 90%에게 제공하는 148,000개 이상의 공공 상수도 시스템이 있으며, 안전한 수돗물은 USEPA, 주 정부, 지역공동체, 상수도 시스템 및 운영자 등 다수 주체의 협력에 달려 있습니다. HDR는 규제 대상 및 잠재적 관심 오염물질을 한눈에 볼 수 있도록 정리한 '월 차트'를 제작하여 업계 전체가 SDWA 요구사항을 쉽게 파악하도록 지원해 왔습니다. 이 월 차트는 1992년 미국수도협회(American Water Works Association, AWWA) 학술지를 통해 처음 배포되었고, 이후 수자원 분야 전체에 무료로 제공되었습니다.

HDR 월 차트는 규정 개정과 함께 수시로 업데이트되었으며, 규정 준수 지원을 위해 흔히 쓰이는 계산식 등과 같은 유영한 정보를 제공하였습니다.

다음은 SDWA의 주요 연혁입니다.

1974
미국
SDWA 제정

1977
잠정수돗물
수질규정

1985
1차수돗물
연방기준

1986
미국
SDWA 개정

1990
EPA
납 · 구리 규정

1992
AWWA
HDR 월 차트
초판

1996
미국
SDWA 개정

1997
1996년
개정을 반영한
HDR 월 차트
AWWA
회원배포

1998
EPA 오염물질
후보목록 1
(CCL 1)

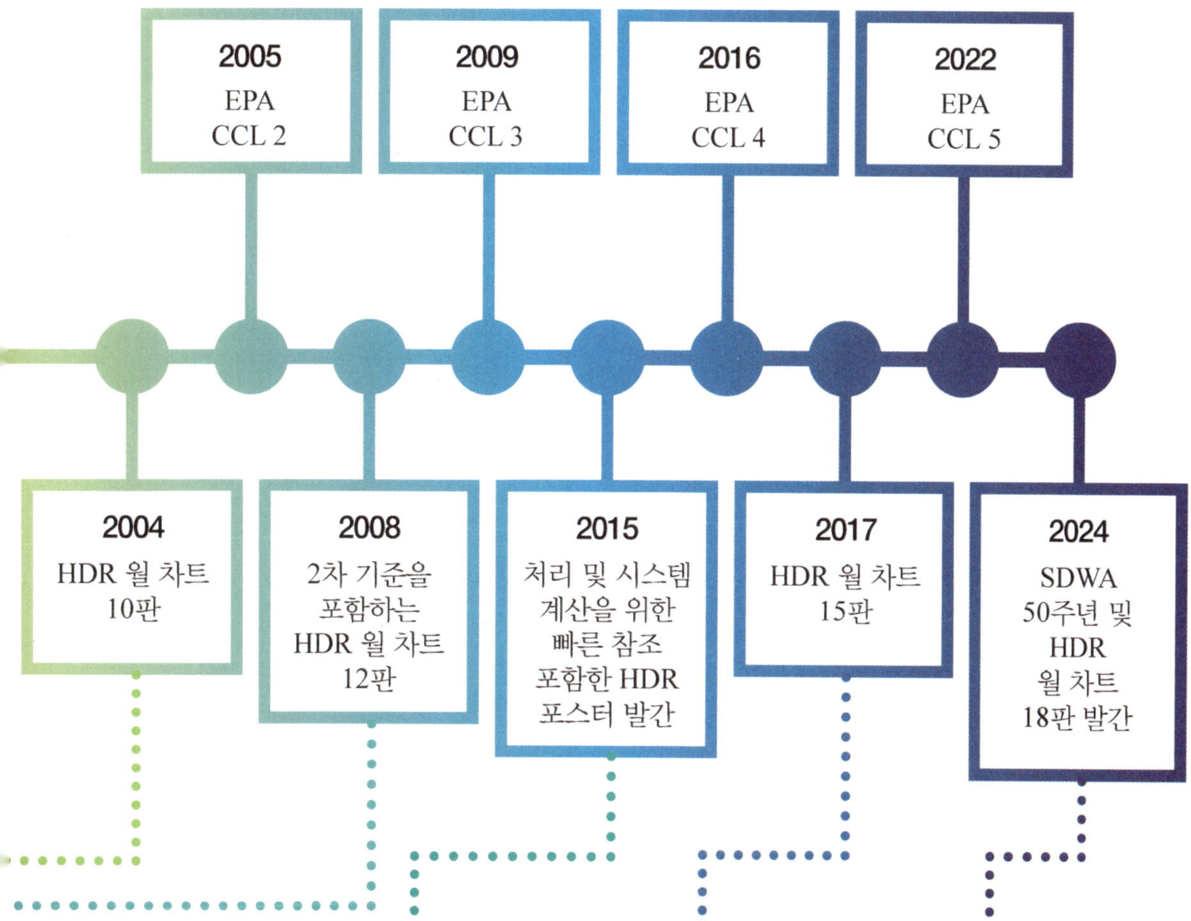
2004
HDR 월 차트
10판
2005
EPA
CCL 2
2008
2차 기준을
포함하는
HDR 월 차트
12판
2009
EPA
CCL 3
2015
처리 및 시스템
계산을 위한
빠른 참조
포함한 HDR
포스터 발간
2016
EPA
CCL 4
2017
HDR 월 차트
15판
2022
EPA
CCL 5
2024
SDWA
50주년 및
HDR
월 차트
18판 발간

CHARTING
YOUR COURSE
Plan Your Next Steps:
Bridging Objectives &
Practical Solutions
2017-2019
LIGHTING
THE PATH TO
UTILITY RESILIENCY
Safe Drinking Water Act Wall Chart
HDR's 18th Edition 2024

Introduction

서론

제럴드 포드 대통령은 미국수도법(Safe Drinking Water Act, SDWA)에 서명하면서 이 법안의 제정 이유를 간결하게 요약했습니다. "모든 미국인의 삶에 안전한 식수보다 더 중요한 것은 없습니다." 예전에도 지금도 SDWA는 "미국 국민들에게 수돗물의 지속적인 안전을 보장"합니다. 또한, 미국환경보호청(U.S. Environmental Protection Agency, USEPA)은 SDWA를 안전한 공공 수돗물 공급을 위한 진정한 국가적 공약이 처음으로 이루어진 법으로 설명하고 있습니다.

또한, 포드 대통령은 이 법안이 많은 노력과 타협을 반영하고 있다고 지적했습니다. 이러한 타협은 오늘날 시행되고 있는 이 법의 여러 면에 반영되어 있습니다. 처음 법이 서명될 때에도 SDWA는 소비자에게 공급되는 물의 안전성을 보장하기 위해 다각적인 접근 방식을 취했으며, 수돗물 기준 설정 및 시행에 있어 연방 정부의 역할을 확립했습니다. 또한, 수돗물 정책에 대한 이해관계자의 참여, 수자원 보호, 수처리용 화학물질의 공급, 위험 관리 결정을 뒷받침하는 연구 및 데이터 수집, 상수도시스템에 대한 전문가의 기술 지원 등을 보장하는 요소를 포함했습니다.

오랜 세월 동안 가치를 입증해온 법

1974년 법의 근간이 된 핵심적 합의 사항들은 그대로 유지되어, 시간이 지남에도 그 효력을 입증했습니다. 법안 통과의 핵심은 연방 자원을 사용하여 정보 수집 및 필요한 연구에 자금을 지원하고, 이를 토대로 이용 가능한 데이터를 활용한 적절한 수돗물 기준을 마련하는 것이 연방의 주요 역할이며, 주에서는 기술 지원을 제공하며 규제를 감독한다는 이중 역할을 수행한다는 부분에 대한 합의였습니다. 다만, 이에 필요한 과학 · 기술지원 · 규제 프로그램 자금이 충분히 확보되어야 한다는 전제는 지금도 유효합니다.

점진적 개선

법안은 처음 통과된 이후 여러 차례 개정되었으며, 특히, 초기 위험 관리 체계를 개선하기 위해 1986년과 1996년 진행된 개정이 주목할 만합니다. 수돗물 규제는 시의적절하고 비용 효율적인 최상의 과학에 근거해야 한다는 광범위한 공감대가 형성되어 있습니다. 과학의 충분한 발전, 이용 가능한 과학의 의미, 비용 효율적인 해결책이 각각 무엇인지에 대해 여전히 다양한 견해가 존재합니다. 이 법의 시행자로서, USEPA는 이 법의 통과를 이끌어낸 대중의 압력과 규제 시스템에 가해지는 부담 사이에서 균형을 유지해야 했습니다. "수돗물 연방규정을 통해 건강 위험을 줄이는 의미 있는 기회"를 찾는 것은 쉬운 일이 아니었으며, 관련 연구에 투입되는 자원이 제한되어 있기 때문에 신속하게 처리할 수도 없었습니다.

1986년과 1996년 개정안은 SDWA 개선에 정반대의 접근 방식을 취했습니다. 1986년 개정안에서는 규제 일정 설정과 규제 오염물질 추가에 집중한 반면, 1996년 개정안에서는 USEPA가 규제 후보를 체계적으로 탐색·우선 순위화하고, 오염물질 제거에 있어 발생하는 비용 대비 편익이 양이 되도록 규정을 마련하는 절차를 정립했습니다. 1996년 이후 USEPA는 수천 종의 화학물질과 수백 종의 병원균을 규제 대상으로 평가하고, 비교적 소규모 그룹에 대해 발생현황·처리·건강영향 연구를 심화했습니다. SDWA에 따라 공공상수도시스템(public water systems, PWSs)은 150여 종 이상의 미규제 오염물질에 대해 전국적 발생 자료를 수집했습니다.

SDWA는 시의적 위협에 부응하기 위해 변화하기도 했습니다. 의회는 여러 차례에 걸쳐 한 주제를 다른 주제보다 더 중요하게 다룰 것을 촉구해왔지만, 지금까지는 선별적으로 진행되어 왔습니다. 대표적으로 '납 금지(lead ban)'를 예시로 들 수 있습니다. PWS는 고객에게 공급하는 물의 부식성을 관리하고 있지만, 물이 통과하는 파이프와 배관 설비에 납이 포함되어 있는 경우 납이 방출될 가능성이 있습니다. 1986년 의회는 신규 납 파이프 도입을 금지하고, 황동의 납 함량 상한을 설정했습니다. 2011년에는 수돗물 설비의 납 함량 기준을 더 강화했습니다.

실제적이고 긴급한 위험에 대한 대응의 또 다른 예로는 2002년 공중 보건 보안 및 생물테러 대비 및 대응법(P.L. 107-188)이 있습니다. 이 법은 9월 11일 테러 공격 이후, 미국 전역에서 해당 보안의 취약성을 심각하게 인식하면서 도입되었습니다. 이와 더불어 이후 발생된 수차례의 대규모 자연재해로 인해 대규모 커뮤니티 상수도시스템(community water systems, CWSs)은 해당 취약성과 더불어 이러한 취약성을 줄이고 이러한 큰 사건들로 인한 상수도 시스템에 대한 영향을 최소화하고 관리하기 위해 적극적으로 대비할 수 있도록 일련의 입법적 변화가 있었습니다. SDWA 초기 입안자는 정수장 수처리제의 안정적인 공급 등을 통합적으로 고려하였으며, 이후 개정안은 표준 설정 이상으로 여러 프로그램이 작동할 수 있도록 개념화했습니다. 일부 시스템에서는 기술, 관리, 재정적 역량이 여전히 적절한 서비스를 제공하는 데 걸림돌로 작용한다는 사실을 발견했습니다. 1996년 개정안은 역량 개발 프로그램을 주정부의 기술지원 역할에 통합하고 프로그램에 자금을 지원할 수 있는 메커니즘을 제공했습니다. 이 조항은 1996년 개정안의 또 다른 특징인 수돗물 주순환융자기금(state-revolving loan fund, SRF)을 보완했습니다. 취수용량 개발과 SRF 조항은 의도적으로 연계되어 시스템 용량과 SRF 기금에 대한 접근 및 새로운 수도 시스템 운영에 대한 권리를 연결했습니다. 미국물환경보전법(Clean Water Act, CWA)과 달리 SRF는 1987년 의회가 CWA 건설 보조금 프로그램을 종료하면서 만들어졌습니다. 폐수 인프라에 대한 보조금 지원은 오랜 역사를 가지고 있지만, SDWA 하에서는 시범 프로젝트에만 제한적으로 지원되었습니다. 유사한 보완 조항에서 1996년 개정안은 운영자 인증을 SDWA의 요소로 설정하여 기술 지원 및 운영자 인증 프로그램에 대한 주정부 자금을 SRF와는 별도로 마련하도록 묶어 두었습니다.

여전히 해결해야 할 과제

1970년대 초에 상수도 업계가 직면했던 많은 문제들은 지금도 이어지고 있습니다. 예를 들어, 1970년에는 수많은 소규모 시스템에 비해 고객에게 안전하고 신뢰할 수 있는 물을 공급할 수 있는 기술적, 관리적 역량이 부족한 곳이 많다는 우려가 상당히 컸습니다. 1975년 약 25만 개에 달하던 PWS 수는 현재 약 15만 2천 개 수준으로 감소했지만, 지난 40년 동안 CWS의 수는 20% 미만으로 감소하며 상대적으로 감소폭이 작았습니다. 소규모 시스템이 수돗물 기준을 성공적으로 준수하는 것은 여전히 어려운 과제입니다. 과불화화합물(Per- and polyfluoroalkyl substances, PFAS)에 대한 수돗물 기준은 소규모 CWS에 상당한 재정적 부담을 안겨줄 것입니다.

PWS에 대한 적절한 자금 지원의 부재는 SDWA 제정에 중요한 요인이었습니다. 실제로 미국수도협회(American Water Works Association, AWWA)는 당시 보고서에서 이에 대한 실패는 기존의 PWS 감독 및 교육 프로그램에서 국가 수질 오염을 줄이기 위한 국가 규제 노력으로 가용한 주 규제 자원이 전환된 데서 상당 부분 기인한다고 강조했습니다. 오늘날에도 주정부 수돗물 관리 기관은 여전히 연방 기금 지원이 부족합니다. 수돗물 관리자 협회(Association of State Drinking Water Administrators, ASDWA)에서 주 수돗물 우선 프로그램의 자금 조달에 대한 일련의 평가를 실시한 결과, 2020년에 작성된 최신 전체 분석에 따르면 55개의 우선순위 프로그램이 연간 5억 7,400만 달러의 지원을 받는 것으로 추정되었습니다. 동일한 평가에서 연간 3억 7,500만 달러의 자금과 3,400개의 풀타임 등가 일자리(full-time equivalent positions, FTEs)의 격차가 있을 것으로 추정했습니다. 최근 도입된 수돗물 내 PFAS 농도 규제와 납 농도 규제 강화를 고려하지 않을 경우에도 2029년까지 이 격차는 각각 8,400만 달러와 750개의 FTE 증가할 것으로 추정했습니다. SDWA 규제 프로세스를 지원하기 위한 적절한 연구 자금도 지속적인 과제로 남아 있습니다. 지난 3개 연방 회계연도 동안 "안전하고 지속 가능한 수자원" 연구 포트폴리오는 매년 총 9,270만~1억 8,050만 달러 수준이었으나, SDWA 규제 의사결정에 직접 연계되는 연구는 그 중 일부에 불과합니다. 현재 오염물질 후보 목록에는 66개 화학물질, 3개 화학물질 그룹, 12개 미생물이 등재되어 있으며, 제한된 예산으로 신속한 규제개발을 뒷받침하기에는 도전적입니다. 물연구 재단(Water Research Foundation, WRF) 등 외부 기관의 기여가 있더라도, 연구에는 시간이 필요하며, 특히 재정적인 측면에서 보면 수요에 비해 공급이 부족합니다.

SDWA는 단독으로 존재하지 않습니다.

SDWA가 다각적인 접근법을 다룬다는 사실도 중요하지만, 법 제정 당시부터 이 법은 다른 환경 법령이 구체화되는 과정에서 함께 만들어졌습니다. 1970년에 USEPA가 설립되었고 1970년 12월에는 미국대기환경보전법(Clean Air Act)이, 1972년 10월에는 미국물환경보전법(Clean Water Act)이 법으로 제정되었습니다. 2년 후인 1976년 9월과 10월에는 고형 폐기물 관리를 규제하는 자원 보존복구법(Resource Conservation and Recovery Act, RCRA)과 상업용 제품과 관련된 환경 및 건강 위험을 규제하는 미국독성물질관리법(Toxic Substances Control Act, TSCA)이 제정되었습니다. 슈퍼펀드의 설립, 사용 중인 화학물질 공개 의무화, 살충제 규제 개정 등의 다른 법안도 이어서 제정되며, 이러한 법령이 구체화되고 개정됨에 따라 의회는 이러한 법령 중에서 위험 관리 과제를 분석했습니다. 이 책의 독자들은 국가 수돗물 공급을 보호하기 위해 다른 법령을 활용하려는 입법 기록의 일부가 물 부문이었다는 사실을 아는 것이 중요합니다. 환경 관련 법령의 입법 과정과 그 이후의 관리 과정에서 규제 감독에 대한 기회와 프로그램적 사일로화가 발생했습니다. 예를 들어, SDWA에 원수 보호 요소로 포함된 지하 주입 관리 프로그램은 RCRA에 따른 폐기물 규제와 통합되어야 했습니다. 다른 경우에는 의회가 의도적으로 법령을 연결하기도 했습니다. 1996년 SDWA 개정안은 의회가 식품품질생산법(Food Quality Production Act, FQPA)의 살충제 규정을 개정하는 것과 함께 개발되었습니다. 의회는 살충제 사용을 승인할 때 살충제 프로그램이 수돗물에 대한 영향을 구체적으로 고려하도록 하는 기회를 가졌습니다. 2016년 의회가 TSCA를 개정했을 때처럼 최근 입법 논의는 구체적입니다. 21세기를 위한 프랭크 R. 로텐버그 화학 안전 법안은 수돗물 수원을 보호하기 위해 TSCA의 사용을 다시 활성화하였으며, 이를 통해 다시 한 번 수돗물 공급에 있어 오염물질의 유입을 저감하기 위한 발판을 마련하였습니다.

수돗물 커뮤니티가 기존 인프라를 개선하더라도 공중 보건을 보호하기 위한 지속적인 발전을 위해서는 SDWA의 범위를 벗어난 조치가 필요하다는 것이 점점 더 분명해지고 있습니다. 전략적으로 원수를 보호하기 위해 TSCA, FQPA 및 기타 프로그램을 시행하는 것이 핵심이 될 것입니다. 건물 내 물 관리 프로그램도 마찬가지입니다. 담수는 효율적으로 사용해야 하는 귀중한 자원이며, 환경으로 다시 방출되기 전에 반복적으로 사용하는 경우가 점점 늘어나고 있습니다. 목적에 맞는 적절한 수질을 유지하려면 건물 소유주의 관리 관행과 기술 사용이 수반되어야 합니다.

최근 미국질병관리청(Centers for Disease Control and Prevention, CDC) 및 국제 배관 및 기계 관계자 협회(International Association of Plumbing and Mechanical Officials, IAPMO)와의 협력은 공중 보건을 보호하기 위해 "계량기를 넘어선" 노력의 가치를 보여줍니다. CDC의 "건물 내 레지오넬라균 성장 및 확산을 줄이기 위한 물 관리 프로그램 개발"은 레지오넬라증 예방을 위한 건물 소유주-운영자의 적극적인 위험 관리를 발전시킵니다. 전통적인 수인성 병원체로 인한 수인성 질병이 감소한 후에는 건물 내 예방 조치가 레지오넬라 뉴모필라 및 기타 호흡기 질환과 물을 통한 노출과 관련된 감염과 관련된 새로운 문제를 통제하는 데 중요하게 작용할 것입니다.

비슷한 맥락에서 부문별 표준 협회 간의 협업을 통해 주요 정보 위험 관리 관행을 다룰 수 있습니다. 한 가지 예로, "건물 상수도시스템의 안전한 폐쇄 및 재개를 위한 권장 실천 사례 설명서"은 건물 소유주-운영자가 건물 상수도 사용의 급격한 변화와 수돗물 안전에 미치는 영향을 고려하고 대응하는 데 도움이 될 것입니다.

기념할 이유

SDWA 50주년과 그 이후의 개정을 기념하는 것은 법 자체를 축하하는 것이 아니라 수돗물 커뮤니티의 성공을 축하하는 것입니다. 1974년 포드 대통령은 폴 로저스 의원과 공중보건 및 환경 소위원회 동료들의 지도력, 당시 의회 지도자인 마이클 맨스필드 상원 의장과 칼 앨버트 하원 의장의 지침에 따라 만든 이 법령에 서명했습니다. 오늘날 우리는 지난 50년을 되돌아보며 수인성 질병의 추가적인 감소를 확인할 수 있습니다. 지표수 처리는 보편화되었고 관행은 크게 개선되었습니다. 규제 감독 하에 설계 및 건설된 수처리 시설의 사용이 보편화되어 위험성이 높은 수돗물 공급에 의존하는 일이 줄어들었습니다. 또한, 우리는 고급 수처리 전략에 충분히 익숙해져서 폐수를 의도적으로 재사용하는 일이 일어나고 있습니다.

주 규제 당국은 정기적인 보고와 정기적인 위생 조사를 통해 모든 PWS의 성과를 지속적으로 모니터링하고 있습니다. 1970년 미국 공중보건국은 상수도 시스템의 59%만이 수돗물 기준을 충족한다고 추정했지만, 오늘날에는 상수도 시스템의 4.5%만이 한 가지 이상의 보건 관련 위반 사항을 보이는 수준으로 위반 비율이 낮아졌습니다. 또한, 상수도 시스템은 고객에게 제공하는 수질에 대한 보고서를 매년 1회 이상 제공할 뿐만 아니라 주 및 연방 데이터 시스템을 통해 시스템 성능에 대한 정보를 전자파일로 제공하고 있습니다.

수돗물 SRF는 상수도 인프라 개선 자금 조달에 기여합니다. 시행 초기 25년 동안 주정부는 480억 달러가 넘는 17,300개 이상의 프로젝트에 자금을 지원했습니다. 다른 형태의 인프라 자금 조달에 비해 규모는 작지만, SRF는 저비용 자금이 가장 필요한 시스템에 재원을 공급하고 주정부의 사용 목적 프로그램에 반영된 보건 기반 우선순위에 부합하는 방식으로 재원을 조달했습니다.

SDWA 50주년을 맞아 미국 전역의 약 3억 4,040만 명(미국인의 90%)이 안전하고 신뢰할 수 있는 중앙 집중식 공중 보건 및 경제적 혜택을 누리고 있습니다. 매일 약 390억 갤런의 물이 PWS를 통해 공급됩니다. 수돗물 인프라는 매일 각 가정에 평균 262갤런의 물을 공급하고 있으며 동시에 지역 사회 전체의 화재를 예방하고 지역 사회 경제를 지원합니다. 해당 물의 공급은 220만 마일 이상의 수도관을 통해 전달됩니다.

약 170만 명에 달하는 물 분야 인력이 없었다면 하루 24시간, 주 7일, 365일 탁월한 수준의 물 서비스를 제공할 수 없었을 것입니다. 엔지니어, 과학자, 전문 무역 계약자, 수도 운영자, 행정 전문가 등 물 분야 인력이 없다면 SDWA에 따라 규제되는 수돗물 및 CWA 규제 인프라를 포함한 물 서비스도 불가능할 것입니다. SDWA의 성공은 50년 전의 법문 자체가 아니라, 오늘도 국민에게 안전하고 지속가능하게 수돗물을 공급하기 위해 현장에서 계획·준비·실행하는 사람들의 헌신에 있습니다.

1974

미국수도법의 입법 역사

피터 N. 카이로스 ▌ 미국 하원의원, 메인주 제1선거구

1974년 10월호 *AWWA 저널*(66권 10호, 566~569쪽)에 처음 게재되었습니다.

산업화되고 고도로 기술화된 사회의 도래로 수돗물의 안전이 심각하게 위협받고 있습니다. 이러한 위협은 의회에 큰 압박으로 작용하였고, 이 문제와 관련된 미국수도법(Safe Drinking Water Act, SDWA)이 연방 법안으로 1970년부터 하원에 상정되어 곧 제정될 것입니다.

우리는 국민들이 건강한 수돗물을 안정적으로 공급받기를 바라고 있으며, 이러한 의견들은 하원 공중보건소위원회의에서의 활동을 통해 더욱 강화되어 왔습니다. 19,000명의 회원이 참여하는 미국수도협회(American Water Works Association, AWWA)는 미국 내 약 4만 개의 도시 상수도에 공급되는 수자원을 적절하게 관리하고 있습니다.

연방 규제의 필요성

한 가지 분명히 알아야 할 점은 SDWA가 국가 차원의 최초의 기준은 아니라는 것입니다. 이 법은 1914년 연방정부가 비행기, 버스, 기차, 배와 같은 주간 운송수단에서 제공되는 수돗물에 대한 기준을 발표한 이후로 시행되었습니다. 이 규정의 기본 취지는 한 주(state)에서 다른 주로 전염병이 확산되는 것을 막는 것이었습니다. 이러한 기준은 주 내 지역상수도에는 전적으로 적용되지 않았지만, 이후 대부분의 주와 지방정부에서 지침으로 채택되었습니다.

그러나 최근 몇 년 동안 단순한 지침으로는 상수도 문제에 효과적으로 대응할 수 없었습니다. 지난 10년 동안 물 문제는 더욱 심각해졌고, 인구는 크게 증가했으며, 많은 지역에서 경제활동이 급속히 성장했습니다. 새로운 형태의 산업군이 대두되면서 점점 더 원수가 오염됨에 따라 새로운 원수 공급원으로 눈을 돌리게 되었고, 물 재사용 프로젝트가 가속화되고 있습니다.

플로리다 출신의 민주당 의원이자 하원 공중보건소위원회 위원장인 폴 로저스 하원의원은 이러한 문제점을 가장 먼저 인식한 인물 중 한 명입니다. 그는 1970년대 말에 연방정부가 수돗물에 허용되는 오염물질의 최대한도를 설정하고, 주정부가 이를 준수하지 않을 경우 이를 승인할 수 있는 권한을 부여하는 법안을 발의하며 입법 활동을 시작했습니다.

위원회에서는 관련 법안을 발의했고, 제 임무 중 하나는 모든 보건 문제를 관할하는 공중보건소위원회에서 활동하는 것이었습니다. 올해에는 암 연구, 심장병, 당뇨병, 응급 의료 서비스, SDWA 등의 프로그램을 확대하기 위해 노력했습니다. 법안이 발의되어 위원회에 회부된 후, 첫 번째 단계는 청문회를 개최하는 것입니다. 그 다음 법안이 수정되어 소위원회에서 전체 위원회로 전달됩니다. 모든 것이 순조롭게 진행되면 하원 전체가 표결을 통해 위원회 보고서를 수락합니다. 이후 새 법안은 대통령에게 전달되기 전에 상원에서 전체 과정을 다시 검토해야 합니다. 민주주의를 실천하는 과정은 길고 지루하며 때로는 실망스러울 수 있습니다. 하지만 처칠이 말했듯이, “민주주의는 지금까지 시도된 통치체제를 제외하면 최악의 정부 형태입니다.”라고 할 수 있습니다.

연방의 수돗물관리기준을 의무적으로 설정하기 위해 도입된 여러 법안에 대한 청문회가 열렸을 때, 위원들에게 법안의 필요성을 설득하는 데는 그리 오랜 시간이 걸리지 않았습니다. 작년에 우리가 들은 증언의 대표적인 예는 뉴욕의 하워드 로빈슨 하원의원으로부터 나온 것입니다. 그는 존 도스 파소스가 3부작 소설 ‘U.S.A’에서 각 장의 배경을 설정할 때 사용한 것과 같은 스타일로 신문 스크랩을 내레이션 하는 것으로 발언을 시작했습니다. 주요 내용은 다음과 같습니다:

- 워싱턴 포스트. Mar. 21, 1972: “매사추세츠주 두 도시의 바이러스에 오염된 수돗물”
- 루이빌 쿠리어 저널 및 타임즈. Dec. 17, 1972: “주 수돗물 프로그램이 지난 5월 USEPA로부터 ‘F’ 등급을 받다.”
- 애틀랜타 헌법. Jan. 3, 1973: “방과 후 간염 등 수인성 전염병 검사 필요”
- 샌 마테오 타임즈. Jan. 3, 1973: “우리 물은 얼마나 깨끗한가?”
- 뉴욕 타임즈. Mar. 8, 1973: “과학자들이 물, 토양 및 음식의 금속 함량을 분석하여 심장 마비 증가에 대한 단서를 찾다”

이러한 우려의 목소리는 미국 전역에서 공통적으로 제기되었습니다. 이와 관련된 이야기는 1969년과 1970년에 보건사회복지부(Department of Health, Education, and Welfare, HEW)에서 수행한 보고서에 요약되어 있습니다. 이 보고서는 969개의 지역 상수도시스템을 현장 조사하고 평가한 결과로, 제목은 ‘커뮤니티 상수도연구(The Community Water Supply Study)’였습니다. 이 연구는 대략 다음과 같은 결론을 내렸습니다. 미국 전체 시민의 5.4%, 즉 800만 명의 남성, 여성, 어린이가 약 5,000개의 지역상수도 시스템에서 '기준 이하'의 물을 공급받고 있습니다. 또한 1961년부터 1970년까지 간염, 살모넬라증, 위장염 세균이 포함된 물을 마신 결과 약 46,000명이 병에 걸렸으며, 그 중 상당수가 심각한 질병에 걸렸습니다.

신문 보도는 거의 모든 국가 관심 분야에서 첨단기술이 발전하고 있음에도 불구하고 수돗물 수질이 악화되고 있다는 결론을 내렸습니다. 소위원회에서 들은 증언에 따르면 그 이유는 두 가지였습니다. 첫 번째 이유는 우리가 더 강력한 오염물질을 사용하기 시작했기 때문입니다. 이러한 새로운 오염물질이 수돗물의 질을 떨어뜨리기 시작했습니다. 산업, 기관, 농업 및 가정용에서 독성물질의 사용이 엄청나게 증가했습니다. 이러한 새로운 화학물질이 아무리 매력적이고 효과적일지라도 한순간에 사라지지는 않습니다. 따라서, 이러한 화학물질은 지표수와 지하수에 유입되어 오염을 증가시킵니다.

두 번째 이유는 기존 상수도시스템이 낡고 모니터링이 제대로 이루어지지 않았기 때문입니다. 지역사회는 이미 오래 전에 시스템을 구축했고, 이후 수돗물 외에 다른 사업에 노력과 자원을 투자한지 오래되었습니다.

노후화만이 문제가 아니었습니다. 기존 시스템은 장티푸스, 콜레라, 이질과 같은 질병이 주요 위협이던 초기 시대의 비교적 깨끗한 물에서 대장균을 제거하도록 설계되었습니다. 그러나 현재의 원수 수질을 고려하면, 기존의 처리 방식으로는 변화한 환경에 완벽히 대응하기 어렵습니다. 특히, 증가하는 오염물질, 미량 물질, 방사성 물질을 효과적으로 처리하는 데 한계가 있었습니다.

따라서, 소위원회는 수인성 질병 발생에 대한 문제뿐만 아니라 환경으로 유입되는 오염물질의 증가와 도시 상수도 시스템의 효율성 저하 문제도 인식하게 되었습니다. 이에 따라 대중의 우려도 점차 커지기 시작했습니다. 오랫동안 수돗물에 대해 만연했던 과한 믿음과 무관심이 서서히 변화하기 시작한 것입니다. 이러한 관심이 높아지는 데에는 AWWA와 같은 단체의 역할이 컸으며, 이들은 여성 유권자 단체와 랄프 네이더 그룹과도 협력하고 있습니다.

AWWA는 국가 의무 표준을 지지하고 있습니다. 지난해 소위원회 증언에서 당시 차기 회장으로 선출된 조지 시몬스는 "수질의 모든 측면을 포괄하는 통일된 표준을 적용하면 대중에게 더 나은 서비스를 제공하는 데 확실히 도움이 될 것입니다"라고 말했습니다. 그는 이어 "고속도로 운송업체뿐만 아니라 모든 상수도에도 연방 수돗물 기준을 적용하는 것이 현재 큰 의미가 있습니다"라고 덧붙였습니다.

연방정부는 국가 보건 의료 정책을 결정하는 데 있어 점점 더 적극적인 역할을 하고 있습니다. 수돗물 개선이 국익에 부합하는 이유는 다양합니다. 예를 들어, 수질은 경제 성장, 산업발전, 그리고 여행에도 영향을 미칩니다. 그러나 가장 중요한 이유는 어디서나 동일합니다. 바로 주정부가 공중보건을 충분히 보호하지 못할 경우 연방정부가 그 역할을 맡아야 한다는 인식이 점점 더 확산되고 있기 때문입니다.

국가가 보건 재정 분야에 점차 적극 개입하는 가운데, 건강을 초기에 지키지 않으면 더 큰 비용이 발생할 수 있기에, "예방에 1달러를 쓰는 것이 치료에 100달러를 들이는 것보다 낫다"는 원칙이 점점 더 많은 이들의 공감을 얻고 있습니다. 이는 곧 보편적인 수돗물관리 기준의 필요성을 의미합니다.

걸림돌

소위원회가 국가 규제의 필요성을 인정하자마자 예상치 못한 장애물에 부딪혔습니다. 아이러니하게도, 첫 번째 걸림돌은 다른 환경 관련 법안의 통과였습니다. SDWA가 도입된 이후, 의회는 대규모 수질오염방지법(Water Pollution Control Act)을 제정했기 때문입니다.

1972년 제정된 수질오염방지법은 주정부, 연방정부, 그리고 민간 자금의 대규모 투입을 통해 수질을 개선하고 있습니다. 이 법은 1983년 7월 1일까지 수영이나 기타 레크리에이션 활동이 가능할 정도로 깨끗한 물을 확보하고, 어류, 조개류, 야생동물의 보호와 번식이 가능하도록 수질을 유지하는 것을 목표로 했습니다. 또한, 1985년까지 전국 모든 수역에서 오염물질 배출을 완전히 중단하도록 의무화했습니다.

법안 시행을 위한 기금이 삭감되었음에도 불구하고, 이 법안의 통과는 더 안전한 수돗물을 위한 노력에 많은 관심을 불러일으켰습니다. 일부 사람들은 "이미 깨끗한 물 관련 법안이 통과됐는데, 더 이상 무엇을 해야 하는가?"라고 의문을 제기하기도 했습니다. 어느 정도는 타당한 의문이었습니다. 미국 인구의 약 50%가 산업 폐기물, 미처리 하수, 도시 유출수, 처리된 하수가 포함된 지표수를 수원으로 사용하고 있었기 때문에, 원수 공급원이 개선되면 자연스럽게 수돗물의 질도 향상될 것이기 때문입니다.

지표수는 상수도시스템에 유입되기 전에 반드시 처리 과정을 거쳐야 합니다. 그러나 수영이나 보트 이용자를 위한 환경보호 법안은 통과된 반면 정작 물을 직접 마시는 사람들의 건강을 위한 법안은 여전히 더디게 추진되고 있었습니다. 우리는 물고기의 안전을 챙겼지만, 정작 인간의 건강은 소홀히 하고 있었던 셈입니다.

두 번째 장애물은 새로운 수돗물 기준을 관리할 기관에 대한 이견에서 비롯되었습니다. 처음에는 이 법안이 보건사회복지부를 통해 추진되었습니다. 보건사회복지부는 오랜 기간 안정적으로 운영되어 온 기관으로 별다른 논란 없이 업무를 수행할 것이라 여겨졌습니다. 그러나 미국환경보호청(U.S. Environmental Protection Agency, USEPA)이 설립되면서 보건사회복지부의 지역상수도 관리 기능이 USEPA로 이관되었습니다.

USEPA은 많은 호평을 받았지만, 일부에서는 기대만큼 효과적으로 운영되지 못하고 있다고 지적받았습니다. USEPA는 새롭게 제정된 미국물환경보전법(Clean Water Act, CWA)과 미국대기환경보전법(Clean Air Act)을 총괄하는 역할을 맡게 되었고, 이로 인해 갑자기 막대한 예산을 집행해야 하는 기관으로 주목받으며 비판을 받았습니다. 경험 부족과 주정부와의 협력 부족도 문제로 지적되었습니다. 이에 따라 USEPA가 담당하는 모든 보호 법안의 통과조차 어려울 것이라는 회의적인 시각이 나

그림 1.1 연방정부는 1914년부터 주간 운송업체에 사용되는 물에 대한 기준을 마련해 왔습니다.

왔고, 결과적으로 수돗물 법안도 논란의 중심에 서게 되었습니다. 이로 인해 의회는 신속한 법 제정을 가로막는 두 번째 장애물에 직면했습니다.

세 번째 장애물은 과학적 연구의 부족이었습니다. 과학자들은 물 속 유해 성분의 영향을 예상보다 잘 알지 못했으며, 이에 따라 어떤 기준을 입법화해야 할지조차 확실하지 않았습니다. 대표적인 과학적 의문으로는 다음과 같은 것들이 있었습니다. "우리는 오염물질의 영향을 항상 정확히 알 수 있는가?", "특정 건강 이상이 나타난다고 가정할 때, 그것이 물 속 특정 오염물질 때문인지 아니면 여러 오염물질이 복합적으로 작용한 결과인지 어떻게 구분할 수 있는가?", "사람이 아프다면 그 원인이 물 때문인가, 아니면 그가 마신 것, 먹은 것, 흡연한 것 등이 복합적으로 작용한 결과인가?"

데이터 부족 문제도 지속되었습니다. 예를 들어 둘루스의 상수도에는 석면이 포함되어 있었으며, 석면은 공기 중에서 흡입될 경우 노출 후 20년이 지나면 암을 유발하는 것으로 알려져 있었습니다. 그러나 수돗물을 통한 석면 노출의 위험성에 대해서는 20년 동안 제대로 연구되지 않았습니다. 또한, 건강에 미치는 영향이 장기간의 낮은 수준의 노출 때문인지, 단기간의 고농도 노출 때문인지도 명확히 밝혀지지 않았습니다.

이 문제를 해결하려면 충분한 연구 자금이 지원되어야 하며, 특히 물과 질병의 관계를 규명하기 위한 수인성 질병 및 독성에 대한 역학적 조사가 필요합니다. 또한 보다 정밀하고 민감한 분석 방법을 개발하고 이를 적용하는 연구가 이루어져야 합니다.

수돗물에 존재하는 질병 유발 유기체를 분리하고 식별하는 연구는 매우 중요합니다. 이러한 연구 결과는 상수도 처리 방법을 개선하고, 수돗물의 박테리아 기준을 설정하며, 대중에게 공급되는 물의 수질을 결정하는 데 활용되어야 합니다.

환경 보건 분야에서 화학물질 오염 문제는 비교적 최근에서야 심각한 문제로 인식되기 시작했습니다. 그동안 이와 관련된 예산, 연구, 적절한 모니터링 장비가 부족했으며, 이러한 결함은 기술적 불확실성을 초래했습니다. 결국, 이는 주 및 지방정부가 상수원을 정화하기 위해 막대한 비용을 지출하도록 만드는 USEPA의 판단에 대한 우려를 불러일으키고 있습니다.

법안 통과가 지연되는 또 다른 요인은 연방정부의 역할 범위를 둘러싼 위원회 내 의견 차이입니다. 위원들은 다음과 같은 핵심 질문들에 대해 서로 다른 입장을 보였습니다.

- 집행, 보고 및 모니터링 권한은 주정부에 있으며, 주정부가 조치를 취하지 않을 경우 연방정부는 개입할 권한이 없어야 하는가?
- 수돗물의 기준을 설정하는 것만으로 충분한가, 아니면 운영 및 유지 관리 요건까지 법률에 포함해야 하는가?
- 주 및 지방정부는 새로운 연방 규정에 따른 정수, 검사, 모니터링 비용을 자체적으로 부담할 수 있는가, 아니면 주정부에 대한 보조금 지원 조항이 필요할까?

이러한 논쟁은 SDWA의 입법 과정에서 가장 격렬한 논점을 형성했습니다. 닉슨 행정부 시절, USEPA의 증언을 통해 국가 표준을 지지하는 흐름이 형성되었지만, 많은 위원들은 러셀 트레인의 법안이 지나치게 약하다고 비판했고, 여전히 그렇게 생각하는 이들이 많습니다.

기본적으로 USEPA 관리자였던 러셀 트레인은 국가 의무 수돗물 기준을 설정해야 한다고 주장했습니다. 그는 또한 건강에는 직접적인 영향을 미치지 않지만, 수질과 관련된 기타 특성에 대한 권장 기준도 발표해야 한다고 보았습니다. 각 주정부는 이러한 새로운 규정을 이행할 책임이 있으며, 규정을 준수하지 않을 경우 물 사용자, 주정부, USEPA에 이를 통보해야 합니다. 그러나 연방정부가 직접적으로 이 표준을 강제 시행하지는 않는다는 점이 여전히 논란의 대상이 되고 있습니다.

이 법안의 핵심은 통지 의무를 통해 대중의 인식을 높이면 안전한 수돗물을 보장하는 데 충분하다는 점이었습니다. 대중의 압력이 상수도 공급업체의 규정 준수를 유도

그림 1.2 (좌) 일부 수자원 시스템은 노후화되었습니다.
(우) 수자원으로의 유출은 지속적인 우려 사항입니다.

할 것이며, 만약 공급업체가 이를 따르지 않을 경우 시민들은 법적 대응을 통해 문제를 해결할 수 있을 것으로 예상되었습니다.

이 법안이 기반하고 있는 사고방식은 당시 USEPA 관리자였던 윌리엄 러켈하우스가 위원회에 보낸 서한에서 잘 드러납니다. 그는 법안을 비판하며 다음과 같이 썼습니다.

> "H.R. 1059 법안의 광범위한 기본 기준과 포괄적인 연방 집행 조항은 주 및 지방정부의 책임을 광범위하고 집중적인 연방 개입으로 대체할 위험이 있습니다. 이는 매우 바람직하지 않습니다."

반면, 연방정부의 역할을 더욱 확대해야 한다는 주장도 있었습니다. 이는 위원회의 주된 입장이지만, 아직 하원 전체의 지배적인 의견은 아니었습니다. 이를 반영하듯 소위원회는 최근 법안의 연방 집행 조항을 삭제하는 안건에 대해 8대 1로 반대표를 던졌습니다.

이 법안에 따르면 각 주정부는 지역상수도가 연방 기준을 준수하는지 모니터링하고 검사하는 1차적 집행 책임을 갖게 됩니다. 원수원의 특성이나 필요한 처리 기술의 차이를 고려해 주정부가 특정 시스템에 대한 예외를 인정할 수 있도록 하는 것은 당연한 일입니다. 또한 경제적 요인을 포함한 여러 현실적인 제약으로 인해 기준을 준수하기 어려운 상수도시스템에 대해서는(지역상수도시스템의 경우 1983년까지) 면제를 부여할 수 있는 권한도 갖고 있습니다.

그러나 주정부가 규정을 준수하지 않을 경우, 연방정부는 USEPA 관리자를 통해 법원에 민사 소송을 제기하여 규정 준수를 요구할 수 있습니다. 이것이 위원회의 법안과 행정부가 제안한 법안의 가장 큰 차이점이며, 행정부 법안에서는 시행을 개인의 책임으로 두고 있습니다.

또 다른 중요한 차이점은 행정부 법안에는 오염물질의 지하 주입에 대한 통제 조항이 포함되어 있지 않다는 점입니다. 청문회 초반부터 위원회는 지하수 오염의 위험성과 이 문제가 점점 심각해지고 있다는 점을 인식하게 되었습니다. 국가 지하수 공급의 지속적인 수질을 보장하기 위해서는 이에 정면으로 대응할 필요가 있었습니다. 1972년 수질오염방지법의 한 가지 한계점은 지표수 오염을 통제하면서도 오염물질의 지하 주입을 허용했다는 점입니다. 이는 법의 허점으로 작용했으며, 어쩌면 '누수(leakage)'라고 표현하는 것이 더 적절할지도 모릅니다.

그림 1.3 미국수도법은 가능한 한 모든 곳에서 물고기가 번식할 수 있을 만큼 깨끗한 물을 제공하도록 규정하고 있습니다.

미국 수돗물의 거의 50%가 지하수에서 공급되기 때문에, 수돗물을 보호하지 않으면서 수돗물만 개선하려는 접근은 현명하지 않습니다. 위원회의 로이 박사는 시몬스 씨와의 토론에서 이렇게 말했습니다: "지하수 오염의 위험을 증가시키는 일을 허용한 뒤, 그 정화 비용을 지불해야 한다면, 그것은 돈 낭비일 뿐만 아니라 어리석은 일이라고 생각하지 않습니까?" 이러한 사고방식은 널리 퍼져 있습니다.

따라서 지하수 주입이 수원을 위협하는 것을 방지하기 위해, 각 주에서 지하수 주입 제어 프로그램을 시행하는 데 도움이 되는 규정도 USEPA에서 발표할 예정입니다. 주정부 시스템은 3년 이내에 허가 시스템을 도입해야 하며, 만약 주정부가 이를 채택하지 않으면, USEPA가 프로그램을 규정할 수 있습니다.

마지막으로 비용 문제를 고려해야 합니다. 정부에서의 일은 결코 공짜가 아니기 때문에 새로운 연방 표준을 충족하는 데 드는 비용은 엄청날 것입니다. 초기 추정에 따르면, 주당 평균 1,000만 달러가 소요될 것으로 예상되었습니다. 그러나 최근 추정에 따르면 이 비용은 5천만 달러에 이를 것으로 보입니다. 위원회는 이러한 비용 부담의 일부를 연방정부가 분담해야 한다고 인식하고, 연구 및 시범 프로젝트를 위한 자금을 포함시켰습니다. 최근 채택된 수정안에 따라, 1975 회계연도에는 주 지역상수도시스템 감독 프로그램에 대한 보조금이 500만 달러에서 1,500만 달러로, 1976 회계연도에는 750만 달러에서 2,500만 달러로 증가했습니다.

결론

이상으로 SDWA의 간략한 연혁과 필요성, 입법 과정에서 겪은 장애물, 최종 법안의 주요 조항에 대해 설명드렸습니다. 이 법안에는 지역상수도의 적절한 염소 공급을 보장하기 위한 임시 프로그램과 농촌 지역 수돗물 공급의 양과 수질에 대한 조사를 포함하고 있습니다. 이 법안은 1971년, 1972년, 1973년에 걸친 청문회를 거쳐 여러 차례의 위원회 심사과정을 통해 수정되었습니다. 최종적으로 2월 21일, 소위원회에서 11명의 위원 중 10명이 이 법안을 현재 형태로 소위원회에 보고했습니다. 이어 6월 3일과 4일에 다시 회의를 열어 7개의 수정안을 채택하고 이를 전체 위원회에 제안했습니다. 많은 이들의 귀중한 의견을 바탕으로 토론과 논쟁을 거친 이 법안은 이제 하원 전체 심의를 앞두고 있습니다. 또한, 연방의 주요 기준을 설정하는 매우 유사한 법안이 상원을 통과했습니다.

1976

주 규제 기관 및 미국수도법

레이몬드 바그 ▮ 뉴저지 주 USEPA 수돗물관리국 위원장 대행

1976년 2월호 *AWWA 저널*(68권 2호, 70~72쪽)에 처음 게재되었습니다.

미국수도법(Safe Drinking Water Act, SDWA) (공법 PL 93-523)이 통과된 지 1년이 지난 현재, 각 주들은 이 법의 영향을 점차 인식하기 시작했으며, 그로 인해 예상보다 더 많은 주정부 업무가 수반될 것임을 깨닫고 있습니다. 또한, 연방 기금뿐만 아니라 주정부의 역할이 확대되었음을 명확히 인식하고 있습니다.

주정부의 수돗물 문제 해결을 위한 프로그램에 추가적인 세금을 부담하고자 하는 사람은 없지만, 연방정부를 포함한 모든 관계자는 주정부가 수돗물 문제를 해결하기 위해 더욱 적극적인 노력을 기울일 것을 기대하고 있습니다.

뉴저지의 지역상수도시스템 감독 프로그램은 수년 동안 대중, 관리자, 운영자, 엔지니어, 연방정부, 각종 주정부 부서 및 기타 관련 기관들의 요구에 부응해 왔습니다. 주 관리자들은 SDWA가 통과된 이후, 연방 보조금이 개인과 단체의 부담을 경감시킬 것이라 기대했습니다. 연방법의 핵심은 연방과 주 간의 협력으로 정의되며, 의회는 주정부가 이 법의 주요 관리 책임을 맡도록 권고하고 있습니다. 이러한 권고는 연방정부의 충분한 예산 지원과 함께 이루어져야 하며, 이는 주정부에 매우 유리한 기회가 될 수 있습니다. 그러나 현실적으로 예산이 부족하고, 연방 관료주의가 많은 제약을 가하고 있는 상황입니다.

예산을 단순히 급여 기준으로만 살펴보면, 뉴저지에 제안된 초기 연방 지원금인 12만 9,000달러는 추가적인 실질적인 지원 없이 단지 12명의 직원을 새로 고용하는 데 필요한 금액에 불과합니다.

자격

다음과 같은 경우 관리자는 지역상수도 감시 프로그램(supervision programs)을 수행하기 위해 주정부에 보조금을 지급할 수 있는 조건이 명시되어 있습니다:

1. 주정부가 보조금 지급일로부터 1년 이내에 감시 프로그램을 수립했거나 수립할 계획이 있는 경우
2. 주정부가 보조금 지급일로부터 1년 이내에 1차 집행 책임을 맡았거나 맡을 예정인 경우

보조금을 신청하고자 하는 모든 주에서는 사양에 따라 작성된 프로그램 계획을 준비해야 하며, 사용 가능한 자원의 활용과 계획된 성과 달성을 연관시키는 것이 목적입니다. 각 계획된 성과에 대해 주정부는 다음을 수행해야 합니다:

3. 해당 성과가 주의 문제를 어떻게 해결할 수 있는지 설명해야 한다.
4. 해당 성과가 법의 목적 및 국가 정책과 어떻게 일치하는지 설명해야 한다.
5. 소비할 자원(리소스)를 표시해야 한다.

전년도에 나열된 각 계획된 성과에 대해 주정부는 또한 다음을 수행해야 합니다:

6. 계획한 실적과 달성한 실적 비교한다.
7. 요청된 자원과 실제 소비된 자원을 비교한다.

구현

이 계획을 실행하기 위해 주정부의 프로그램은 다음과 같은 요소로 구성됩니다:

- **관리 및 프로그램 개발**

1. 프로그램 활동 계획, 개발 및 조정
2. 인력 및 예산 요구 사항 개발
3. 기본 상수도 법률, 규제 및 정책 개발 및 평가
4. 공개 정보 대응 측정

- **감시 및 기술 지원**

1. 정해진 일정에 따른 위생 조사
2. 박테리아 및 화학 샘플링 데이터 검토
3. 지역상수도시스템의 계획, 설계, 운영, 유지 관리, 처리, 수질 관리 및 평가에 관한 기술 지원

- **계획 검토**

1. 새로운 시설
2. 수정된 시설
3. 추가 시설

- **실험실 인증**

정해진 주기(뉴저지에서 최소 3년에 한 번)에 따른 승인 프로그램

- **실험실 기능**

주요 표준을 위한 실험실 시설 제공 및 운영

- **다음 대상 교육 및 인증**

1. 상수도시스템 담당자
2. 플랜트 운영자
3. 감독 인력
4. 주 상수도 프로그램 담당자

시행

기본 표준 관련 데이터의 관리 절차 수립 및 시행

데이터 관리

기본 표준 관련 데이터의 관리 절차 수립 및 시행

- 질병 감시 및 조사

1. 감지
2. 조사
3. 수인성 질병 발생 의심 사례 보고

추가 단계

주정부가 이 모든 작업을 수행하고 실행 가능한 프로그램 계획을 가지고 있다고 가정하면 다음을 포함해야 하는 신청서 형태로 1차 집행을 요청할 수 있습니다.

1. 주의 주요 수돗물 기준, 변경 및 면제에 관한 규제 조항의 텍스트
2. 다음에 대한 상태 절차에 대한 설명
   a. 지역상수도시스템의 현재 목록 유지
   b. 검사 수행
   c. 실험실 인증 프로그램 구현
   d. 프로젝트 검토

e. 규정 미준수 시스템과 관련된 행정 및 사법 조치 보고

f. 비상 상황에서도 안전한 수돗물 유지

요청이 승인된 후에는 기록을 보관하고 보고서를 제출해야 합니다. 보관해야 할 기록에는 다음이 포함되어야 합니다.

1. 각 공급품에 대한 모든 세균학적 화학 및 방사능 검사 수행
2. 모든 검사 보고서, 승인, 집행, 변경 사항 및 면제 사항

제출할 보고서에는 다음이 포함되어야 합니다.

3. 연례 보고서는 다음과 같이 구성되어야 한다.
   a. 주의 지역상수도시스템 목록에 추가 및 수정 사항 추가
   b. 위반 사항 및 집행 조치 요약
   c. 각각의 변경(variance) 및 면제(exemption)현황
4. 부여된 변경 또는 면제에 대한 알림

주에서 수행해야 할 다른 작업은 다음과 같습니다.

1. 연구, 기술 지원 및 교육 보조금 신청서 개발 지원
2. 보조금을 신청하는 사람들에게 지원 제공
3. 특별 연구 및 시범 프로젝트를 개발하고 보조금을 신청하는 사람들을 위한 신청서 작성을 지원
4. 소규모 물 기업의 대출 신청서 개발 지원
5. 시민 민사 소송에서 상수도 시스템과 시민 모두에게 기술 지원 제공
6. 수천 명의 유틸리티 소유자와 품질 관리 논의 – 원수 공급원 요구 사항 논의
7. 예비 플랜트 및 컨셉 검토 및 승인
8. 수천 개의 커뮤니티 시스템에 대한 자세한 기록 유지
9. 각 시스템에서 생성되는 모든 박테리아 데이터 및 화학 데이터를 포함하여 커뮤니티 시스템에서 수집된 데이터를 검토하고 모니터링
10. 변경 및 면제의 경우, 주정부는 허가가 건강에 불합리한 위험을 초래하지 않는 이유를 결정, 나열 및 문서화
    a. 공청회 통지 및 기회 제공

b. 규정 준수를 위한 일정 규정
c. 필요할 수 있는 제어 조치 지정
d. 주법에 따른 규정 준수 일정을 시행하는 데 동의
e. 각 요청에 대해 90일 이내에 조치

최종 참고 사항

저자는 국가의 역할과 관련하여 1차 임시 기준 초안에서 발췌한 다음 문구들에 대해 관계자들은 관심을 가져야 한다고 생각합니다.

"주정부에게 입증할 수 있을 경우" - 탁도 표준 참조
"주정부의 승인이 있을 경우" - 잔류염소 대체 제안을 언급하는 경우
"주정부의 서면 허가가 있을 경우" - 대체 분석 기법 참조
"첫 번째 검사에서 대장균의 존재가 확인되면 … 공급자는 주정부에 통보해야 한다."
"샘플링 지점에서 잔류염소가 검출되지 않을 경우(수천 개) … 주에 통보하고 대장균 샘플을 채취한 다음 결과를 주에 보낸다."
"초과 탁도가 확인되면 주에 알린다."
"분석되는 농약 샘플은 농약에 의한 오염이 발생할 가능성이 가장 높은 기간으로 국가가 지정한 기간에 수집되어야 한다."
"주정부에서 지정한 시스템에 대해 설정할 지하수 유기물 샘플링 빈도"
"주정부에서 결정한 간격으로 공공상수도에 대한 질산염 측정"
"공공상수도(Public Water Supplies) 이외의 지역상수도(Community Water Supply)에 의한 고시의 경우, 국가는 명령 또는 규정으로 공지의 형식과 방식을 요구해야 한다."
"주정부에서 지정한 지역에서는 이중 언어 고지를 제공해야 한다."
"신고가 필요한 위반 사항은 주정부에 신고해야 한다."
"입지 요건과 관련하여, 새로운 공공상수도시스템에 대한 재정적 약정을 체결하거나 건설을 시작하거나 기존 공공상수도시스템의 용량을 늘리기 전에 주에 통지해

야 한다."

"물 공급자는 필요한 시험, 측정, 분석이 이루어진 후 40일 이내에 해당 시험, 측정 또는 분석의 결과와 그 결과를 주정부에 보고해야 한다."

저자는 수돗물 감시를 위한 과도한 인력 확장은 원하지 않습니다. 그는 SDWA의 목표가 잘 구성되어 있으며, 상수도 분야의 모든 관계자들이 추구하는 목표와 일치한다고 믿습니다. 그러나 연방 관리자들이 주 프로그램 운영에 있어 기본적으로 현실적인 제약과 재정적 한계를 인식하는 것이 매우 중요하다고 생각합니다.

1977

미국수도법과 수도시설 소유자

오스카 H. 아담스 ▌ 버지니아 주보건부 엔지니어링 부서 이사, 버지니아 주 보건부
1977년 5월호 *AWWA 저널*(69권 5호, 229~233쪽)에 처음 게재되었습니다.

미국수도법(Safe Drinking Water Act, SDWA) 제정이 수도 서비스 제공업체 소유자에게 미치는 영향은 모니터링 요구 사항, 고시 및 기록 보관에 대해 특히 주의를 기울여 설명합니다.

공법(PL 93-523)으로 알려진 SDWA가 제정된 이후, 미국환경보호청(U.S. Environmental Protection Agency, USEPA) 관리자는 이를 시행하기 위한 다양한 규정을 제안하고 공포하였으며, 이는 법의 시행을 시작하는 중요한 단계였습니다. 앞으로 몇 달 내에, 그리고 향후 몇 년 안에 추가로 채택될 여러 규정과 지침들이 있습니다. 최근 몇 달 간의 경험을 통해 우리는 일반적인 추세와 그것이 소유자 및 규제 기관에 미치는 영향을 충분히 파악할 수 있었습니다.

대부분의 주정부는 공공상수도감독 프로그램을 지원하기 위해 연방 보조금을 수락하였으며, 이로써 많은 주들이 '1차 집행 책임'을 가지게 되었습니다. 주에서 1차 집행 책임을 맡고 있는 경우, 소유자는 해당 주의 법률과 규정에 따라 공공상수도시스템을 운영해야 할 의무가 있습니다. 이 때 주 법률은 연방 규정보다 더 엄격할 수 있습니다. 따라서 연방 법과 규정에서 요구하는 사항이 주법과 규정에 반영되며, 소유자는 모든 공공상수도시스템에 적용되는 주정부 법률과 규정을 충분히 이해하고 있어야 합니다. 만약 국가가 1차 집행 책임을 지지 않거나 필요한 조치를 이행하지 않으면, USEPA의 관리자가 프로그램을 수행해야 합니다. 이 경우 공공상수도시스템의 소유자는 주법과 SDWA를 모두 준수해야 하는 복합적인 상황에 직면할 수 있습니다.

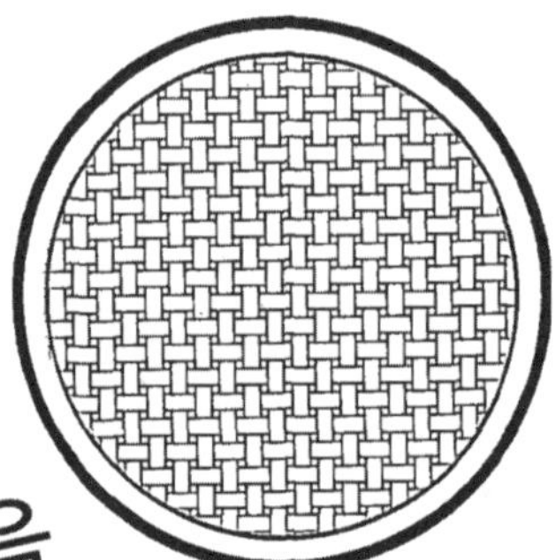

필수 기준을 충족합니다

공공상수도시스템의 정의

공공상수도시스템은 법적으로 15개 이상의 서비스 연결을 통해 일반 대중에게 상수도를 공급하거나, 연중 평균 60일 이상, 정기적으로 25명 이상의 개인에게 상수도를 공급하는 시스템으로 정의됩니다. 많은 주에서 이 정의에 따라 이전에는 포함되지 않았던 소규모 시스템들이 포함되었습니다. 국가잠정수돗물규정은 공공상수도시스템을 커뮤니티 시스템과 비커뮤니티 시스템(community and noncommunity systems)으로 세분화합니다.

커뮤니티 시스템

커뮤니티 시스템은 주로 주거 지역 주민에게 물을 공급하는 시스템입니다. 이러한 커뮤니티 상수도시스템의 대표적인 예로는 마을, 시, 군, 면, 이동식 주택 단지에 물을 공급하는 시스템이 있습니다. 주민들이 사용한 15개의 연결망을 갖춘 시스템이나 최소 25명에게 정기적으로 물을 공급하는 시스템은 커뮤니티 시스템입니다. 비거주자가 있을 수 있다는 사실이 최소 연결망 수를 초과하거나 거주자가 물을 공급받는 경우 커뮤니티 시스템으로 분류되는 것을 배제하지 않습니다. 25명의 주민 지원에는 매우 적은 수의 가구에 물을 공급하는 여러 소규모 시스템이 포함됩니다. 각 주는 이 문제를 해결해야 하며, 각 주마다 25명의 주민에게 상수도시스템을 제공하는 시점을 결정하는 데 있어 서로 다른 지침이나 절차가 있을 수 있습니다. 구획이나 소규모 주택 공동체에 25명의 주민이 있는지 없는지를 확인하기 위한 지속적인 조사가 있을 수는 없습니다. 상수도 공급업체는 모니터링 요건에 영향을 미치기 때문에 커뮤니티 시스템으로 지정되거나 분류되는 것에 관심이 있습니다.

비커뮤니티 시스템

비커뮤니티 시스템은 일시적 거주자 또는 비거주자에게 상수도를 공급하는 시스템을 의미합니다. 이러한 시스템의 소유자는 비커뮤니티 상수도시스템을 운영하고 있는 것입니다. 모텔, 식당, 산업 또는 상업 시설, 고속도로 휴게소, 공원, 학교, 캠핑장, 산업 공장, 사무실 건물 등에 상수도를 제공하는 시스템이 비커뮤니티 시스템의 대표적인 예입니다.

비커뮤니티 시스템에 대한 모니터링 요건은 커뮤니티 시스템과 다릅니다. 샘플링 요건이 상대적으로 적기 때문에, 시스템 소유자는 어떤 모니터링 활동을 수행해야 하는지를 결정할 때 시스템의 분류가 중요합니다. SDWA에 따라 1차 집행 책임이 부여된 주의 물 공급업체는 해당 주의 법률과 규정을 준수해야 합니다. 주 규정은 연방 규정과 동일하게 엄격해야 하므로, 이러한 주 법률 및 규정을 준수함으로써 일반적으로 이 법의 요구 사항을 충족할 수 있습니다.

그러나 몇 가지 주의할 점과 설명이 필요합니다. USEPA의 관리자는 주정부에 1차 집행 책임을 부여하며, 개별 상수도시스템과의 계약은 주 상수도 기관을 통해 이루어집니다. 그럼에도 불구하고, 이 법은 관리자에게 현지 상황에서 USEPA가 완전히 배제되지 않은 책임과 권한을 부여합니다. 만약 주정부가 필요한 조치를 취하지 않으면 위반이 발생하며, USEPA 관리자가 이를 인지한 경우 법에 따라 강제 조치를 취해야 합니다. 또한, 급박한 건강 위험이 있을 경우 관리자는 SDWA의 긴급 권한 조항에 따라 조치를 취할 수 있습니다.

USEPA 관리자는 주정부에 통지한 후, 필요한 신분증과 권한을 제시하여 공공상수도시스템에 들어가 검사할 수 있는 권한이 있습니다. 또한, 이 법의 시민 소송 조항에 따라 USEPA 관리자는 법 집행에 대해 직접적인 책임을 집니다.

새로운 개념과 책임

모든 관계자는 이 법과 규정을 어떻게 이행할 수 있을지에 대해 심도 깊은 고민을 해야 합니다. 소유자, 주 규제 기관, USEPA를 포함한 모든 관계자의 협력이 필수적입니다. 이 새로운 법은 반드시 수용해야 할 새로운 아이디어와 개념들을 많이 제시하고 있으며, 모든 관계자는 새롭고 추가적인 책임을 지게 될 것입니다.

일반적으로 간과되고 있는 점 중 하나는 이 프로그램이 완전히 새로운 프로그램이라는 사실입니다. 일부는 과거의 물 공급 프로그램을 기준으로 판단하고 결론을 내리는 경우가 많습니다. 하지만 이 법은 모든 참여자의 새로운 역할과 책임을 정의하고 있기 때문에, 과거의 기준에 의존하는 접근은 신뢰할 수 없습니다. 물 공급업체와 주 및 연방 기관은 이러한 새로운 역할을 수행하기 위한 관계를 발전시켜야 합니다. 또한, 새로운 아이디어와 개념에 대한 인식이 필요하며, 과거와 같은 방식으로 프로그램이 진행될 것이라는 생각을 버려야 합니다.

이전에는 주정부 상수도 기관이 감시, 기술 지원 제공, 교육, 신규 시설 검토 및 승인 등을 포함하는 상수도 프로그램을 수행했습니다. 법 집행은 일반적으로 주정부와 소유자 간의 설득, 교육, 협력으로 이루어졌으며, 법적 조치는 드물게 이루어졌고 주로 명백한 경우에만 수행되었습니다. 하지만 새 프로그램에서 주정부 상수도 기관은 이제 '친절한' 경찰 역할을 넘어서, 집행을 중점적으로 수행해야 합니다. 반드시 충족해야 하는 기준이 강조되며, 주정부의 주요 역할은 이러한 기준이 충족되었는지 확인하고 수돗물 공급업체가 해당 규정을 준수하는지 감시하는 것입니다.

소유자 또는 물 공급업체는 법에 명시된 바와 같이 규정에서 강화된 몇 가지 직접적인 책임을 지고 있습니다. 이러한 요건을 정확히 숙지하고 이해하는 것이 매우 중요합니다. 이를 통해 모든 관계자는 새로운 법의 요구 사항을 충족하고, 안전하고 신뢰할 수 있는 물 공급을 보장할 수 있을 것입니다.

소유자의 책임

임시 규정은 공공상수도시스템에 대한 모니터링 요건을 규정하고 있습니다. 이 규정은 분석 항목, 분석 방법, 결과 보고 방식 및 모니터링 빈도를 명확히 정의합니다. 규정에 따라 모니터링이 적절하게 수행되도록 하는 것은 소유자의 책임입니다.

모니터링 일정

허용된 기간 내에 작업 부하를 분산시키기 위해 체계적으로 설정되어야 합니다. 예를 들어, 지표수를 사용하는 커뮤니티 시스템은 규정 발효일로부터 1년 이내에 유기화학물질에 대한 모니터링을 실시해야 하며, 주정부에서 더 자주 모니터링 하도록 요구하지 않는 한, 이 샘플링은 3년 이내에 반복해야 합니다.

모든 시스템이 동시에 샘플을 제출하는 것은 불가능하므로, 이러한 분석이 연중 일정한 양으로 분배하여 실험실 시설과 자원을 더 효율적이고 효과적으로 활용하도록 합니다. 따라서 주정부 상수도 기관은 모니터링 일정을 수립하여 이를 충족할 수 있도록 할 것입니다. 경우에 따라, 주정부 직원이 필요한 샘플을 직접 채취할 수 있으며, 다른 주에서는 물 공급자에게 필요한 용기와 장비를 제공하고, 샘플을 수집하는 방법에 대한 지침을 제공할 수도 있습니다. 또 다른 대안은 소유자가 상업 실험실을 고용하여 샘플을 수집하고 분석하는 것입니다.

모니터링 책임

그러나 소유자는 모니터링 요건이 무엇인지 정확히 알고 있어야 하며, 해당 주에서 따르는 절차에 관계없이 필요한 샘플을 채취하고 분석이 적시에 이루어지도록 해야 합니다. SDWA는 모니터링 책임을 소유자에게 명확히 부여하고 있습니다. 또한, 소유자는 필요한 모니터링을 수행하지 않는 경우, 위반을 주장하는 시민이 소유자를 상대로 민사 소송을 제기하거나 USEPA 관리자에게 규정 준수를 요구할 수 있다는 점을 인지해야 합니다.

대부분의 주에서 적용되는 규정은 연방 요건을 충족하도록 작성됩니다. 소유자는 주정부별 모니터링 요건이 무엇인지 확인한 후, 해당 규정이 연방 모니터링 요건을 충족하는지 또는 초과하는지 여부를 결정해야 합니다. 만약 주정부가 1차 집행 책임을 추구하거나 보유하고 있는 경우, 주정부 요구 사항은 연방 규정을 준수하는 데 충분할 것입니다. 모니터링과 관련하여 도움을 받을 수 있는 가장 좋은 출처는 상수도 프로그램을 담당하는 주정부 기관입니다.

샘플링 및 분석

상수도시스템 소유자는 연방 규정에 명시된 샘플링 기술과 분석 방법을 따르며, 샘플을 채취하는 장소와 샘플을 준비하는 방법에 세심한 주의를 기울여야 합니다. 샘플 수집에는 다양한 유형의 용기가 사용됩니다. 경우에 따라 플라스틱 용기를 사용할 수 있으며, 다른 경우에는 유리 용기를 사용해야 합니다. 또한, 샘플을 채취할 때는 적절한 보존제를 첨가한 후, 이를 실험실로 보내야 합니다. 소유자는 샘플 수집 및 준비 방법에 대한 지침을 철저히 따르거나, 샘플링 요건을 숙지한 기술 교육을 받은 개인이 샘플을 수집해야 합니다. 이 문제는 각 주정부 마다 다르게 처리됩니다. 대규모 유틸리티에서는 화학자를 고용하여 샘플링에 거의 문제가 없지만, 소규모 시스템의 경우 숙련된 개인이 샘플을 수집해야 합니다. 또한, 탁도나 잔류 염소와 같은 일부 테스트는 운영 담당자가 수행해야 합니다. 이러한 담당자는 해당 테스트를 정확히 수행할 수 있도록 충분한 교육을 받고, 필요한 테스트 장비를 갖추고 있어야 합니다.

샘플 검사

연방정부 규정은 최대오염농도기준(maximum contaminant level, MCL)을 초과하는 경우 샘플을 재채취할 수 있도록 명시하고 있습니다. 주정부 규정도 이러한 요건을 반영해야 하며, 소유자는 이를 준수해야 합니다. 모니터링 결과를 받은 후, 소유자는 해당 규정 또는 표준에 따라 이를 평가해야 하며, 만약 MCL을 초과한 경우에는 재샘플링 또는 확인 샘플을 채취하는 등의 조치를 취해야 합니다. 또한, 소유자는 주정부에 이를 통지하고, 경우에 따라 대중에게 이를 공표해야 하는 의무도 있습니다.

탁도 테스트는 상수도시스템의 수질 모니터링에서 중요한 역할을 하며, 소유자의 재샘플링 및 통지 책임을 명확히 설명하는 데 유용합니다. 규정에 따르면, 지표수를 사용하는 상수도시스템은 배급 시스템의 대표 진입 지점에서 매일 탁도를 측정해야 하며, 이 측정 결과가 MCL을 초과할 경우 소유자는 즉각적인 조치를 취해야 합니다. 예를 들어, 소유자가 탁도를 측정한 결과가 7.5 TU (Turbidity unit)일 경우, 규정에 따라 1시간 이내에 재측정을 실시해야 합니다. 만약 두 번째 측정 결과가 8.5 TU로 나타나면, 두 값의 평균은 8 TU가 되어 규정에서 정한 한도인 5 TU를 초과하게 됩니다. 이 경우, 소유자는 48시간 이내에 주정부에 한도를 초과한 사실을 보고해야 하며, 다음 날 다시 검사를 받아야 합니다. 또한, 두 번째 측정값이 4 TU일 경우, 두 번의 연속 측정값 평균은 6 TU가 되어 여전히 한도를 초과합니다. 이 경우에도 소유자는 해당 주에서 사용하는 절차에 따라 주정부에 통보하고 공고해야 합니다.

무기 화학물질, 유기 화학물질, 미생물학적 및 방사선학적 매개변수에 대해서는 각각 다른 요건이 적용되지만, 모든 경우에서 MCL을 초과하면 지정된 시간 내에 주정부에 보고하고 샘플을 재샘플링 하거나 확인해야 합니다. 또한, MCL을 위반한 경우에는 일부 상황에서 대중에게 공개 통지가 필요할 수 있습니다. 이러한 절차는 공공의 건강 보호 및 안전을 위한 필수적인 조치입니다.

박테리아 검사

박테리아 검사는 상수도시스템의 수질 안전성을 유지하는 데 중요한 역할을 하며, 검사 빈도와 양성 샘플 가능성으로 인해 상당한 업무량을 요구합니다. 대부분의 주정부에서는 샘플링 지점이 선택되면 박테리아 샘플 채취를 소유자가 담당해야 하며, 이 샘플은 상수도시설 실험실에서 검사하거나 필요한 경우 정부 또는 민간 실험실로 보내져 검사를 받게 됩니다. 양성 샘플이 발생할 경우, 소유자는 최소 2회의 연속 음성 샘플이 나올 때까지 매일 확인 샘플을 채취해야 합니다. 이러한 확인 샘플은 한 달 동안 수집한 총 샘플 수를 결정하는 데 사용될 수 없으며, MCL 준수 여부를 판단하는 데에도 사용될 수 없습니다.

만약 박테리아 샘플이 양성이라면, 동일한 지점에서 매일 확인 샘플을 채취해야 하며, 확인 샘플이 양성인 경우 소유자는 48시간 이내에 주정부에 이를 통보해야 합니다. 샘플링, 박테리아 검사, 확인 샘플링, 양성 샘플 발생, MCL 초과 시 주정부에 대한 통보는 규정에 따라 적시에 정확하게 수행해야 하며, 규정을 준수하지 않을 경우 위반으로 간주되어 강제 조치가 취해질 수 있습니다.

소유자는 매우 작은 시스템을 운영하는 경우를 제외하고는 월 단위로 박테리아 결과를 검토하고 평가해야 하며, 이 경우에는 분기 단위로 검토해야 합니다. 소유자가 충분한 수의 샘플을 채취하지 못했거나 MCL을 초과한 경우, 소유자는 주정부에 이를 통보하고 대중에게 알리도록 해야 합니다. 물 공급업체는 허용 가능한 실험실 결과를 얻기 위해 주 또는 USEPA의 승인을 받은 공인 실험실에서 분석을 수행해야 하며, 규정에는 사용해야 할 분석 방법이 명시되어 있습니다. 연방 규정에서는 사전 승인을 받은 경우 대체 분석 방법을 사용할 수 있는 조항도 포함되어 있습니다.

모든 모니터링 결과는 주정부 상수도 기관에 제공된 주정부 실험실에서 테스트 또는 분석을 수행한 경우를 제외하고는 40일 이내에 주정부에 보고해야 합니다. 이러한 절차는 건강 보호 및 안전을 위한 필수적인 조치입니다.

고시

법과 규정은 공개 요건을 명시하고 있습니다. 물 공급업체는 다음과 같은 상황에서 고시해야 합니다:

11. MCL을 준수하지 않는 경우
12. 치료 기술 요구 사항을 준수하지 않는 경우
13. 필수 모니터링을 수행하지 않는 경우
14. 해당 테스트 절차를 준수하지 않는 경우
15. 기존 변경 및 면제가 적용 중인 경우
16. 변경 또는 면제와 관련된 일정을 충족하지 못허는 경우
17. 변경 또는 면제의 일부로 부과된 검사 또는 치료 기술을 준수하지 않는 경우

고시 절차는 수도 공급자가 규정을 준수하고 사용자에게 중요한 정보를 전달하는데 필수적입니다. 소유자는 분기별로 수도 요금 고지서에 고지서를 포함해야 하며, 만약 수도 요금 고지서가 분기별로 발송되지 않는 경우, 다른 직접 우편 방법을 통해 고지를 해야 합니다. MCL을 초과한 경우, 소유자는 지역 신문에 3일 이상 공고문을 게재해야 하며, 이 공고문은 수도 공급자에게 결과가 통지된 시점으로부터 14일 이내에 게시되어야 합니다. 또한, 해당 지역에 서비스를 제공하는 라디오 및 텔레비전 방송국에도 규정 위반에 관한 정보를 제공해야 합니다. 이러한 통지는 규정 위반이 계속 존재하는 한 3개월마다 반복하여야 합니다.

고시는 시스템 사용자에게 합리적이고 이해하기 쉬운 언어로 문제의 본질, 사실 관계, 건강상의 중요성, 그리고 상황을 시정하기 위한 제안된 조치를 전달해야 합니다. 이 절차는 주마다 다를 수 있지만, 고지서가 발행되기 전에 주와 소유자 간의 긴밀한 협조가 필요합니다.

대부분의 경우, 주에서는 통지서를 작성하고 수도 공급업체가 인쇄, 우편 발송 및

게시를 담당합니다. 임시 규정에 따르면, 주정부는 수도 공급업체를 대신하여 공지를 작성할 수 있는 옵션을 제공하며, 이 경우 수도 공급업체는 고객 목록을 제공하고 관련 비용을 지불해야 합니다. 그러나 이 옵션을 선택하면 주정부는 상당한 업무량을 떠안게 되며, 수도 공급업체에게 이러한 책임을 면제해주는 주는 거의 없습니다. 만약 수도 공급업체가 협조하지 않는 경우, 주정부는 공고를 게시하고 그 비용을 수도 공급업체에 청구할 수 있습니다.

기록 보관

상수도시스템의 정보 파일 기록 보관 및 유지에 대한 요구 사항은 소유자에게 다소 상세하고 광범위합니다. 우선, 기록은 상수도시스템 구내 또는 편리한 장소에 보관해야 하며, 지방정부의 경우에는 수도시설이 아닌 지방정부 건물에 보관할 수 있습니다. 또한, 어떤 기록을 얼마나 오랫동안 보관해야 하는지에 대한 구체적인 지침이 마련되어 있습니다. 예를 들어, 세균학적 기록의 결과는 5년 동안 보존해야 하며, 이 결과는 실험실 전표 형식이나 요약본 형식으로 제공될 수 있습니다. 요약본에는 필요한 모든 정보가 포함되어야 합니다. 화학 분석 결과는 10년 동안 보관해야 하며, 위반 사항을 시정하기 위해 취한 조치는 3년 동안 보관해야 합니다. 위생 조사와 관련된 서신 파일에는 서면 보고서와 관련된 모든 서신이 포함되어야 하며, 위생 조사는 10년간 보관해야 합니다. 변경 사항이나 면제와 관련된 모든 서신은 5년 동안 보관해야 합니다.

소규모 상수도시스템의 경우, 유지 관리해야 할 데이터의 양이 상대적으로 적지만, 이를 적절히 유지하고 검사 또는 사용할 수 있는 장소를 마련하는 것이 중요합니다. 반면, 대규모 시스템은 보관해야 할 데이터의 양이 많아지는 문제에 직면할 수 있습니다. 이 경우 소유자는 시스템을 구축하고 정수장 또는 파일을 적절히 관리해야 합니다. 사업소에서 이러한 데이터를 유지 관리하는 경우, 운영 담당자가 통신 및 모니터링 데이터를 볼 수 없게 되어, 운영 담당자가 이를 알고 있어야 한다는 어려움이 발생할 수 있습니다. 모든 정보는 상세하게 작성되어야 하며, 샘플을 실험실에 제출할 때는 분석 요청서를 완전히 작성해야 합니다. 또한, 실험실에서 분석 및 결과에 대한 완전한 정보를 제공해야 하며, 이는 강제 조치의 근거가 되거나 법정에서 상수도가 MCL을 초과했음을 증명하는 데 사용될 수 있습니다. 따라서 모든 기록은 완전하고 적절하게 유지 관리되어야 합니다.

차이 및 면제

SDWA는 주정부 또는 USEPA 관리자가 1차 수돗물 규정의 조항을 변경하거나 면제할 수 있는 조건을 설정합니다. 그러나 이 법은 주정부에 예외 또는 면제 절차를 의무화하지 않으며, 만약 예외나 면제 절차를 마련하는 경우, 그 방식과 절차는 관리자가 규정한 것보다 덜 엄격할 수 없습니다. 두 경우 모두 예외 또는 면제를 허용하려면 불합리한 건강 위험이 발생하지 않는다는 결론이 내려져야 합니다.

차이

합리적으로 이용 가능한 원수의 특성으로 인해 시스템이 규정에서 정한 MCL 물질 수준을 충족할 수 없는 경우, 최상의 기술이나 처리 기술을 적용하더라도 편차를 허용할 수 있습니다.

미국 임시 1차 수돗물 규정 142.41조에는 관리자가 변경을 승인할 때 필요한 세부 사항이 명시되어 있으며, 주에서는 동일하거나 추가적인 정당성을 요구할 가능성이 있습니다. 면제와 달리, 법적으로 준수를 요구하는 시간제한은 없지만, 변경을 통해 시스템이 무기한 지속될 수 있다는 의미는 아닙니다. 변경 요청은 충분한 근거를 제시해야 하며, 최상의 기술과 처리 방법을 사용하더라도 MCL을 충족할 수 없는 이유를 명확히 정당화해야 합니다. 또한, 규정 준수를 위한 일정도 제시해야 하며, 대체 원수 확보 방안도 고려해야 합니다.

요청서에는 오염물질 농도가 과도하게 높아질 경우의 물 공급 계획과 그 기간 동안의 중간 통제 계획이 포함되어야 합니다. 물 공급업체는 추가 모니터링이 필요할 수 있음을 인지하고, 적절한 통제 조치를 취해야 합니다. 변경이 승인되기 전에 공고를 하고, 관련된 이해당사자에게 의견을 제출할 기회를 제공해야 하며, 고시는 변경이 유효한 기간 동안 분기별로 이루어져야 합니다. 또한, 물 공급업체는 박테리아 MCL을 초과하는 등 건강에 심각한 위험이 있을 경우, 변경이 허용되지 않을 수 있음을 이해해야 합니다. 마지막으로, 무기 화학물질에 대한 MCL은 평생 동안 단기간 소량 섭취가 허용될 수 있지만, 이는 상황, 화학적 특성, 문제 및 건강 위험에 대한 철저한 평가에 따라 달라질 수 있습니다.

면제

승인 조건이 충족되고 필요한 절차를 준수하는 경우, 주정부 또는 USEPA 관리자는 면제를 부여할 수 있습니다. 면제의 경우, MCL 또는 처리 기술 미준수 사유는 원수 특성을 제외한 다른 근거를 바탕으로 할 수 있습니다. 모든 면제의 전제는 불합리한 건강 위험이 존재하지 않는다는 판단입니다.

면제에 대한 소유자의 요청은 면제를 부여해야 하는 강력한 이유를 입증하고, 적절한 정당성을 제공하기 위해 충분한 근거와 문서로 뒷받침되어야 합니다. 또한, 규정 준수 일정을 제공해야 하며, 모든 시스템은 늦어도 1981년 1월 1일까지 규정의 요건을 충족해야 합니다. 만약 면제가 개정된 국가 기본 수돗물 규정에 대한 면제라면, 해당 시스템은 해당 요건이 발효된 후 늦어도 9년 이내에 규정을 준수해야 합니다. 면제를 부여하는 과정에는 고시 및 공청회 절차가 포함되어야 하며, 상수도 공급업체는 시스템이 면제를 적용하여 운영되고 있음을 분기별로 고시해야 합니다.

기타 법 조항

연구

이 법은 USEPA 관리자에게 상수도시스템에 적용할 수 있는 연구 프로그램을 수행할 권한을 부여합니다. 초기 연구는 주로 유기물 문제에 집중되었으며, 이는 수처리 기술과 소독에 대한 추가 연구의 필요성을 촉진했습니다. 또한, 수로에 존재하는 바이러스와 독성 화학물질도 중요한 문제로 제기되었으며, 이러한 문제를 해결하기 위한 방안도 고려해야 할 사항으로 남아 있습니다. 이러한 영향은 장기적이며, 수인성 장질환과 같은 즉각적인 위협을 초래하지 않는 경우가 많기 때문에 그 중요성이 간과될 수 있지만, 결국 이는 물 공급자에게 이익을 주고 안전한 수돗물을 공급할 수 있도록 하는 중요한 과정의 일환입니다.

기술 지원

소유자가 잊지 말아야 할 또 다른 중요한 법의 측면은 기술 지원 조항입니다.

SDWA는 관리자가 주정부 및 지방정부에 기술 지원을 제공하도록 명시하고 있습니다. 문제가 발생하면 소유자는 주저하지 않고 주정부와 논의해야 하며, 필요한 경우 주정부는 USEPA에 기술 지원을 요청할 수 있습니다. 소유자, 주정부, USEPA 간에 기술 정보를 자유롭게 교환하는 것은 많은 문제를 예방하고 해결하는 데 중요한 역할을 합니다. 이 메커니즘은 SDWA에 포함되어 있으며, 상호 관심사와 관련된 문제들을 논의하는 데 유용하게 사용되어야 합니다. 따라서 기술적인 지원과 협력은 상수도시스템이 규정을 준수하고 안전한 수돗물을 공급하는 데 필수적입니다.

교육

SDWA의 또 다른 중요한 유익한 측면은 교육 활동의 승인입니다. 이 교육은 소유자가 운영 인력에 자격을 부여하고, 물 공급 시스템의 효율성과 안전성을 높이는 데 도움이 됩니다. 각 주에서는 소유자에게 지원을 제공할 수 있는 교육 프로그램과 인증을 포함할 수 있으며, 이러한 프로그램은 소유자가 법적 요구사항을 준수하고 운영 인력을 적절히 교육하는 데 중요한 역할을 합니다. 소유자는 안전한 물을 생산하고 공급할 수 있는 능력을 갖춘 직원을 고용할 책임이 있습니다.

민사 소송

SDWA의 중요한 조항 중 하나는 시민 소송에 관한 것입니다. 이 법은 상수도 시스템이 MCL (maximum contaminant level, MCL)을 초과하는 물을 공급하고 있다고 주장하는 시민이 미국 지방 법원에 해당 상수도시스템과 USEPA 관리자를 상대로 민사 소송을 제기할 수 있도록 허용합니다. 이러한 소송은 물의 품질이 규정된 기준을 초과했다고 주장하는 시민에 의해 제기될 수 있으며, 이는 모니터링 결과를 바탕으로 한 법적 절차가 될 수 있습니다. 소유자는 민사 소송에서 혐의를 방어하기 위해 적절한 샘플링과 검사가 이루어졌음을 입증해야 하며, 검사에 사용된 방법이 승인된 실험실에서 인증된 방법임을 증명해야 합니다. 또한 모든 기록이 적절하게 유지되고 있음을 증명하는 책임이 소유자에게 있습니다. 이 기록들은 법원에서 민사 소송의 방어로 사용될 수 있습니다.

만약 시민이 민사 소송을 제기했다면, 해당 주정부는 이 혐의를 조사하게 됩니다. 위반이 확인되면, 주 또는 USEPA는 민사 소송을 금지하는 집행 조치를 시작할 수 있습니다. 민사 소송이 제기된 후에는 60일의 지연 기간이 주어지며, 이 기간 동안 문제를 해결하거나 변경 또는 면제를 요청할 수 있는 충분한 시간이 주어집니다. 따라서 소유자는 법적 요건을 충족하지 못할 경우 즉시 주정부에 알리고 시정 조치를 취해야 하며, 규정에 따른 기준을 충족한 경우 이러한 민사 소송에 불리한 영향을 받지 않도록 해야 합니다. 규정을 준수하는 것은 법적 책임을 최소화하고 물 공급의 안전성을 확보하는 데 필수적입니다.

요약

SDWA는 모든 공공상수도시스템에 적용되는 연방법입니다. 공공상수도시스템은 크게 커뮤니티 시스템과 비커뮤니티 시스템으로 나뉘며, 커뮤니티 시스템은 주거 인구에 서비스를 제공하는 시스템으로, 더 많은 모니터링이 필요합니다. 반면, 비커뮤니티 시스템은 도로변 시설과 같은 대중교통 이용객에게 서비스를 제공하는 시스템입니다. SDWA는 안전한 물의 생산과 공급에 대한 책임을 부여하며, 여러 새로운 개념을 포함하고 있습니다. 규정의 요건을 충족하지 못할 경우, 물 공급업체는 문제를 시정하거나 강제 조치를 취해야 합니다. 또한, 연구, 교육 및 기술 지원은 소유자가 이를 활용하여 혜택을 얻을 수 있는 유익한 측면으로 작용합니다.

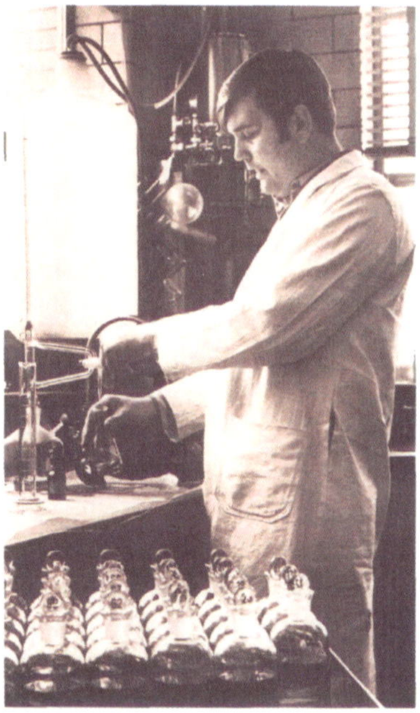

1978

미국수도법의 영향

리차드 P. 맥휴 ▌ 부사장, 뉴헤이븐 워터 컴퍼니, 코네티컷주
1978년 12월호 *AWWA 저널*(70권 12호, 666~669쪽)에 처음 게재되었습니다.

미국수도법(Safe Drinking Water Act, SDWA)의 영향은 다양하고 광범위합니다. 저자는 이 법이 공중 보건, 공공 서비스 비용, 직원 및 소비자에게 미치는 영향뿐만 아니라, 상수도 산업의 이미지 개선에도 기여할 수 있음을 설명합니다.

1974년 제정된 SDWA는 공공상수도시스템을 이용하는 모든 미국인에게 안전한 수돗물을 적절히 공급하기 위해 마련되었습니다. 연방 수돗물 기준의 간략한 역사와 SDWA 자체에 대한 요약은 이 법의 의미를 논의하기 위한 서문으로 여기에 포함되어 있습니다.

1914년, 전염병의 주간 확산을 방지하기 위해 수돗물에 대한 최초의 연방 기준이 발표되었으며, 이 기준은 여러 차례 수정되고 확대되었습니다. 1962년, 미국공중보건국(US Public Health Service, USPHS)은 수돗물 기준을 개정하며, 건강에 영향을 미치는 화학적 및 생물학적 불순물에 대한 필수 제한 기준과 외관, 맛, 냄새에 영향을 미치는 불순물에 대한 권장 제한 기준을 설정했습니다. 이러한 기준은 주간 운송업체에 서비스를 제공하는 상수도시스템에만 적용되었으나, 대부분의 주정부와 대도시에서는 이를 가이드라인으로 삼았습니다.

SDWA

임시 규정

1970년에 완료된 지역 상수도 연구에 따르면 약 800만 명이 5,000개의 지역 상수도 시스템에서 잠재적으로 위험한 물을 공급받고 있는 것으로 나타났습니다. 같은 해 12월, 미국환경보호청(U.S. Environmental Protection Agency, USEPA)이 설립되어 연방 수돗물 규정의 제정 및 시행을 담당하게 되었습니다. 1962년 공중 보건 기준이 개정되고 있었으며, USEPA는 이를 지속적으로 수정하여 1974년 제정된 SDWA 임시 기준의 기초를 마련했습니다. SDWA는 새로운 법안이 아니라 기존의 공중보건법(PL 410)을 개정한 법이었습니다. SDWA (PL 93-523)는 1974년 12월 17일에 법으로 제정되었으며, 이 법의 규정에 따라 USEPA는 1975년 3월 14일에 잠정수돗물기준(Interim Primary Drinking Water Standards)을 발표했습니다. 이후 엄청난 양의 의견

이 접수됨에 따라 최종 규정 발표는 1975년 12월 24일까지 연기되었습니다.

이 규정은 1977년 6월 24일에 발효되었으며, 건강과 관련된 기본 규정으로는 10가지 무기 성분, 탁도, 대장균, 6가지 살충제 및 방사성 핵종에 대한 최대오염농도기준(maximum contaminant level, MCL)이 설정되었습니다. 1962년 USPHS 표준을 본떠, 공중 보건을 보호하기 위해 마련된 1차 수돗물 규정과 함께 USEPA는 수돗물의 미적 특성에 대한 2차 규정 가이드라인도 발표했습니다.

개정된 규정

SDWA는 수질기준을 확장하여 인체에 악영향을 미칠 수 있는 모든 오염물질에 대한 위해성 영향을 평가하는 연구를 기반으로 새로운 수질기준 세트를 수립하게 했습니다. 이 연구는 완료되었으며, USEPA는 이를 바탕으로 개정된 기준을 곧 제안할 예정입니다. 이 과정에서 제어 기술의 가용성과 경제적 영향을 함께 고려하여 궁극적으로 이를 공포할 계획입니다.

지하 수자원 보호

공공상수도의 안전을 보장하는 것 외에도, SDWA의 두 번째 주요 계획은 지하수 오염으로부터 수돗물 수원을 보호하고 "단일공급 지하수층(sole source aquifer)"을 지정하는 절차를 수립하는 것이었습니다. 단일공급 지하수층 지정을 통해 연방 재정 지원 프로젝트에서 이러한 지하수층이 오염되는 것을 방지하기 위해 보조금 지원을 보류하는 것이 목적이었습니다. SDWA 제정 이전, 의회는 여러 공공 및 민간 기관들이

산업계와 지자체에서 시행하는 폐기물 처리 방법인 오염물질의 심정 주입 위험성에 대해 우려하고 있다는 사실을 인지하게 되었습니다. 이에 따라 의회는 공공상수도에 적용되는 규제 프로그램과 유사한 방법으로 지하 수자원을 보호할 수 있도록 법적 조치를 규정했습니다. 또한, SDWA는 다양한 기술 지원 및 교육 프로그램을 의무화하고, 공공상수도 감독 프로그램에 대한 1차적 집행 책임을 지는 주를 지원하기 위한 연방 보조금도 규정했습니다.

제안된 유기물 개정안

1978년 2월 9일, USEPA는 수돗물 내 유기 화학 오염물질로부터 공중 보건을 보호하기 위해 국가잠정수돗물규정의 개정안을 제안했습니다. 이 규정은 (1) 총 트리할로메탄(Total Trihalomethanes, TTHM)에 대한 MCL을 100μg/L로 설정하고, (2) 합성 유기 화학물질을 제어하기 위해 입상 활성탄(granular activated carbon, GAC)을 사용해야 하는 처리 기술을 요구합니다. USEPA는 이 개정안에 대해 여러 차례 공청회를 개최했지만, 현재로서는 개정안의 최종 내용은 확정되지 않은 상태입니다. 이 글의 목적을 위해 저자는 USEPA가 유기 화학 오염물질에 대한 일부 규정을 채택할 것이라고 가정하고 있으며, 이러한 규정이 SDWA의 전체적인 영향에 중요한 영향을 미칠 것이라고 보고 있습니다.

SDWA의 영향

'임팩트'란 정의상 강한 영향력 또는 강력한 효과를 의미합니다. '영향력'과 '효과'라는 단어는 과거, 현재, 미래를 아우르며, 이렇게 정의된 '임팩트'는 SDWA를 설명하는 데 정확하고 적합한 단어입니다. 이 법은 미국의 상수도 산업에 강력한 영향을 미치고 있으며, 앞으로도 계속해서 큰 영향을 끼칠 것입니다. 이 글에서 저자는 SDWA가 미치는 영향을 다섯 가지 주요 영역으로 구분하였습니다. SDWA는 국민 건강, 규정 준수 비용, 직원, 소비자, 그리고 상수도 산업의 이미지에 큰 영향을 미칠 것입니다.

건강에 미치는 영향

국가수돗물자문위원회(National Drinking Water Advisory Committee)의 위원장인 C.C. Johnson은 1975년 6월 코네티컷 수도사업협회(Connecticut Water Works Assn., CWWA) 회의에서 발표한 논문에서, SDWA가 "건강 및 환경 문제에 대한 우려가 커지는 시대에 제정된 가장 중요한 예방적 보건 법안 중 하나가 될 수 있다"고 언급했습니다. 필자의 의견으로는 SDWA가 그 목표를 달성하기 위해 지속적으로 발전해 나가고 있으며, 미국의 일부 지역에서는 새로운 정수 처리장을 건설함으로써 SDWA의 목표를 이미 실현했으며 앞으로도 이를 계속 유지해 나갈 것입니다. 다른 지역에서는 기존 정수 처리장을 현대화하고 확장하는 방식으로 목표를 달성해 나갈 것입니다. 이러한 정수 처리장이 제대로 운영된다면, 소비자들에게 보다 깨끗한 수돗물을 제공하여 공중 보건을 개선할 수 있을 것입니다. 또한, 지하수 공급을 오염물질로부터 보호하는 규정과 '단일공급 지하수층' 지정 절차 역시 SDWA의 목표 달성에 중요한 역할을 할 것입니다.

미국 전역에서 SDWA의 준수는 수질 검사 및 보고 기술의 확장과 개선을 이끌어 내며, 이를 통해 실제 수질에 대한 인식이 높아지고, 결과적으로 수질이 개선될 것입니다. SDWA의 즉각적인 효과 중 하나는 공공 수돗물 공급의 기술적・보건적 측면에 대한 연구가 활발히 진행되었다는 점입니다. 의회의 요구에 따라 수행된 특별 연구에는 농촌 수자원 조사, 폐기물 처리, 바이러스 감염 위험, 그리고 암을 유발할 수 있는 화학물질로 인한 수돗물 오염 연구 등이 포함됩니다. SDWA가 통과되기 전부터 USEPA에서 진행하던 연구들도 더욱 확대되고 빠르게 진행되고 있습니다. 이러한 연구는 미국 국민의 건강에 중대한 영향을 미칠 중요한 정보를 제공할 것입니다.

재정적 영향

SDWA의 준수는 미국 상수도 산업에 다양한 방식으로 상당한 경제적 영향을 미칠 것입니다. 현재 보호된 고지대 저수지에서 물을 공급받고 염소 소독만을 시행하는 상수도시스템은 새로운 정수 처리장 건설이 필요할 가능성이 큽니다. 기존에 전통적인 정수 처리만을 제공하던 상수도시스템 역시 입상 활성탄 추가 설치 등과 같은 추가적인 처리 공정을 도입해야 할 것입니다. 반면, 이미 적절한 정수시설을 갖춘 시스템의 경우, 수질 검사, 모니터링, 보고 등의 SDWA 요건을 준수하는 데 드는 비용이 주요한 부담이 될 것입니다.

특히, 새로운 정수시설을 건설해야 하는 상수도 시스템의 경우 경제적 영향이 매우 클 것으로 예상되며, 소규모 상수도 회사들은 이러한 비용을 감당하는 데 어려움을 겪을 수 있습니다. 경제적 부담의 정도는 수도시설이 지방정부 소유인지, 투자자 소유인지에 따라 달라질 수 있습니다. 이 백서에서는 SDWA 준수를 위해 수도 회사의 수익이 두 배로 증가해야 한다는 가정을 기반으로 경제적 영향을 평가하고 있습니다.

소규모 지표수 공급원[일일 7,600 m^3 (2 mgd) 이하]의 경우, 정수 처리장을 새로 건설하는 것이 지하수 공급원을 개발하는 것보다 경제성이 낮아, 수질이 의심스러운 소규모 지표수 공급원은 점차 포기되고 지하수로 대체되는 경향이 있습니다. 그러나 지하수를 사용할 수 없는 지역에서는 더 나은 수질의 대체 수자원을 확보하기 위해 추가적인 조사가 필요할 수도 있으며, 경우에 따라 인접한 상수도시스템에서 수질이 우수한 물을 구매하는 방법도 고려될 것입니다.

소규모 수도 회사들은 정수 처리장 건설뿐만 아니라 테스트 및 모니터링 요건을 충족하는 데 있어 심각한 재정적 압박을 받을 가능성이 큽니다. 이에 따라 많은 소규모 상수도 회사가 생존하지 못할 가능성이 있으며, 일부 상수도시스템은 운영을 지속할 수 없을 수도 있습니다. 이러한 상황을 극복하기 위해, 일부 소규모 시스템은 대형 수도사업자대형 수도사업자에서 물을 구매하거나, 지역 당국을 구성하여 공동으로 수도 관리를 수행할 수 있으며, 대형 수도사업자나 공공 유틸리티 위원회, 또는 기타 주정부 기관과 관리 계약을 체결하는 방식도 고려될 수 있습니다.

대형 수도사업자의 경우 소규모 유틸리티에 비해 재정적 영향이 상대적으로 적을 수 있지만, SDWA 준수를 위해 요구되는 자본 투자 부담은 여전히 상당할 것입니다. 이러한 재정적 압박 속에서 수도시설들은 기존 채권 약정에 따라 추가 자금을 조달할 수 있는 순이익을 유지할 수 있는지, 또한 합리적인 이자율로 투자자들을 유치할 수 있을 만큼의 재무 건전성을 확보할 수 있는지가 중요한 문제가 될 것입니다. 기업의 순이익이 감소하면 이러한 프로그램에 대한 지속적인 자금 조달이 어려워질 수 있습니다.

예를 들어, 1975년과 같이 신용 시장이 긴축될 경우, 재정적으로 취약한 상수도 회사들은 자본 시장에서 퇴출될 가능성이 커집니다. SDWA 준수를 위해 정수시설 건설 및 개선 프로그램에 필요한 자금을 조달해야 하는 상황에서, 투자자들은 상수도 회사의 재무 상태를 신중하게 평가할 것이며, 재무 건전성이 낮은 기업에 대한 투자를 꺼릴 것입니다. 결국 상수도시설들은 필요한 자본을 확보하기 위해 더 높은 금융비용을 지불해야 하며, 이는 결국 전체 자금 조달 비용 상승으로 이어져 수도 요금 인상이라는 형태로 소비자에게 전가될 가능성이 높습니다.

직원에게 미치는 영향

SDWA를 준수하면 상수도시설은 더 많은 자격을 갖춘 직원을 고용하거나 기존 직원들에게 더 기술적인 업무를 수행할 수 있도록 교육하게 될 것입니다. 이는 특히 처리장 운영자와 실험실 기술자에게 해당되며, 궁극적으로 유역 검사나 교차 연결 관리와 같은 프로그램을 위한 인력에도 적용될 것입니다.

최근 많은 커뮤니티 칼리지가 SDWA 준수를 위한 수도시설의 기술적 요구를 충족하기 위해 교육 과정과 커리큘럼을 개발했습니다. 이러한 과정을 활용하고 졸업생을 채용하면 해당 교육 프로그램의 확대에 큰 도움이 될 것입니다. 기술 인력의 향상과 함께 유틸리티 관리의 전반적인 품질도 SDWA와 그 요구 사항, 영향에 맞춰 개선될 필요가 있습니다. 재무 관리와 고객 관계와 같은 분야는 많은 유틸리티에서 보다 효과적으로 관리되어야 할 것입니다. 필자는 이러한 모든 요소가 수도시설 직원의 지위를 향상시킬 것이며, 더 나은 발전 기회와 결합되어 업계가 더 유능한 직원을 유치하고 유지할 수 있게 될 것이라고 믿습니다.

소비자에게 미치는 영향

SDWA의 건강 및 재정적 영향은 소비자에게 직접적인 영향을 미칩니다. 개선되는 것은 소비자의 건강이며, 궁극적으로 그 비용을 부담하는 것도 소비자입니다. 이러한 효과와 SDWA의 통지 조항 덕분에 소비자는 수도시설의 운영에 대한 정보를 더 잘 알게 될 것입니다. 의무적인 신고 절차와 자발적인 홍보를 통해 유틸리티는 전문적인 방식으로 문제에 집중할 수 있으며, 이를 통해 계몽된 소비자는 이러한 문제에 대해 합리적이고 경제적인 해결책을 지원할 것이라고 필자는 생각합니다. 정보에 입각한 소비자의 지원은 모든 유틸리티의 SDWA 준수 계획에서 중요한 요소입니다.

물산업 이미지에 미치는 영향

SDWA는 통일된 국가 수돗물 수질기준을 수립하고 시행함으로써 미국 전역의 수돗물 공급 안전을 보장합니다. SDWA 제정 당시 물산업의 이미지는 매우 낮았으나, SDWA의 제정으로 인해 물산업에 대한 전반적인 이미지가 개선되었다고 필자는 생각합니다. USEPA 내 규정의 발전으로 물산업의 과학, 규제 및 운영 부문 간의 관계와 상호작용이 개선되었고, 업계는 문제를 공개적으로 논의하고 전문적이고 통일된 방식으로 해결하려고 노력하고 있습니다. 또한, 1차 시행 책임을 맡은 주정부에 재정 지원을 제공한 결과, 일부 주정부에서는 주정부 보건부의 직원 수를 최대 300%까지 확충하기 시작했습니다. 규모가 확대되고 대응력이 높아진 보건부는 수도시설과 협력하여 규정 준수, 집행 및 수질 문제를 해결할 수 있을 것입니다. 이러한 모든 요소를 종합적으로 고려할 때, 필자는 물산업에 대한 이미지가 개선되었으며, SDWA 준수를 위한 노력이 증가함에 따라 앞으로도 지속적으로 개선될 것이라고 결론지었습니다.

추가적인 영향

앞서 논의한 다섯 가지 영역에 미치는 영향 외에도 SDWA는 다른 영역에도 미묘한 영향을 미칠 것입니다. 과거에는 물 업계, 소비자, 심지어 USEPA 조차도 물 공급과 수질오염 관리를 별개의 영역으로 간주해왔습니다. 그러나 SDWA는 공중 보건을 보호하기 위한 공동의 노력으로 두 영역을 전례 없이 하나로 묶었습니다. SDWA의 제정은 수질오염법 집행에 대한 지원을 강화했으며, 앞으로도 계속해서 강화될 것입니다. 미국독성물질관리법(Toxic Substance Control Act, TSCA) 및 208 계획 프로그램(208 Planning Program)과 같은 프로그램은 물산업 내에서 지원을 받기 시작했으며, 현재 USEPA이 가속화하고 있는 이러한 프로그램의 성공은 1972년 연방 수질 오염관리법의 목표 실현과 결합되어 공급 수질과 처리장 비용에 상당한 영향을 미칠 것입니다. 일부 유틸리티는 추가 처리 시설 건설로 인해 레크리에이션 용도로 저수지를 개방해야 한다는 압력을 받게 될 것입니다. 반면, 다른 유틸리티는 오염 저감 프로그램의 성공으로 인해 레크리에이션 용도로 상수도 저수지를 개방해야 한다는 압력이 감소할 것입니다. 두 경우 모두 원수 수질, 처리 요건 및 최종 수질에 미치는 영향은 상당할 것입니다. SDWA에 따라 연방정부는 USEPA를 통해 국가 표준을 수립할 일차적인 책임이 있습니다. 의회의 의도에 따라, USEPA의 목표는 주정부가 프로그램에 대한 1차적인 집행 책임을 행사하고, 주정부가 최소 요건을 충족할 수 없거나 충족할 의사가 없는 경우에만 USEPA가 그 역할을 대신하는 것입니다. 주정부는 이미 상수도 공급업체와 관계를 맺고 있으며, 지역 상황을 더 잘 이해하고 있기 때문에 이는 주와 연방 기능을 최적으로 구성하는 방식입니다. 결과적으로, 주 보건부는 오염 저감 프로그램 집행에 대해 더 많은 책임을 지게 될 것입니다.

요약

SDWA는 공중 보건을 보호하기 위해 제정되었습니다. 최근 역사상 사람들의 건강을 다른 모든 고려 사항보다 우선시하는 법안은 없었습니다. SDWA를 준수하는 데 드는 비용은 모든 수도사업자에 상당한 재정적 영향을 미칠 것이며, 소규모 수도사업자는 대형 수도사업자대형 수도사업자에 흡수되거나 지역 당국과 협력하게 될 것입니다. SDWA는 수질 분야의 연구를 가속화하고 물산업에 대한 전반적인 이미지를 개선했습니다. 이 법을 준수하려면 더 나은 기술 교육을 받은 직원을 요구하게 될 것이며, 수도시설은 이러한 유능한 직원을 유치하고 유지할 수 있을 것입니다. 의무적인 신고 절차와 자발적인 홍보를 통해 유틸리티는 소비자의 지지를 얻을 수 있습니다. SDWA는 마침내 공중 보건을 보호하기 위한 공동의 노력으로 상수도 및 오염 관리 분야를 하나로 통합했습니다. USEPA의 관리자 더글러스 캐슬은 최근 SDWA가 “유해 물질의 피해 후 정화에만 집중하기보다는, 공기, 물, 토양에서 유해 물질을 차단하는 데 중점을 두는 의도적인 변화의 시작”이라고 말했습니다.

1983

인디애나폴리스 시장이 바라보는 미국수도법

윌리엄 H. 허드넛 3세 ▌ 인디애나주 인디애나폴리스 시장
1983년 6월호 *AWWA 저널*(75권 6호, 10쪽)에 처음 게재되었습니다.

인디애나폴리스는 미국에서 민간 소유의 상수도 서비스를 제공하는 가장 큰 도시일 것입니다.

민간 유틸리티가 서비스를 제공하는 다른 교외 지역도 있으며, 필라델피아와 세인트루이스 주변 지역이 그 예시입니다. 그러나 인디애나폴리스와 그 주변 지역은 민간 소유 및 운영의 공공상수도 공급업체인 인디애나폴리스 수도회사가 거의 독점적으로 서비스를 제공하고 있습니다. 이로 인해 공공상수도 공급에 대한 부담이 덜어졌을 뿐만 아니라, 이 회사가 제공하는 서비스의 질도 매우 높습니다. 오늘날 지자체 비용이 급증하고 지자체 서비스에 대한 수요가 계속 증가하는 상황에서(특히 지자체 수입원이 정체된 상황에서), 인디애나폴리스에 이 중요한 서비스를 제공하는 민간 기업이 있다는 것은 다행스러운 일입니다.

따라서 상수도 서비스 제공의 첫 번째 과제는 실현 가능하고 바람직한 경우, 상수도 시스템을 민간 부문에 넘겨 사업체로서 운영되게 하고 지방정부에 세수를 제공할 수 있도록 하는 것입니다. 또 다른 과제는 개인 소유든 지방정부 소유든 지역상수도 공급업체가 고품질 서비스를 제공할 수 있는 자금을 확보하는 것입니다. 적절한 요금이 유지되어야 하지만, 이것이 반드시 요금 지원을 의미하는 것은 아닙니다. 제가 염두에 두고 있는 것은 공공상수도 공급업체가 "위험 없는 사회"라는 허상을 추구하도록 강요하지 않으면서 깨끗한 물을 확보하는 문제입니다.

1973~1974년 하원의원 시절, 저는 미국수도법(Safe Drinking Water Act, SDWA)의 공동 발의자였습니다. 이 연방법은 공공상수도 공급업체가 공급하는 물의 수질을 규제할 수 있는 권한을 미국환경보호청(U.S. Environmental Protection Agency, USEPA)에 부여했습니다. 이 법안에 대한 저의 후원은 이상주의적일 수도 있지만, 당시 저는 이 법안이 제대로 시행된다면 충분히 가치가 있다고 생각했습니다. 4년 후, 저는 USEPA의 비용이 많이 들고 개념이 잘못된 규제 중 하나에 대해 가장 강력한 어조로 반대 의견을 전달하게 되었습니다.

제안된 규정은 전국의 상수도 공급업체에 입상 활성탄 처리 장치를 설치하도록 요구했습니다. 이러한 프로젝트의 비용은 수백만 달러에 달했을 것이고, 그 혜택(제 기억이 맞는다면 트리할로메탄을 물에서 제거하는 것)은 매우 의문스러웠습니다. 그 경험은 입법 목표가 아무리 숭고하더라도, SDWA와 같은 법이 부여하는 광범위한 권한이 이미 어려움을 겪고 있는 도시와 시스템에 큰 혼란을 줄 수 있다는 교훈을 다시 한번 일깨워 주었습니다. 제품이나 서비스를 제공하는 데 있어, 최고의 기준조차도 규제 수준에서는 엉망이 될 수 있습니다. 따라서 저는 상수도 산업에서 민간 부문이 직면한 가장 큰 과제는 워싱턴의 과도한 규제를 피하는 것이며, 이로 인해 현지에서 치러야 할 엄청난 대가를 치르게 될 것임을 다시 한 번 강조합니다. 연방정부가 애초에 지역 수돗물을 규제하는 사업을 왜 하는지 의문을 제기하는 사람들도 있지만, 이러한 법안이 현재 지역 상수도 공급업체의 진정한 목표인 고품질 수돗물을 합리적인 비용으로 공급하는 데 방해가 되지 않도록 하는 것이 진정한 과제라고 할 수 있습니다.

하수처리를 포함한 여러 처리 과정을 더 정교하게 개발하는 데 많은 비용이 든다는 것을 우리 모두가 잘 알고 있습니다. 이러한 비용은 대부분 미국물환경보전법(Clean Water Act, CWA)에 따라 USEPA가 강제하는 기술의 결과입니다. 이 법은 컨설팅 엔지니어의 꿈이 되었습니다. 인디애나폴리스와 같은 도시들은 하천에서 물고기를 잡고 수영할 수 있는 새로운 방법을 찾기 위해 수억 달러를 지출해야 했습니다. 목표는 고귀했지만, 그 대가는 엄청났습니다. 정부 단위인 우리가 다른 정부 단위에서 발생하는 문제를 예측하는 데 시간을 보내야 한다는 것은 안타까운 일입니다. 하지만 과거에도 종종 그랬던 것 같습니다.

따라서 저는 다음과 같이 묻고 싶습니다. 주 및 지방정부 차원에서 고도로 숙련된 공중 보건 공무원과 수도시설 운영자가 있는데, SDWA가 정말 필요한가요? 저는 결론을 내리고 싶습니다: 만약 그렇다면, 우리는 이 법이 시행된 첫 8년 동안보다 더 합리적이고 경제적으로 건전한 방식으로 시스템을 작동시켜야 합니다. 이는 앞으로 상수도 업계가 해결해야 할 가장 중요한 과제가 될 것입니다.

1988

미국수도법 개정안 : 물산업에 미치는 효과

존 E. 딕슨 ▌ 수처리 활동 수석 관리자, 말콤 피어니 뉴저지
데이비드 J. 힐테브랜드 ▌ 프로젝트 환경 과학자, 말콤 피어니, 뉴저지
로버트 F. 라츠코 ▌ 프로젝트 엔지니어, 말콤 피어니 뉴저지
1988년 1월호 *AWWA 저널*(80권 1호, 30～35쪽)에 처음 게재되었습니다.

미국 전역의 상수도 회사는 1986년 미국수도법(Safe Drinking Water Act, SDWA) 개정안의 영향을 받게 됩니다. 저자들은 이 법안이 미치는 영향을 설명하고, 새로운 법률이 완전히 시행될 때 요구 사항을 충족하기 위해 수도회사가 취할 수 있는 조치들을 제안합니다. 수도 회사는 새로운 오염물질 기준을 준수하기 위해 새로운 처리 기술을 설치해야 할 필요성이 있으며, 이는 상수원 보호 프로그램과 지하수 및 지표수 공급에 대한 필수 소독을 포함합니다. 이러한 변화는 많은 시스템의 운영 방식을 근본적으로 바꿀 것입니다. 또한, 소독 부산물(Disinfection By-Products, DBPs)에 대한 보다 엄격한 규제는 바이러스와 지아디아(Giardia)에 효과적으로 대응하기 위한 소독 과정에서 잠재적으로 상충하는 목표들 간의 미묘한 균형을 요구하게 될 것입니다.

SDWA 개정안은 미국에서 수돗물 품질 규제의 중요한 이정표로, 공격적인 표준 설정을 목표로 하고 있습니다. 이 법안은 미국환경보호청(U.S. Environmental Protection Agency, USEPA)이 짧은 기간 동안 기존 기준을 개정하여 새로운 기준을 설정할 것을 요구하고 있습니다. 이러한 변화가 진행됨에 따라, 전국의 수도 회사는 기존 처리 시설을 개선하거나 새로운 기술을 도입하거나 두 가지 모두를 수행해야 하는 도전에 직면하게 될 것입니다. 결과적으로, 앞으로 수십 년 동안 수돗물 처리 관행에 큰 변화가 예상됩니다.

입법 배경

1986년 6월, 레이건 대통령이 서명한 SDWA 개정안은 의회에서 압도적인 찬성률인 95.8% (476대 21)로 통과되었습니다. 이 개정안은 1974년에 제정된 기존의 SDWA를 보완하고 수정한 내용을 담고 있습니다. 개정안의 통과는 원래 법의 시행 속도와 방식에 대한 의회의 불만, 그리고 공공 수돗물 공급, 특히 지하수 오염에 대한 우려가 커진 결과였습니다.

1974년에 제정된 이 법은 미국 소비자들의 수돗물 품질을 보장하기 위한 예방적 건강 조치로, 당시 과학자들이 수돗물에서 합성 유기 화학물질(synthetic organic chemicals SOCs)의 존재를 발견하기 시작하면서 제정되었습니다. 이 법은 1962년 이전의 미국 공공보건 서비스 표준을 바탕으로 규정을 설정하고, 건강에 해로운 영향을 미칠 수 있는 오염물질에 대해 권장 최대오염농도기준(recommended maximum contaminant levels, RMCLs)을 정했으며, 지하 폐기물 주입과 지하수 대수층 보호를 통해 지하수를 보호하도록 USEPA에 요구했습니다.

1982년 9월, 이 법의 시행을 위한 세출 승인이 만료된 이후, 1986년 개정안이 통과될 때까지 의회는 재승인을 위한 다양한 제안을 검토했습니다. 그러나 상원과 하원은 각각 독자적인 버전의 법안을 통과시켰고, 지하수 보호와 화학오염물질에 대한 표준 설정 접근 방식에서 차이를 보였기 때문에 두 기관은 합의에 이르지 못했습니다. 레이건 대통령은 법안에 서명한 후에도, 지하수 자원 보호의 주요 책임을 주정부에 맡기는 것에 대해 여전히 우려를 표명했습니다.

개정안을 시행하는 데 드는 비용은 1991년까지 수돗물 프로그램에 연평균 약 1억 6,500만 달러, 5년간 총 8억 2,000만 달러 이상이 소요될 것으로 예상되며, 이는 기존 승인된 금액보다 약 80% 증가한 금액입니다. 이 비용에는 지하수 상수원 보호 프로그램(wellhead groundwater program) 시행을 위한 주정부에 대한 연방 보조금 매칭으로 연간 약 2천만 달러, 주 수돗물 프로그램 보조금으로 연간 3천7백만 달러 이상이 포함됩니다.

1986년 당시 모든 연방 프로그램에 대한 적자 감축 압력에도 불구하고, SDWA 개정안이 통과된 것은 어떤 대가를 치르더라도 국가의 수돗물을 보호하는 법을 강화하겠다는 의회의 결의를 보여주는 분명한 증거입니다. 상원 환경 및 공공사업위원회의 수석 전문위원인 헤더 위크는 미국수도협회(American Water Works Association, AWWA) 회의에서 "법안 통과를 통해 의회는 안전한 수돗물은 '근본적인' 공중 보건 보호의 문제"라며, 대중은 "안전을 보장하는 데 필요한 모든 비용을 지불할 것"이라는 데 동의했다고 말했습니다. 또한, 무엇이 안전한 수돗물인지 결정하는 것은 "연방정부의 책임"이라고 밝혔습니다.

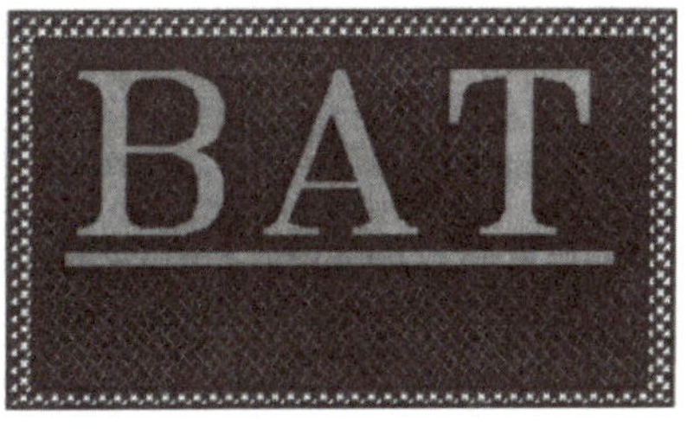

개정안은 USEPA가 각 규제된 오염물질에 대해 최적가용기법(BAT)을 식별하도록 명시하고 있습니다.

SDWA의 핵심 사항

본질적으로 1986년의 SDWA 개정안은 USEPA의 규제 및 집행 절차를 간소화하고, 광범위하고 실질적인 연방 수돗물 프로그램의 변화를 가져왔습니다. 그럼에도 불구하고 표준 설정 속도가 크게 빨라졌지만, 새로운 표준 중 상당수가 이미 USEPA에서 개발 중인 규정이기 때문에 국가 수돗물 정책의 전반적인 방향은 크게 변하지 않았습니다.

1986년 개정안의 핵심 요소는 다음과 같습니다:

- 1989년 6월 초까지 83개 오염물질에 대한 새로운 표준을 제정(현행 기준과는 달리)
- 각 규제 대상 오염물질에 대한 최적가용기법(best available technology, BAT)을 지정
- 많은 지표수 공급시설에 여과시설 도입
- 모든 공공 수돗물의 소독처리
- 규제되지 않는 오염물질의 모니터링
- 공공상수도시스템에서 납-납땜, 플럭스(납땜 보조제) 및 파이프 사용 금지
- 특히 상수원의 종합적인 지하수 보호 프로그램을 시행

새로운 오염물질 기준

전국의 상수도시설은 새로운 개정안에 따라 특정 변화를 겪을 것으로 예상됩니다. 현재 모든 공공상수도시설은 25개 오염물질에 대한 최대오염농도기준(maximum contaminant levels, MCLs)이 명시된 1차수돗물연방규정(National Primary Drinking Water Regulations, NPDWR)을 준수해야 합니다. 그러나 1986년 개정안에 따라 USEPA는 1989년까지 83개의 오염물질을 규제하고, 그 이후 3년마다 25개의 추가 오

염물질을 규제할 예정입니다. 이는 상수도시설들이 지속적으로 새로운 오염물질에 대응하기 위해 기술적, 운영적 준비를 해야 한다는 것을 의미합니다.

1986년 SDWA 개정안의 주요 요소 중 하나는 USEPA가 1989년 6월까지 83개의 오염물질에 대한 기준을 설정해야 한다는 것입니다.

무기 화학물질(inorganic chemicals, IOCs), SOCs, 휘발성 유기 화학물질(volatile organic chemicals, VOCs), 미생물학적 파라미터, 방사성 핵종, DBPs 등 6가지 주요 오염물질 범주가 USEPA에 의해 더욱 엄격하게 규제될 것입니다. 특히, 트리할로메탄(trihalomethane, THM) 규제는 모든 물품에 대해 소독을 의무화하기 때문에 가장 우려되는 부분입니다. 현재 100μg/L인 THM 기준은 50μg/L 이하로 낮아질 수 있습니다.

이러한 새로운 표준은 상수도시설들이 보다 철저한 수질 관리와 고도화된 처리 기술을 채택하도록 요구할 것입니다. 첫 번째 표준의 주별 실제 시행은 1989년부터 시작되며, 이후 USEPA는 3년마다 새로운 규제를 추가적으로 발표하고 이를 실천에 옮길 것을 요구할 것입니다. 이에 따라 각 주와 상수도시설은 이 새로운 규제에 맞춰 운영 계획을 수립하고 필요한 조치를 취할 필요가 있습니다.

1988년 12월을 기점으로 규정 준수 기한이 여러 오염물질 그룹에 따라 적용될 예정입니다. 이에 따라, 상수도시설은 4년 동안 단계적으로 규정 준수에 필요한 노력을 기울일 수 있게 되며, 각 오염물질에 대한 규제 기준을 차례대로 충족하기 위한 준비와 실행이 이루어질 것입니다(그림 6.1). 이 과정에서 상수도시설은 새로운 표준을 적용하기 위해 필요한 기술적, 재정적 자원을 확보하고, 규제 요건에 맞는 운영 절차와 모니터링시스템을 구축해야 합니다.

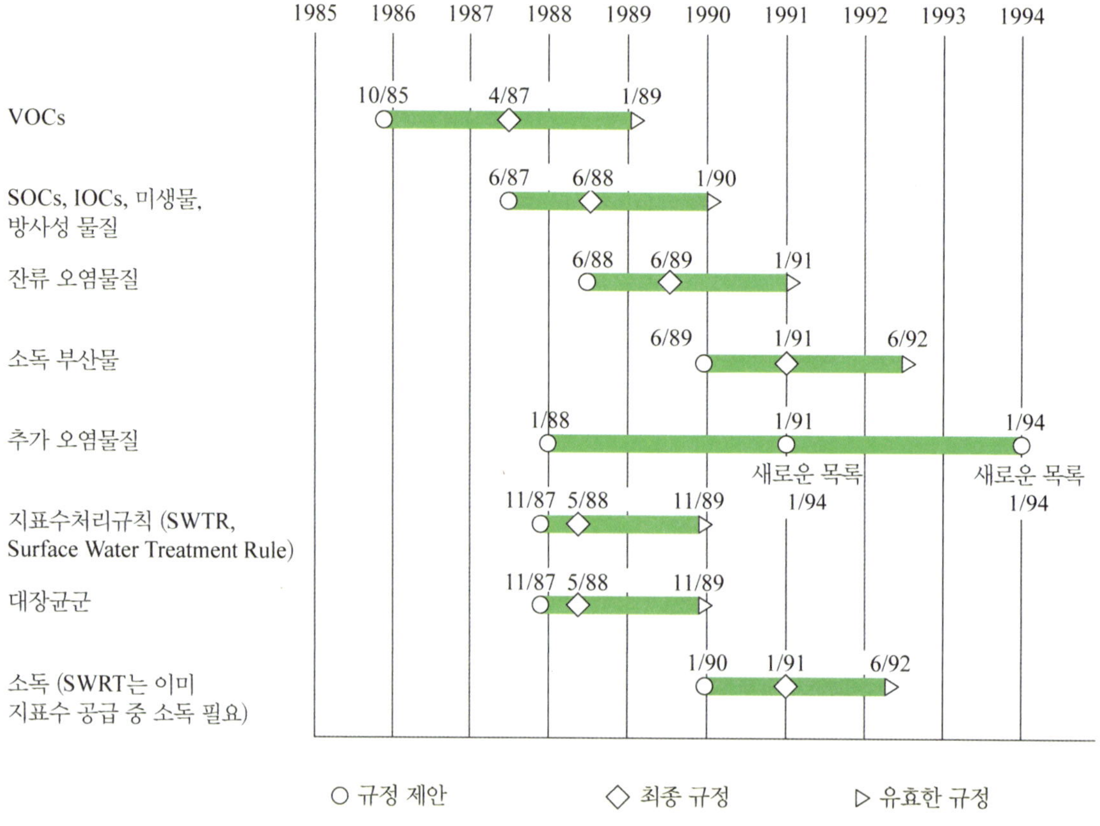

그림 6.1 규정 타임라인

많은 공공시설은 이러한 향후 규제를 예상하여 아직 규제되지 않은 오염물질에 대해서도 이미 모니터링을 시작하고 있습니다. 오염물질 수치가 파악되면, 공공시설 관리자들은 기존 처리시설을 평가하여 현재 운영 조건에서 오염물질의 제거 효율을 확인하고, 이를 개선하기 위한 필요 사항을 식별할 준비를 갖추게 될 것입니다. 이러한 사전 준비는 향후 규제 준수를 원활하게 하고, 수돗물의 품질을 유지하는 데 중요한 역할을 하며, 장기적으로는 규제 변화에 유연하게 대응할 수 있는 기반을 마련하게 됩니다.

일부 유틸리티는 예상되는 규제를 충족하는 것이 소비자 요금에 미치는 영향을 파악하기 위해 경제적 연구를 진행하고 있습니다. 이러한 초기 계획 노력은 유틸리티의 장기적인 계획 수립에 도움이 될 뿐만 아니라, 변화하는 규제 환경을 이해하고 대중의 질문에 효과적으로 대응할 수 있도록 준비하는 데 중요한 역할을 합니다. 이를 통해 유틸리티는 소비자들에게 미칠 영향을 최소화하며, 필요 시 요금 조정이나 추가적인 커뮤니케이션 전략을 마련할 수 있습니다. 이러한 준비 작업은 또한 공공의 신뢰를 유지하는 데 중요한 요소로 작용할 것입니다.

소독 규칙의 구체적인 대상은 지아르디아(Giardia), 바이러스, 레지오넬라(Legionella), 그리고 종속영양세균(heterotrophic bacteria) 입니다.

최적가용기법

새로운 개정안에 따라 USEPA는 기존의 MCL을 기본 규정과 권장 최대오염농도기준목표(maximum contaminant level goals, MCLGs)로 재지정할 예정이며, 이는 "사람에게 알려지거나 예상되는 건강상의 악영향이 발생하지 않도록 적절한 안전 여유를 허용하는 수준"으로 설정될 것입니다. MCL은 목표 수준에 "가능한 한" 가깝게 설정됩니다.

새로운 개정안에 따라 USEPA는 MCL 규정을 충족할 수 있는 최적가용기법(best available technology, BAT)을 목록으로 작성해야 합니다. BAT 개발의 목적은 다음과 같습니다:

- 물에서 오염물질을 제거하기 위한 다양한 처리 기술의 기능을 고려하여 USEPA가 수돗물 기준을 설정하는 데 도움을 줌
- 수도시설이 규정을 충족하기 위해 적절한 처리 방법을 선택하는 데 도움을 주기 위해 향후 수돗물 기준의 변경 가능성을 고려하여 규정을 충족할 수 있도록 지원함
- 소규모 시스템에 가장 적합한 처리 기술을 파악함
- 유틸리티가 주어진 규정을 충족하는 데 따른 편차를 얻을 수 있는 근거를 제공함

현재까지 USEPA는 개별 오염물질에 대한 MCL을 개발할 때, 오염물질별로 접근하는 방식을 취해왔습니다. 이 과정에는 각 오염물질별 처리 기술을 검토하고 평가하며, 다양한 유입수-방류수 기준에 따른 비용 예측을 포함한 5가지 주요 오염물질 그룹에 대한 비용 및 기술 문서를 준비하는 작업이 포함됩니다. 사용 가능한 수처리 공정 목록은 <표 6.1>에 나와 있습니다. 그러나 USEPA는 개별 오염물질을 제거하는 기술의 효과를 평가하면서, 두 가지 접근 방식을 결합하는 것이 필요할 수 있음을 인식할 수 있습니다. 이는 각 오염물질에 대한 최적의 처리 방법을 찾기 위한 중요한 과정으로, 여러 기술을 결합하여 더욱 효율적인 수처리 시스템을 구축할 가능성을 열어 둡니다.

서비스 대상 인원 수, 공학적 타당성, 그리고 규정 준수 비용과 관련된 물리적 조건에 따라, 공공시설은 BAT의 이행에 대해 면제를 받을 수 있습니다. 또한, 원수 수질

표 6.1 현재 BAT로 고려되는 수처리 공정

기존 공정	고도 공정
응집, 침전, 여과	활성 알루미나(Activated alumina)
직접 여과 규조토 (Diatomaceous earth) 여과 완속 모래 여과 석회 연수화 (Lime softening)	흡착 입상 활성탄 분말 활성탄 수지(Resins)
이온 교환 산화–소독 염소 소독 이산화염소 클로라민 오존	폭기 충전탑(Packed column) 확산 공기(Diffused air) 분무(Spray) 격자판(Slat tray) 기계식(Mechanical)
브로민	카트리지 여과(Cartridge filtration)
기타	전기투석(Electrodialysis) 역삼투(Reverse osmosis) 한외여과(Ultrafiltration) 자외선(Ultraviolet lignt , UV) UV기타 산화제

이 좋지 않아 BAT을 적용했음에도 불구하고 기준을 초과하거나 기준을 충족하기 위해 가능한 모든 '실행 가능한 조치'를 취하고 있음을 입증할 수 있는 경우, 유틸리티는 차등 적용을 받을 수 있습니다.

상수도시설에서는 입상 활성탄(granular activated carbon, GAC)의 설치 여부와 이를 통해 기대할 수 있는 효과에 대해 우려하는 경우가 많습니다. GAC를 이용한 처리가 모든 유기 오염물질에 대한 최선의 기술은 아니지만, 유럽처럼 미국에서도 수돗물 처리 기술로 점차 널리 사용될 가능성이 있습니다. GAC 기술은 현재 오하이오주 신시내티에서 계획 중인 175 mg/d (662 ML/d) 규모의 캘리포니아 정수장에서 선구적인 설치를 통해 상수도에서 광범위한 유기 화학물질을 제거하거나 몇 가지 특정 유기 화학물질을 제거하는 데 사용될 수 있는 가능성이 높습니다.

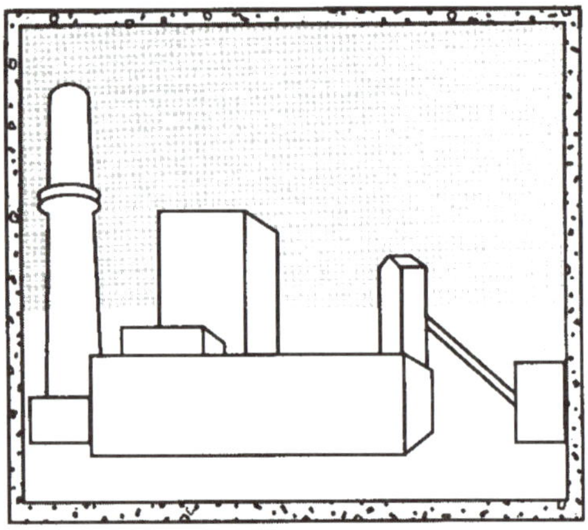

원수 품질이나 대체 기술과 같은 요소에 따라 변형 및 면제는 가능하지만, 산업계는 여전히 엄격한 요구 사항을 충족해야 합니다.

BAT 기준 개발에 대한 USEPA의 전반적인 접근 방식에는 다섯 가지 주요 단계가 포함됩니다. 첫째, 기존 및 첨단 프로세스를 포함한 모든 처리 기술을 식별합니다. 둘째, 이러한 기술에 대한 예비 평가를 수행합니다. 셋째, 주요 오염물질 범주와 하위 범주에 대해 사용 가능한 모든 처리 기술을 식별합니다. 넷째, 각 기술의 성능을 평가합니다. 마지막으로, 기술의 비용 효율성 및 실제 적용 가능성을 평가하여 BAT를 결정합니다. 이 과정은 규제 표준을 설정하고, 각 시설이 최적의 기술을 적용할 수 있도록 하는 데 필요한 근거를 제공합니다.

각 카테고리에서 사용 가능한 모든 기술을 검토한 후, 최종적으로 각 주요 오염물질 범주 또는 하위 범주에 대해 BAT가 결정됩니다. USEPA는 또한 각 BAT에 대해 주요 설계 및 운영 매개변수를 지정하고, 복잡한 오염 문제를 해결하기 위해 모듈식 설계나 프로세스 조합의 사용을 검토할 계획입니다. 이를 통해 공공상수도시스템은 장기적인 자본 개선 계획을 수립할 수 있게 됩니다.

BAT의 최종 결정은 다양한 처리법에 대한 세부 평가를 바탕으로 이루어지며, 이 과정은 각 시설이 최적의 처리 기술을 적용할 수 있도록 지원하는 중요한 역할을 합니다. BAT의 최종 결정은 처리 비용 대비 성과에 대한 민감도 분석을 포함한 다양한 기술을 활용하여 이루어집니다. 예를 들어, 총 처리 비용(1,000갤런당 처리 비용)을 기준으로 특정 기술의 성능이나 오염물질 제거율을 연관 지어 개발할 수 있습니다. 이 개념은 <그림 6.2>에 설명되어 있습니다. 예를 들어, BAT는 특정 설계를 통해 성능 수준을 구현하는 방식으로 식별될 수 있으며, 그 결과 처리 비용이 1,000갤런의 물을 처리하는 데 1.00달러와 같은 경제성 기준에 부합할 수 있습니다. 또는 성능 변화(dy)

가 총 비용(*dx*)에 큰 영향을 미치는 성능 수준을 통해 BAT를 식별할 수도 있습니다. USEPA는 현재 주요 오염물질 범주에 대해 BAT를 개발할 때 이러한 유형의 분석을 수행하고 있습니다.

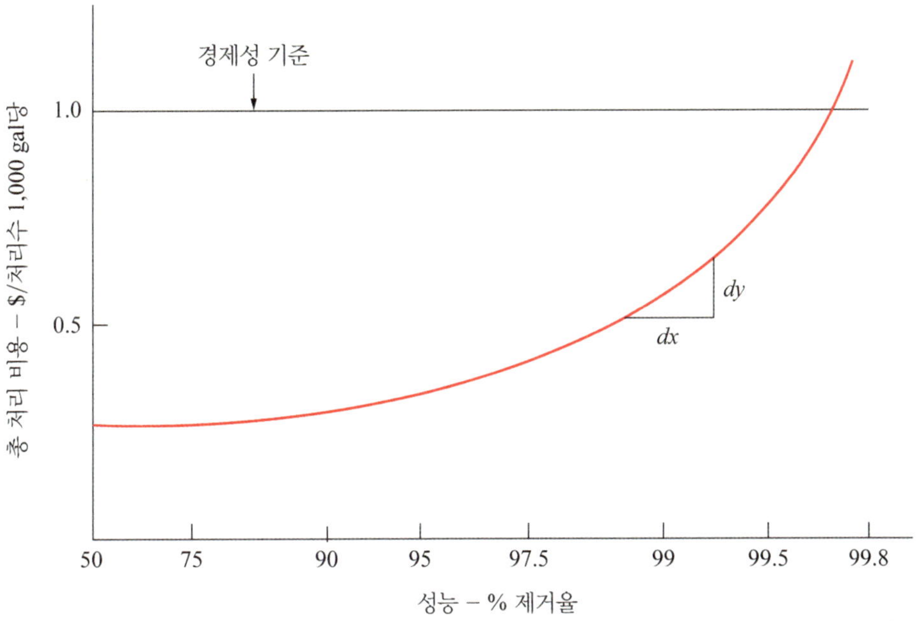

그림 6.2 **비용 대 성능**

여과 및 소독 시설 설치 또는 업그레이드

1988년 6월 이전에 공포된 새로운 USEPA 규정은 지표수 공급에 여과가 필요한 시점을 결정하는 기준을 제시할 것입니다. USEPA는 수자원 수질, 유역 관리, 기존 처리 방법 및 기타 건강 관련 요소를 고려하여 여과 장치를 설치하거나 기존 여과 시설을 업그레이드해야 하는 상수도시스템을 위한 구체적인 절차를 마련할 예정입니다. 이 규정에 따라 여과 장치를 설치하거나 면제를 받아야 하는 상수도시스템의 수는 상당할 것으로 예상됩니다. 최근 상수도관리자협의회(Association of State Drinking Water Administrators)가 실시한 설문조사에 따르면, 전국적으로 1,200~1,500개의 지표수가 여과되지 않은 상태이며, 뉴욕을 포함한 약 20개의 대도시가 이에 해당합니다. 뉴욕과 워싱턴주 시애틀도 여과되지 않은 지표수를 사용하고 있습니다.

또한, 이 규정은 모든 공공상수도시스템에 대한 소독 요건을 명시할 것입니다. 이에 따라 많은 여과 및 비여과 시스템은 지표수에 대한 소독 요건을 충족하기 위해 소독제 용량이나 접촉 시간을 늘리거나, 둘 다 늘려야 할 것입니다. 일부 비여과 공급 시설은 백업 소독 기능을 제공해야 할 수도 있습니다. 적절한 여과 및 소독 요건은 주로 완성된 물에서 지아디아(*Giardia*), 바이러스, 레지오넬라(*Legionella*), 종속영양세균(heterotrophic bacteria) 등을 제어하기 위한 소독 효과를 극대화하는 데 목적이 있습니다. 이로 인해 수도시설은 여과 시설 추가 또는 수정 결정을 지원하고, 모니터링 및 보고를 강화해야 할 필요가 있을 수 있습니다.

지아디아 및 바이러스를 최소화하기 위해 여과 및 소독이 적절한지 확인하려면, 유틸리티는 여과 시설 이전에 응고 및 침전 단계의 효과를 점검해야 할 수 있습니다. 실제로 기존 시설을 업그레이드하거나 새로운 시설을 설계할 때, 이상적인 접근 방식은 응고 및 침전 단계에서 제거 효율을 극대화하고, 최첨단 여과 기술과 소독으로 후속 조치를 취하는 것입니다.

우물주변 보호

1986년 개정안은 지하 수돗물 수원을 보호하고, 주정부의 지하수 수질 관리 목표를 지원하기 위한 조항을 강화했습니다. 한 조항은 오염물질의 침입에 취약하다고 판단되는 공공상수도 우물과 그 주변의 지표수 및 지하수 보호 구역을 설정하도록 규정하고 있습니다. 그러나 법은 이러한 지역을 정확하게 정의하지 않기 때문에, 각 현장의 상황에 따라 결정해야 합니다.

개별 주정부는 공공 보건에 영향을 미칠 수 있는 오염물질로부터 보호하는 데 필요한 사항을 기준으로 우물주변 보호구역(wellhead protection areas)의 범위를 결정할 책임이 있습니다. 각 주는 1989년까지 개별 우물주변 보호 프로그램을 USEPA에 제출해야 했습니다.

가장 큰 영향을 받을 가능성이 있는 주는 지하수에 의존하는 수돗물 공급이 많은 플로리다, 캘리포니아, 애리조나 주입니다. 이 과정을 지원하기 위해 USEPA은 각 주가 유해 오염물질로부터 공공 물품을 보호하는 데 필요한 구역의 범위를 결정할 수 있도록 예비 기술 지침을 발표했습니다.

주정부 프로그램에는 다음과 같은 내용을 포함합니다:

- 프로그램 개발 및 시행에서 주 및 지방 기관과 공공상수도시스템의 의무를 명시
- 우물주변 보호구역의 범위를 결정
- 모든 잠재적 인위적 유해 오염원의 목록 작성
- 우물주변 보호구역 내 상수도를 보호하기 위한 절차 개발
- 공공 우물이 오염될 경우 대체 수돗물 공급을 위한 비상 계획 수립
- 새로운 공공상수도 우물을 건설하기 전에 보호 지역 내의 모든 잠재적 오염원을 고려하도록 요구
- 이러한 프로그램을 개발하는 과정에서 대중의 참여 필요

상수도시설에서는 각 우물주변 지역의 수문 시스템을 잘 이해하는 것이 중요합니다. 이를 통해 유틸리티 관리자는 적절한 관리 대안을 개발할 때 엔지니어링 및 과학적 원칙을 바탕으로 신뢰할 수 있는 결정을 내릴 수 있습니다.

첫 번째 단계는 기존 데이터나 추가 현장 조사를 통해 민감하거나 중요한 재충전 지역을 식별하는 것입니다. 동시에 유틸리티는 이러한 중요 지역의 현재 토지 사용과 향후 토지 사용 계획을 평가해야 합니다.

유틸리티는 지역 당국이나 부동산 소유주와 협력하여 토지 사용 조례나 구역 설정 규정을 포함한 관리 대안을 개발하거나 수정하여 주요 문제를 해결할 수 있습니다. 또한, 주 및 지역 수준에서 신중하게 개발된 관리 프로그램을 시행하고 강력한 대중 참여 프로그램을 마련하는 것도 지하수 공급을 적절히 보호하는 데 중요한 역할을 할 수 있습니다.

미규제 오염물질 모니터링

1987년 7월에 공포된 규정에 따라, 유틸리티는 미규제 특정 오염물질에 대해 모니터링 프로그램을 수행하고, 그 결과를 최소 5년에 한 번 보고해야 하며, 규모가 큰 공공시설이나 수질이 좋지 않은 취수원을 사용하는 공공시설은 더 자주 보고해야 합니다. 주정부는 해당 지역에서 발생하는 오염물질에 따라 USEPA의 목록에서 특정 오염물질을 삭제하거나 새로운 오염물질을 추가할 수 있는 권한을 가집니다.

이 규정은 특히 소규모 유틸리티에 심각한 경제적 영향을 미칠 것으로 예상됩니다. AWWA의 사장인 John H. Robinson은 "새 법을 준수하려면 모니터링과 분석이 필요하며, 이는 대형 유틸리티의 업무량에 상당한 부담을 추가할 것이고, 소규모 유틸리티에겐 매우 어려울 수 있습니다. 대부분의 유틸리티는 새 법률의 요구 사항을 준수할 수 있지만, 상당한 추가 비용 없이는 불가능합니다."라고 말했습니다.

소규모 시스템 운영을 지원하기 위해, 일부 모니터링 비용을 위한 3천만 달러의 연방 지원금이 소규모 시스템에 할당되었습니다.

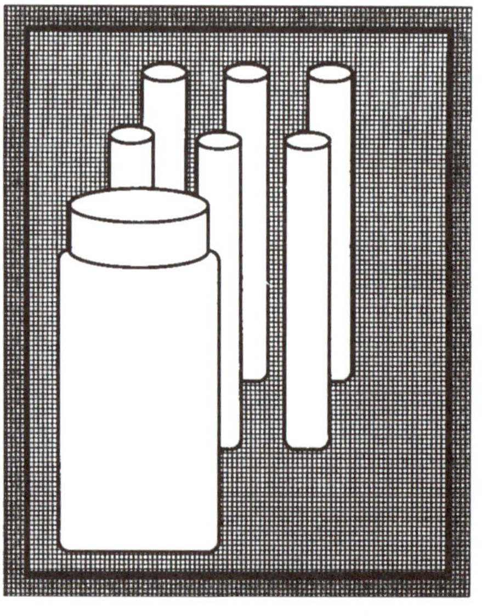

모니터링 및 분석 요구 사항은 대형 유틸리티의 업무에 부담을 주고, 소형 유틸리티는 업무에 과중한 부담을 주게 될 것입니다.

지표수 공급에 미치는 잠재적 영향

새로운 개정안은 여과, 소독, DBPs 및 납에 관한 새로운 규정을 충족해야 하는 측면에서 대부분의 지표수 공급을 사용하는 유틸리티에 영향을 미칠 것입니다. 현재 여과되지 않은 많은 상수도 시스템은 여과 장치를 설치해야 하며, 기존의 많은 여과 시설은 여과 성능 기준을 충족하기 위해 개선 작업이 필요할 것입니다.

여과된 물과 여과되지 않은 물 모두, 지표수 처리 규칙(Surface Water Treatment Rule, SWTR)의 소독 요건을 충족하려면 소독제 용량이나 접촉 시간을 늘리거나, 두 가지를 모두 늘려야 합니다. 여과되지 않은 공급시설은 소독 시스템에 이중화를 제공해야 하며, 일부 시스템은 SWTR의 비활성화 요건을 충족하기 위해 대체 소독제를 사용해야 할 수도 있습니다. 많은 정수 및 비정수 시스템은 배급 시스템에 소독제 잔류물을 유지해야 하므로, 시스템을 청소하고 위성 소독 공급 지점을 사용해야 할 필요도 있습니다.

대부분의 지표수 시스템은 여과 및 소독 요건 외에도 DBPs 및 납에 관한 향후 규정을 준수해야 합니다. 일부 지표수 공급 시설은 사용된 SOCs과 IOCs 새로운 규정의 영향을 받을 수 있습니다.

새로운 DBPs 규정은 THM뿐만 아니라, 관리가 더 어려워지고 THM보다 건강에 더 심각한 영향을 미칠 수 있는 다른 부산물도 다루게 됩니다. 이러한 부산물에는 클로로아세트산, 할로아세토니트릴, 염소화 벤젠, 총유기할라이드(total organic halides TOX), 트리클로로아세톤, 염소화 알데히드, 클로로페놀 등이 포함됩니다.

새로운 규정은 수돗물 내 납에 대한 더 낮은 MCL을 설정하여, 고객의 수도꼭지에서 발생할 수 있는 납의 수준을 통제할 것입니다. 대부분의 경우 납의 원인은 납-납땜 접합부에서 납이 침출되는 것이며, 납 서비스 파이프, 납으로 감싸진 서비스 파이프, 크롬 도금 황동 수도꼭지 및 기타 피팅의 사용을 피해야 합니다. 연구에 따르면, 수돗물에 납이 침출되는 것은 주로 물의 부식성과 관련이 있는 것으로 나타났습니다.

미생물 비활성화를 위한 소독 요건, DBPs, 부식 제어 조치, 그리고 잠재적 유기물 처리 요구사항에 대한 보다 엄격한 규정을 균형 있게 맞추는 것은 새로운 규정에서 가장 큰 도전 과제가 될 것입니다. 공공시설은 소독제의 종류, 사용량, 접촉 시간, pH, 온도, 전처리 공정에 따라 결정되는 최소 잔류 소독제 농도 및 접촉 시간 기준을 충족해야 합니다. 그러나 DBPs 형성도 이러한 변수에 영향을 받기 때문에, 상충하는 요구사항들 간에 '균형 잡힌 접근'이 필요합니다. 예를 들어, 부식 제어를 위해 pH를 높이면 소독 효율이 감소하고, THM 형성이 증가할 수 있습니다.

또한, 향후 공포될 규정에 따라 현재 THM에 대한 MCL을 충족하기 위해 사용되는 이산화염소 소독과 같은 일부 '임시' 솔루션은 더 이상 사용이 불가능할 수 있습니다. 이러한 장애물에도 불구하고 많은 유틸리티는 새로운 규제가 시행되기 전에 새로운 처리 시스템을 도입하거나 기존 시스템을 확장하거나 복구해야 할 상황에 직면할 수 있습니다. 따라서 구축된 처리 시스템이 향후 규정을 충족할 수 있도록 비용 효율적으로 조정하려면 신중한 계획이 필요합니다. 성공적인 계획 실행을 위해서는 기존 프로세스를 수정하거나 향후 프로세스를 추가할 수 있도록 시간적, 공간적 여유를 확보하여 유연성을 보장하는 것이 핵심입니다.

지하수 공급에 미치는 잠재적 영향

지하수 공급에 가장 큰 영향을 미칠 수 있는 새로운 규정은 VOCs, 소독, 부식 제어, 그리고 특정 IOCs와 관련된 규정입니다. 최근 공포된 8가지 VOCs에 대한 규정에 따라 많은 지하수 공급업체는 폭기 또는 GAC 기술을 설치해야 할 필요가 생겼습니다. 또한, 아직 소독 시설이 설치되지 않은 경우, 이를 추가로 설치해야 할 수도 있습니다. 일부 시스템은 부식 제어를 강화하기 위해 추가적인 조치를 취해야 할 수도 있습니다.

지표수를 공급하는 유틸리티는 여과, 소독 및 그 부산물, 납에 관한 규정의 영향을 가장 많이 받을 것입니다. 소독 기준을 충족하기 위해 시간이나 소독제 사용량을 조정해야 할 수 있으며, 많은 지하수 공급업체는 소비자의 수도꼭지에서 허용되는 새로운 납 농도를 맞추기 위해 부식 방지 조치를 설치해야 합니다. 이를 위해 pH 조정이나 처리수에 부식 억제제를 추가하는 방법을 사용할 수 있습니다. 일부 상수도 시스템에서는 특정 IOCs을 제거하기 위해 새로운 처리 시설을 설치해야 할 수도 있습니다. 가장 많이 사용되는 처리 기술로는 이온 교환과 활성 알루미나가 있으며, 일부 시스템에서는 라돈을 제어하기 위해 폭기나 GAC 처리가 필요할 수 있습니다.

지표수를 공급하는 유틸리티는 여과, 소독, 그 부산물 및 납에 관한 규정의 영향을 가장 많이 받습니다. 소독 기준을 충족하기 위해 시간이나 소독제 사용량을 조정할 수 있으며, 많은 지하수 공급업체는 소비자의 수도꼭지에서 허용되는 새로운 납 농도를 맞추기 위해 부식 방지 조치를 설치해야 합니다. 이를 위해 pH 조정이나 처리수에 부식 억제제를 추가하는 방법이 사용될 수 있습니다. 일부 상수도 시스템에서는 특정 IOCs을 제거하기 위해 새로운 처리 시설을 설치해야 할 수도 있습니다. 이온 교환과 활성 알루미나가 가장 많이 사용되는 처리 기술이며, 일부 시스템에서는 라돈을 제어하기 위해 폭기나 GAC 처리가 필요할 수 있습니다.

지표수를 공급하는 공급자들은 여과, 소독 및 그 부산물, 납에 관한 규제에 가장 큰 영향을 받을 것입니다.

법률에 '결단'을 내리다 (Putting "Teeth" in the Law)

의회는 새로운 SDWA 개정안을 제정하면서 규정 준수 일정을 철저히 지킬 수 있도록 강력한 조항을 마련했습니다. 이 법은 원수 수질이나 동등하게 효과적인 대체 기술의 가용성 등 여러 요인에 따라 예외와 면제를 규정하고 있지만, 몇 가지 엄격한 요건을 포함하고 있습니다.

예를 들어, 주정부가 예외나 면제를 허용할 경우, 그와 동시에 규정 준수 및 추가적인 통제 조치 이행 일정을 명확히 제시해야 합니다. 또한, BAT의 정의는 상수도가 서비스하는 인구 수, 공학적 타당성, 규정 준수 비용과 관련된 물리적 조건에 따라 달라질 수 있습니다.

USEPA의 집행 권한도 강화되었습니다. 이제 이 기관은 법원 시스템을 거치지 않고 직접 규정 준수를 명령하고 위반자에게 벌금을 부과할 수 있는 새로운 행정 권한을 통해 더욱 신속하고 강력한 조치를 취할 수 있습니다. 실제로 SDWA 관련 첫 번째 형사 기소 사례로, 미시간주 베이시티에서 한 석유 회사 임원이 USEPA에 중요한 사실을 은폐한 혐의로 미시간주 대배심에 기소된 바 있습니다. 새로운 개정안에 따라 규정 미준수의 고의성 여부와 관계없이 최대 민사 벌금이 하루 5,000달러에서 25,000달러로 인상되었습니다.

앞으로 나아가기

개정안을 효과적으로 해결하기 위해서는 상수도시설에서 신중하고 철저한 계획을 세우고, 적합한 처리 기술과 시설을 선택하는 것이 중요합니다. 이 과정에서 유틸리티는 규정 준수를 점진적인 과정으로 인식해야 하며, 장기적인 관점 없이 단기적인 규제만을 처리하는 '임시방편'적인 접근을 피해야 합니다. USEPA 수돗물관리국의 기준 및 표준 부서 책임자인 Joseph A. Cotruvo는 "물 공급업체가 일반적이고 광범위한 처리 방법에 의존할 계획을 미리 세우지 않으면 규정 준수 문제가 더욱 악화될 것"이라고 경고했습니다. 그는 또한 "새로운 표준이 공표될 때마다 치료 방법을 점진적으로 수정하는 것이 아니라, 전체 오염물질 군을 한 번에 처리할 것"이라고 덧붙였습니다.

새로운 규정을 시행하는 데는 몇 가지 문제가 있을 수 있습니다. 많은 수도시설이 초기에는 큰 비용을 들이지 않고 수질을 개선할 수 있을 것으로 예상되지만, 이러한 개선만으로 향후 모든 기준을 충족할 수 있는 수준에 도달하지 못할 가능성도 있습니다. 최근 AWWA 연구 재단의 설문조사에 따르면, 대부분의 미국 시민들이 발암 의심 물질을 제거하기 위해 현재 수도 요금의 거의 두 배를 지불할 의향이 있다고 응답했으나, 실제로 새로운 기술을 설치하는 데 드는 추가 비용이 수도 요금에 반영되면 시민들이 강력히 반발할 수 있다는 점을 시사했습니다.

미국 내 20만 개가 넘는 공공상수도시스템 중 약 70%는 리조트나 공장 등 일시적인 인구에 서비스를 제공하는 비커뮤니티 시스템이며, 또 다른 상당수는 3,300명 미만의 소규모 지역사회에 서비스를 제공합니다. 의무 소독과 같은 규정은 이러한 시스템에 특히 큰 부담을 줄 수 있습니다. 최근 전국 조사에 따르면, 이러한 시설의 약 70%에 해당하는 13만 9,000곳이 현재 상수도를 소독하지 않는 것으로 나타났습니다. 새로운 규정에도 불구하고, 소규모 상수도 시스템에는 다른 접근 방식이 필요할 수 있습니다.

AWWA는 '소규모' 공공상수도시스템에 교육과 예비 엔지니어링 연구를 포함한 기술 지원을 제공할 수 있는 권한을 부여받았습니다(이 범주는 아직 정의되지 않았음). 해당 범주에 속할 가능성이 있는 유틸리티는 주에 신청하여 AWWA 기금을 활용할 수 있게 되면 이를 요청해야 합니다. 상수도 시스템 간에는 자원과 서비스를 공유하기 위한 협력 계약을 체결할 수 있으며, 미국 농촌 상수도 협회나 AWWA와 같은 단체 및 정부 기관으로부터 기술 지원과 운영자 교육을 받을 수 있습니다.

USEPA의 수돗물 연구 부서에서는 소규모 상수도 시스템에 적합한 다양한 처리 기술을 연구해 왔으며, 그 결과 '패키지형' 조립식 수처리 플랜트가 기존 시설보다 비용 효율적일 수 있다는 가능성을 제시했습니다. 500개 미만의 서비스 연결을 제공하는 매우 작은 규모의 시스템은 주에서 시행하는 일정에 따라 규정 준수 상황을 충분히 입증할 수 있는 경우, 계속해서 규정 준수 면제를 받을 수 있습니다. 1986년 AWWA 연례 회의에서는 전국적으로 수돗물 프로그램에 대한 상당한 투자가 이루어지면, 금세기 초에 발생한 수처리 사업의 '혁명'과 유사한 변화가 일어날 수 있다고 언급되었습니다. 또한, 공공 및 민간 단체의 연구 개발이 증가함에 따라 수처리 기술에 실질적인 개선이 이루어져, 시설을 훨씬 더 비용 효율적으로 만들 수 있을 것으로 예상됩니다.

새로운 개정안의 효과를 적절하게 처리하기 위해서는 이러한 사항들이 필요합니다.

- 효과적인 계획 수립
- 적절한 대안에 대한 평가
- 수처리 시스템 설계의 유연성 확보

이 세 가지 접근 방식을 통해 수도시설은 상호 관련되거나 때로는 상충되는 미래 규정의 요구 사항들 사이에서 균형을 맞출 수 있을 것입니다.

References

1. REYNOLDS, W.F. Washington Report. *Public Works*, 117:6:12 (June 1986).
2. KELLY. W.T. Safe Drinking Water Act Amendments of 1986. Special Rept., Bureau of National Affairs Inc. (1986).
3. Reaching Out and Confronting Problems－AWWA Style, an interview with John H. Robinson. *Public Works*, 118:6:62 (June 1987).
4. GRAY, R. Washington News. *WATER/Engrg. & Management*, 134:6:8 (June 1987).
5. MILLER, G.W.; CROMWELL, J. III; & DOMBROWSKI, F. Drinking Water's New Guidelines. *American City & County*, 101:11:41 (Nov. 1986).
6. Public Attitudes Toward Drinking Water Issues. AWWA Research Foundation, Denver, Colo. (Dec. 1985).
7. COOK, M. The Process of Setting Standards for Drinking Water. Proc. AWWA Ann. Conf., Denver, Colo. (June 1986).

1993

미국수도법 : 돌아보기

Frederic W. Pontius ▌ Associate Director of Regulatory Affairs, AWWA, Colorado

원문은 *Journal AWWA* 1993년 2월호(제85권, 2호, 22~95쪽)에 처음 게재되었습니다.

미국에서 수돗물은 거의 100년 동안 법과 규제의 대상이었습니다. 미국수도법(Safe Drinking Water Act, SDWA)은 수돗물 안전성 확보의 근간이 되는 법으로서, 이 법의 개정과정들을 살펴보면 미국수도협회(American Water Works Association, AWWA)의 수돗물 안정성 확보에 대한 열정과 이를 추진하는 과정에서 겪었던 많은 어려움들을 유추할 수 있습니다.

1893년 최초의 수돗물 관련 법 제정

미국의 수돗물 수질에 대한 규제는 1893년에 제정된 주간 검역법(Interstate Quarantine Act)으로부터 시작되었습니다. 이 법에 따라 미국공중보건국(U.S. Public Health Service, USPHS)의 보건총감(Surgeon General)은 국가 간, 주 간, 그리고 영토 간 전염병 확산을 방지하기 위한 규정을 제정하고 시행할 권한을 부여받았습니다. 이를 바탕으로 1912년에 공용컵의 사용이 금지되었는데, 이것이 최초의 수돗물 관련으로 규제가 시행된 사례입니다.

1914년 첫 연방 수돗물 기준 발표

미국에서 수돗물에 관련된 최초의 연방 기준은 1914년에 발표되었습니다. 당시 USPHS은 미국재무부(Treasury Department) 소속이었으며, 상선(Merchant Marine) 선원들을 위한 의료 프로그램을 운영하고 있었습니다. 보건총감은 주간 운송업체가 대중에게 공급하는 물에 연방기준을 적용하도록 권고하였고, 재무부는 이를 받아들였습니다.

미국재무부 기준(Treasury Standards)은 다음과 같은 내용을 포함하고 있습니다.

- 총 박테리아 수(Total Bacterial Plate Count)는 100/cc 넘지 않아야 한다.
- 10 cc 분량으로 분취한 5개의 시료에서 1개 이상의 시료에서는 *B. coli* (현재는 *E. coli* 로 불림)가 검출되지 않아야 된다.

미국에서 수돗물 기준을 처음으로 발표할 1914년 당시에는 화학적 및 물리적 기준에 대해서는 합의가 이루어지지 않아 박테리아에 대해서만 초점이 맞춰져 있었습니다.

1914년에 제정된 이 기준은 주 간 운송업자가 사용하는 수도 공급에만 법적으로 구속력을 가졌지만, 많은 주 및 지방정부가 이를 지침으로 채택하여 널리 사용되었으며 1925년, 1942년, 1946년, 그리고 1962년에 개정되었습니다.

1962년에 개정된 기준은 28가지 성분을 포함하며, SDWA 이전의 연방 수돗물 기준 중 가장 포괄적인 내용을 담고 있었으며, 건강과 관련된 화학적 및 생물학적 불순물에 대해 의무적인 제한을 설정했으며, 외관, 맛, 냄새에 영향을 미치는 불순물에 대해서는 권장 제한을 두었습니다. 미국 50개 주 모두가 이 기준을 일부 수정하여 수돗물 규정 또는 지침으로 채택하였습니다. 이 규정은 연방 차원에서 주 간 상업에서 공통 운송업자에게 물을 공급하는 약 700개의 상수도시스템(국내 전체 상수도시스템의 2% 미만)에 법적으로 구속력을 가집니다.

많은 시스템을 충족하지 못한 1962년 기준

1969년, USPHS는 1962년 기준을 검토하고 개정하기 위한 초기 조치를 취하였습니다. USPHS 산하 수질위생국(Bureau of Water Hygiene)은 커뮤니티 상수도연구(Community Water Supply Study, CWSS)를 통해 미국 내 수도 공급에 대한 종합적인 조사를 수행하였습니다. 이 연구는 미국 소비자가 이용하는 수돗물이 1962년 기준을 충족하는지 여부를 확인하는 것을 목표로 하였습니다. 총 969개의 공공상수도시스템이 검사되었으며, 대부분이 커뮤니티 상수도시스템이었습니다. 이는 당시 전국 공공상수도시스템의 약 5%에 해당하였으며, 약 1,820만 명(공공상수도시스템을 이용하는 총인구의 12%)에게 물을 공급하는 시스템이었습니다.

USPHS는 1970년에 CWSS 연구 결과를 발표했는데, 이 연구에 따르면, 조사된 상수도시스템 중 41%가 1962년 기준을 충족하지 못하였습니다. 많은 시스템이 수원 보호, 소독, 정화, 배수 압력 유지 등에서 부족한 점이 있거나, 이러한 문제들이 복합적으로 나타났습니다. 특히, 500명 이하의 소규모 상수도시스템이 적절한 수질을 유지하는 데 가장 큰 어려움을 겪고 있는 것으로 보고되었습니다. 대부분의 미국 사람들은 안전한 수돗물을 공급받고 있었지만, 조사 결과 수백만 명이 불충분한 품질의 물을 공급받고 있으며, 약 36만 명이 잠재적으로 위험한 수돗물을 이용하고 있는 것으로 확인되었습니다.

1974년 SDWA 제정

1970년 12월, 미국환경보호청(U.S. Environmental Protection Agency, USEPA)이 대통령 행정부 산하의 독립 기관으로 설립되었습니다. 이와 함께 1962년 기준에 대한 검토 권한이 USPHS에서 USEPA로 이관되었습니다. 그러나, 여전히 연방 차원에서 수돗물 규제를 확립할 수 있는 권한을 가진 법률은 주간검역법이 유일하였습니다. USEPA, 미국회계감사원(General Accounting Office, GAO) 및 기타 기관들에 의해 수행된 연구들은 CWSS 연구 결과를 뒷받침할 수 있는 데이터를 제시하였습니다. 이에 따라, 연방 차원의 SDWA 제정에 대한 의회 관심이 높아졌으며, 1972년과 1973년에 여러 개의 법안이 논의되었습니다. 1974년, 공공 수돗물 공급원에서 트리할로메탄(Trihalomethanes, THM)이 발견되면서 대중의 우려가 커졌고, 이로 인해 연방 차원의 법 제정 필요성이 더욱 부각되었습니다.

이에 따라 1974년 12월 16일, SDWA [Public Law (PL) 93-523]는 공식적인 법률로 제정되었습니다. 이 법은 무엇보다도 소비자에게 안전한 수돗물을 보장하기 위해 1차수돗물연방규정(National Primary Drinking Water Regulations, NPDWR)을 제정할 것을 요구하였습니다. 이 규정은 미국 내 모든 공공상수도시스템에 적용되는 최초의 규정이 되었습니다.

USEPA는 수돗물 기준을 두 단계로 설정하도록 요구 받았습니다. 첫째, SDWA 시행 후 6개월 이내에 USEPA에서 임시 규정을 채택해야 했습니다. 임시 규정은 1962

년 USPHS 표준을 기반으로 1975년에 채택되었으며, 추가적인 건강 영향 지원은 거의 없었습니다. 둘째, 1977년 3월까지 미국국립과학원(National Academy of Sciences, NAS)에서 수행한 수돗물 오염물질의 건강 영향에 대한 연구 결과를 기반으로 규정을 개정하여야 했습니다. 의회는 USEPA가 신뢰할 수 있는 규정을 개발하는 데 걸리는 시간을 심각하게 과소평가하였습니다. 1974년부터 1986년까지 시행 가능한 규정이 제정된 오염물질은 단 23종(그림 7.1)에 불과했으며, 그 대부분은 임시 기준이었습니다.

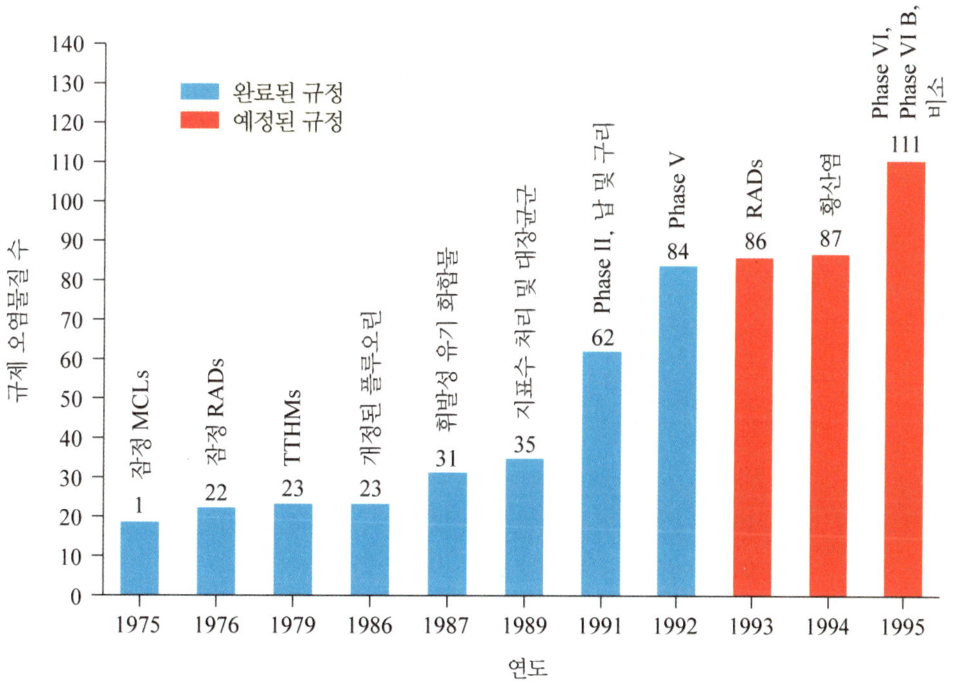

그림 7.1 연도별 수돗물 규정 제정
(데이터 출처 : USEPA, Office of Ground Water and Drinking Water)

1974년 SDWA에 대한 부분적인 개정은 1977년, 1979년, 1980년에 이루어졌습니다(표 7.1). 이러한 개정들은 법률의 재승인을 규정하고, 다른 여러 가지 사소한 부분들에 국한되어 있었습니다.

표 7.1 SDWA 및 개정안*

연도	공법	날짜	법률
1974	PL 93-523	Dec. 16, 1974	SDWA
1977	PL 95-190	Nov. 16, 1974	1977년 SDWA 개정안
1979	PL 96-63	Sept. 6, 1979	1979년 SDWA 개정안
1980	PL 96-502	Dec. 5, 1980	1980년 SDWA 개정안
1986	PL 99-339	June 16, 1986	1986년 SDWA 개정안
1988	PL 100-572	Oct. 31, 1988	납 오염 방지법

* 일반적으로 42 U.S.C. 300f－300i－11로 명시

1986년 SDWA 개정을 통한 규제 일정의 큰 변화

1980년대 초반, 유기 오염물질 및 람블편모충(*Giardia Lamblia*)과 같은 병원체로 인한 수돗물 오염 사례가 보고되면서, 의회는 SDWA의 적절성에 주목하게 되었습니다. 특히, 의회 의원들은 USEPA의 규제 수립 속도가 더디다는 점을 비판하였습니다. 이에 따라, 1984년과 1985년에 SDWA 개정을 제안하는 법안이 도입되었으며, 결국 1986년 6월 19일에 개정안(PL 99-339)이 제정되었습니다.

1986년 개정안은 USEPA가 수돗물 기준을 설정하는 속도에 큰 변화를 가져왔습니다. 법률에 명시된 특정 기한에 따라 83개 오염물질에 대한 기준을 설정하도록 지시되었으며, 비록 대부분의 기한이 지켜지지 않았지만, 규제 대상 오염물질의 수는 꾸준히 증가하였습니다. 또한, 모든 임시 기준은 NPDWR로 재분류되었습니다.

납에 집중된 1988년 개정

1988년, 납 오염 방지법(Lead Contamination Control Act)(PL 100-572)이 제정되면서 SDWA가 개정되었습니다. 이 법은 학교에서 납이 포함된 수돗물 냉각기를 제거하는 프로그램을 도입했습니다. 그러나 공공상수도시스템에 대한 수돗물 기준을 설정하는 데는 영향을 미치지 않았습니다.

SDWA 시행에 대한 비판

최근의 여러 연구와 제102차 의회에서의 논의를 통해 SDWA에 대한 가능한 변경 사항에 대한 배경이 마련되었습니다. 1988년 Ralph Nader가 후원한 연구에서는 수돗물에서 미량의 유기 화학물질이 검출되었다는 사실을 보고하여 주목을 받았습니다. 1988년 전미야생동물연맹(National Wildlife Federation, NWF)이 발표한 연구는 SDWA 위반 사례를 강조하면서 언론의 주목을 받았습니다. 연구결과에 따르면 1987 회계연도(fiscal year) 동안 36,763개의 공공상수도시스템이 총 101,500회 이상 SDWA 기준, 검사, 보고 요구 사항을 위반한 것으로 나타났습니다. 이 연구결과는 1989년에 업데이트 되었습니다. 두 보고서 모두 USEPA의 SDWA 시행 사례가 사실상 전무하다고 평가하였습니다.

GAO는 최근 USEPA 및 각 주정부의 SDWA 프로그램 시행 사례를 평가하였습니다. 1990년 6월 8일 발표된 GAO 보고서에 따르면, USEPA의 공식 데이터는 대부분의 상수도시스템들이 수질 모니터링 규정을 준수하고 있으며, 최대오염농도기준(maximum contaminant level, MCL)을 충족하고 있음을 보여줍니다. USEPA 데이터에 따르면 위반 사례가 적었으며, 위반이 발생한 경우에도 대부분이 경미한 사항이었습니다. 그러나 GAO는 여전히 상당한 규정을 준수하지 않은 사례가 존재한다고 밝혔습니다.

GAO는 1992년 SDWA 시행과 관련하여 세 건의 연구결과를 발표했습니다. 1992

년 6월 25일 발표된 연구에서는 6개 주의 28개 상수도시스템을 감사한 결과, SDWA의 고시된 요구 사항을 준수하지 않는 비율이 높다는 사실이 밝혀졌습니다. 고시 요구 사항 자체가 비준수의 주요 원인으로 지적되었으며, 특히 소규모 상수도시스템에서는 요구 사항을 이해하고 시행하는 것이 어렵다는 점이 문제로 꼽혔습니다.

1992년 7월 6일, GAO 보고서는 가용 자원과 수돗물 프로그램의 필요성 사이의 격차에 대한 분석 보고서를 발표하였습니다. 연방 및 주정부, 그리고 상수도시스템 수준의 재정 부족이 SDWA 시행 및 준수에 대한 문제를 초래하는 주요 요인으로 나타났습니다. 1995년까지 주 및 연방 프로그램 요구 사항의 총액이 주 및 연방 자원을 1억 5천만 달러 초과할 것으로 나타났습니다.

1992년 10월 13일, GAO 또 다른 보고서는 단일공급 지하수층(Sole-Source Aquifer) 프로그램을 분석한 결과를 발표하였습니다. USEPA 검토를 위한 프로젝트를 식별하는 데 사용된 주요 메커니즘에서 약점이 발견되었습니다.

이러한 최근 보고서에도 불구하고 대부분의 상수도시스템은 SDWA 규정을 준수해 왔습니다. 1986년부터 1991년까지 커뮤니티 상수도시스템의 준수율은 70～73% 사이를 유지하였다. 영구적－비커뮤니티 상수도시스템의 준수율은 1989년 69%에서 1990년 80%로 증가했으며, 1991년에는 79%로 안정되었습니다. 그러나 상당한 수준의 규정 미이행 사례가 여전히 존재하는 것으로 나타났습니다. 자원이 제한된 상황에서 준수율을 높일 수 있을지, 아니면 새로운 규칙이 발효되면서 준수율이 저하될 가능성도 제기되었습니다.

SDWA 재승인 지연

1986년 개정안에는 1987년부터 1991년까지 각 회계연도에 대한 법률 시행을 위한 연방 기금의 배정 승인이 포함되었으며, 배정 승인에는 갱신(재승인, Reauthorization)이 필요하였습니다. 의회는 언제든지 SDWA를 개정할 수 있었지만, 재승인 과정은 의회가 법률 변경을 검토할 수 있는 편리한 기회를 제공할 수 있습니다. 제103차 의회에서는 이전에 다른 의회에서 우선순위로 인해 지연되었던 재승인에 대한 내용이 심의될 예정입니다.

제102차 의회에서는 SDWA 개정을 위한 여러 법안이 제출되고 논의되었습니다. 가장 중요한 개정안들은 <표 7.2>에 요약되어 있습니다. 제102차 의회에서는 제안된 법안 중 어느 것도 법률로 제정되지 않았지만, 수돗물 규정에 대한 유예가 정당한지를 다룬 S. 2900법안에 대한 상당한 논쟁이 이어졌습니다. SDWA 규정을 준수하는 데 드는 높은 비용으로 인해, 의회의 많은 의원들이 새로운 규정의 실제 공중 보건 혜택에 대해 비판적으로 의문을 제기하였습니다.

비록 규제 유예 법안은 근소한 차이로 부결되었지만, 1993 회계연도 USEPA 예산 승인안에는 USEPA가 9개월 이내에 의회에 보고서를 제출하도록 하는 요구사항이 포함되었습니다.

- 수돗물 오염물질과 관련된 건강상의 부작용 및 공중 보건 및 이러한 오염물질을 제거함으로써 실현될 수 있는 기타 이점
- 수돗물 오염물질을 식별하고 통제할 오염물질을 선택하는 프로세스
- 수돗물 기준 및 규정 개발 일정과 준수 현황
- 규제 및 비규제 오염물질과 관련된 모니터링 요구 사항을 구현하기 위한 수돗물 시스템의 재정적 및 기술적 역량과 구현을 용이하게 하는 옵션(소규모 지역 사회에 특히 중점을 둠)
- 수돗물 기준 준수를 보장하기 위해 필요한 처리 시설을 설치하기 위한 수돗물 시스템의 재정적 및 기술적 역량과 이러한 기준 준수를 용이하게 하는 옵션(소규모 지역 사회에 특히 중점을 둠)
- 수돗물 프로그램을 이행하기 위한 주의 재정적 및 기술적 역량(주 프로그램 재정 조달을 늘리기 위한 옵션이 포함)
- 수돗물 시스템의 재정적 및 기술적 역량을 높이고 SDWA를 효과적으로 이행하기 위한 주를 위한 혁신적이고 대안적인 방법

USEPA의 연구 결과는 제103차 의회에서 재정 지원 필요성 및 기타 재승인 문제를 논의하는 핵심 자료가 될 것입니다.

표 7.2 제102차 의회에서 SDWA 개정을 제안한 주요 법안

법안 번호 (발의자)	제목	SDWA 관련 의회안	조치
H.R. 170 (Oberstar, D-Minn.)	지하수 안전법 (Groundwater Safety Act)	USEPA가 지하수로 침투할 가능성이 있는 농약에 대해 지하수 잔류 지침서를 발행하도록 요구	하원 농업위원회, 에너지·상무위원회, 공공사업 및 교통위원회에 공동 회부
H.R. 688 (Gallo, R-N. J.)	단일공급 지하수층 보호법 (Sole-Source Aquifer Protection Act)	중요한 대수층 보호구역 내에서 매립지나 처리시설의 건설 금지	하원 에너지·상무위원회, 공공사업 및 교통위원회에 공동 회부
H.R. 2840 (Waxman, D-Calif.)	납 오염 방지법 (Lead Contamionation Control Act)	USEPA의 납 규칙 개정; 요건을 완전히 이행하지 않는 주로부터 규제 권한 철회; 실제 검출치 또는 조치수준을 기준으로 한 규제 삭제; SDWA 납 규정을 확대하여 배관 및 기구까지 포함	하원 에너지·상무위원회에 회부; 납 규칙과 SDWA 조항은 삭제됨
H.R. 5445 (Williams, D-Mont.)	SDWA 개정안	USEPA가 소규모 시스템의 SDWA 준수 능력에 대해 의회에 보고하도록 요구; 5,000명 미만에 공급하는 시스템에 대해 2년간 규정 준수 시한 유예	하원 에너지·상무위원회에 회부
S-35 (Moyniban, D-N. Y.)	안전한 병입수법 (Safe Bottled Water Act)	병입수에 대해 공공상수도 기준에 해당하는 보건 기준을 적용하도록 요구	상원 환경·공공사업위원회에 회부
S-1445 (Lautenberg, D-N. I.)	수돗물 내 납 저감법	H.R. 2840과 같음	상원 환경·공공사업위원회에 회부
S-2900 (Domenici, D-N. M.)	특정 수돗물 규정 유예	1989년 12월 14일 이후 제정된 SDWA 규정에 대해 USEPA 연구와 SDWA 재승인이 있을 때까지 유예 설정	상원 환경·공공사업위원회에 회부
S-3106 (Bingaman, D-N. M.)	특정 수돗물 규정 준수 기한 연장	1만 명 이하에 공급하는 시스템의 경우, Phase II, Phase V, 납 및 구리 규칙 준수 기한을 연장	상원 환경·공공사업위원회에 회부

References

1. MCDERMOTT, J.H. Federal Drinking Water Standards-Past, Present, and Future. *Jour. Envir. Engrg. Div.-ASCE*, EE4:99:469 (Aug. 1973).
2. USPHS. Bacteriological Standards for Drinking Water. *Public Health Rept.*, 29:2959 (Nov. 6, 1914).
3. AWWA. *Water Quality and Treatment*. McGraw-Hill, New,York (3rd ed., 1971).
4. USPHS. Report of the Advisory Committee on Official Water Standards. *Public Health Rept.*, 40:693 (Apr. 10,1925).
5. USPHS. Public Health Service Drinking Water Standards and Manual of Recommended Water Sanitation Practice. *Public Health Rept.*, 58:69 (Jan. 15, 1943).
6. USPHS. Public Health Service Drinking Water Standards. *Public Health Rept.*, 61:371 (Mar. 15, 1946).
7. USPHS. Drinking Water Standards. *Fed. Reg.*, 21522155 (Mar. 6, 1962).
8. Oleckno, WA. The National Interim Primary Drinking Water Regulations, Part I—Historical Development. *Jour. Envir. Health*, 44:5 (May 1982).
9. USPHS. Community Water Supply Study: Analysis of National Survey Findings. NTIS PB214982, Springfield, Va. (July 1970).
10. USPHS. Community Water Supply Study: Significance of National Findings. NTIS PB214982/BE, Springfield, Va. (July 1970).
11. National Drinking Water Standards. Jour. *WPCF*, 45:1637 (1973).
12. Hawkins, M.E. Drinking Water—How Are We Coping? The Science Teacher. 42:16 (1975).
13. *A Legislative History of the Safe Drinking Water Act*. Congressional Res. Svce. Library of Congress (Feb. 1982).
14. Bellar, T.A.; Lichtenberg, J.J.; & Kroner, RC. The Occurrence of Organohalides in Chlorinated Drinking Water. Jour. AWWA, 66:12:703 (Dec. 1974).
15. Public Law 93-523. The Safe Drinking Water Act of 1974 (Dec. 16.1974).
16. Senate Report 98641. Safe Drinking Water Act Amendments of 1984. 98th Congress, 2nd Session. (Sept. 28 [legislative day Sept. 24], 1984).
17. Senate Report 99-56. Safe Drinking Water Act Amendments of 1985. 99th Congress, 1st Session. (May 15 [legislative day, April 15], 1985).
18. Public Law 99339. Safe Drinking Water Act Amendments of 1986 (June 19,1986).
19. Public Law 106572. Lead Contamination Control Act of 1988 (Oct. 31, 1988).

20. CONACHER, D. Troubled Waters on Tap; Organic Chemicals in Public Drinking Water Systems and the Failure of Regulation. Center for Study of Responsive Law, Washington, DC. (Jan. 1988).

21. DEAN, N.L. Danger on Tap, the Government's Failure to Enforce the Federal Safe Drinking Water Act. National Wildlife Federation, Washington, D.C. (1988).

22. DEAN, N.L. Update to Danger on Tap, the Government's Failure to Enforce the Federal Safe Drinking Water Act. National Wildlife Federation, Washington, D.C. (1989).

23. Drinking Water: Compliance Problems Undermine EPA Program as New Challenges Emerge. GAO/RCED-90-127 (June 8, 1990).

24. Drinking Water; Consumers Often Not Well-informed of Potentially Serious Violations. GAO/RCED-92-135 (June 1992).

25. Drinking Water; Widening Gap Between Needs and Available Resources Threatens Vital EPA Program. GAO/RCED-92-184 (July 1992).

26. Drinking Water; Projects That May Damage Sole-Source Aquifers Are Not Always Identified. GAO/RCED-93-4 (Oct. 1992).

27. The National Public Water System Supervision Program. FY 1991 Compliance Rept. USEPA, Ofce. Ground Water and Drinking Water (Mar. 1992).

28. Congressional Record—Senate, p. 515103 (Sept. 25, 1992).

1994

미국수도법 재승인 전쟁 시작

Frederick W. Pontius ▌ Associate Director of Regulatory Affairs, AWWA, Colorado
Albert E. Warburton ▌ Associate Director of Legislative Affairs, AWWA, Washington, D.C
원문은 *Journal AWWA* 1994년 2월호(제86권, 2호, 18~26쪽, 134쪽)에 처음 게재되었습니다.

제103차 의회의 첫 번째 회기가 종료되었으며, 두 번째이자 마지막 회기가 진행 중이었습니다. 미국 의회에서는 미국수도법(Safe Drinking Water Act, SDWA)의 재승인을 위한 여러 개의 법안이 발의되었으며, 앞으로 더 많은 법안이 제안될 것으로 예상되었습니다. 많은 쟁점에 대한 의견 차이가 커서 치열한 정치적 논쟁이 벌어지고 있었습니다. 이론적으로는 법안의 모든 조항이 변경될 수 있었습니다. 현실적으로는 정치적 과정을 거쳐 살아남는 변화만이 이루어질 것입니다. 본 기사에서는 SDWA 재승인의 개요를 제시하고 관련된 쟁점을 검토할 것입니다.

초기 연구의 토대 마련

1988년과 1989년에 전미야생동물연맹(National Wildlife Federation, NWF)이 발표한 연구는 1986년 개정된 SDWA의 시행 과정에서 발생한 위반 사례와 문제점에 대한 주목을 이끌어냈습니다. 비준수 사례는 주로 소규모 상수도시스템에서 발생했지만, 이러한 비준수에 대한 보고는 SDWA의 적절성, USEPA의 수돗물 프로그램, 그리고 수도사업자가 고객에게 안전한 수돗물을 공급할 수 있는 능력에 대한 우려를 제기하게 되는 계기가 되었습니다.

미국회계감사원(US General Accounting Office, GAO)[1]이 1990년 6월 8일에 발표한 보고서에 따르면, USEPA가 공개한 데이터를 검토한 결과 대부분의 상수도시스템이 모니터링 및 최대오염농도기준(Maximum Contaminant Level, MCL)을 준수하고 있는 것으로 나타났습니다. 규정을 위반한 소수의 시스템들은 비교적 사소한 위반을 저질렀지만, 일부에서는 상당한 비준수 사례도 존재하였습니다.

GAO는 1992년에 SDWA의 구현에 관한 두 가지 중요한 연구를 발표하였습니다. 1992년 6월 25일에 발행된 6개 주의 28개 수계에 대한 감사결과에 따르면, SDWA 고시 요구 사항을 준수하지 않는 비율이 높은 것으로 나타났습니다. 특히 소규모 시스템의 경우 고시 요건 자체가 불이행의 주요 원인으로 언급되었는데, 이는 요건을 이해

1) 현재는 US Government Accountability Office로 변경되었다. GAO는 한국의 감사원과 같은 역할을 하는 미국의회 산하의 독립적이고 초당적인 기관으로 각종 정부 사업의 성과와 효율성을 평가한다.

하고 구현하기 어려웠기 때문으로 사료됩니다.

1992년 7월 6일, GAO는 가용 자원과 수돗물 프로그램의 요구사항 간의 격차에 대한 조사결과를 보고하였습니다. 연방, 주, 그리고 상수도시스템 수준에서의 재정 부족이 시행 및 준수 문제를 야기하는 것으로 나타났습니다. GAO는 1995년까지 주 및 연방 프로그램의 총 요구사항이 주 및 연방 자원을 1억 5천만 달러 초과할 것으로 추정하였습니다.

그러나 주정부의 재정 지원은 공공상수도시스템이 SDWA 준수하기 위해 지출해야 하는 비용의 일부분에 불과하였습니다. 1993년에 발표된 공공상수도시스템이 해야 할 일을 조사한 결과, 상수도관리자협의회(Association of State Drinking Water Administrators, ASDWA)는 35개 주에서 SDWA 관련 인프라 프로젝트에 27억 3,800만 달러가 시급히 필요하다고 밝혔습니다. 1993년 자원경제센터(Center for Resource Economics)의 연구에서는 자금 부족, 정치적 간섭, 관리 부실이 미국환경보호청(U.S. Environmental Protection Agency, USEPA)가 환경 법적 의무를 충분히 충족하지 못하는 세 가지 주요 장애물로 언급되었습니다.

TOMMY HOLMES

SDWA에 대한 여러 개정안은 헨리 웩스먼(Henry Waxman) 하원의원(사진) 주도로 보건환경소위원회에서 검토될 것입니다.

표 8.1 제103대 의회(1차 회기)에서 제안된 SDWA 개정안

법안 번호 (발의자)	약칭	공동 발의자 수	주요 SDWA 규정	의회 조치
H.R. 376 (Solomon, R-N.Y.)	SDWA 모라토리엄	0	1989년 12월 21일 이후 제정된 수돗물 규정 시행 모라토리엄; 공공상수도시스템 정의 개정	1993년 1월 5일 발의; 하원 에너지상업위원회로 회부
H.R. 650 (Gonzalez, D-Texas)	SDWA 개정안	0	수돗물 단일공급 지하수층 보호를 위한 기관 간 협력 개선	1993년 1월 27일 발의; 하원 에너지상업위원회로 회부
H.R. 1283 (Gallo, R-N.J.)	단일공급 지하수층 보호법	4	중요 지하수층 보호구역 내 매립 또는 토양처리시설 건설 금지	1993년 3월 10일 발의; 하원 에너지상업위원회 및 공공사업위원회에 공동 회부
H.R. 1701 (Waxman, D-Calif.)	수돗물 및 공중보건 강화 개정안	1	수돗물처리시설을 마련을 위해 주순환기금을 설립	1993년 4월 5일 발의; 하원 에너지상업위원회로 회부; 보건환경소위원회 청문회(4월 19일), 표결(4월 21일), 전체 위원회 표결(4월 27일), 5월 27일 전체 위원회 보고서 발간 (H.Rept. 103-114); 하원 본회의 일정(Union 59)에 상정
H.R. 2334 (Walsh, R-N.Y.)	상수도보호법	0	S. 767와 동일	1993년 6월 8일 발의; 하원 에너지상업위원회로 회부
H.R. 3392 (Slattery, D-Kan.)	SDWA 개정안	60	모니터링, 오염물질 규제, 시행일, 기준 설정, 소규모 시스템, 고시 등 SDWA에 대한 대규모 개정	1993년 10월 27일 발의; 하원 에너지상업위원회로 회부
H.R. 3686 (Roberts, R-Kan.)	SDWA 개정안	1	연방정부가 전액 자금을 지원하기 전까지 SDWA 요건 집행 유예	1993년 11월 22일 발의; 하원 에너지상업위원회로 회부

법안 번호 (발의자)	약칭	공동 발의자 수	주요 SDWA 규정	의회 조치
S.767 (Nichkles, R-Okla.)	상수도보호법	0	위험 기반 기준 설정을 위한 기준 설정 프로세스 변경, 건강주의보 프로그램 개선, USEPA가 시행을 단순화하도록 요구, 소규모 시스템에 대한 기술 지원을 확대, 주정부 보조금 및 예산 승인을 위해 SDWA개정	1993년 4월 2일 발의; 상원 환경공공사업위원회로 회부
S. 1547 (Baucus, D-Mont.)	SDWA 개정안	0	SDWA 개정으로 주순환융자기금, 소규모 시 쳄 관리 계획, 라돈 및 황산염 기준, 집행 강화, 사용자 요금 및 기타 조항 마련	1993년 10월 14일 발의; 1993년 10월 27일 상원 환경공공사업위원회 청문회 개최

표 8.2 개정된 SDWA 비교, H.R. 3392와 S. 1547

이슈	현행법	H.R. 3392 (Slattery-Bille]	S. 1547 (Baucus)
자금 승인	1991 회계연도까지 예산 승인	1998 회계연도까지 예산 승인	2000 회계연도까지 예산 승인
시민 소송	USEPA 또는 주정부가 연방 법원에 민사소송을 제기하지 않는 한, 동의 명령 준수 하에도 공공상수도시스템에 대한 시민 소송 허용	행정 명령 또는 동의 명령 하에 있는 경우 시민 소송 금지	과거 위반이 반복되는 경우 시민 소송 허용
규정 준수 모니터링	USEPA 규정에 따른 모니터링 요구	발생 자료와 시스템 취약성에 따라 모니터링 요구사항을 조정할 수 있도록 유연성 제공; 더 이상 규제 필요 없는 오염물질에 대한 모니터링 제거; 일부 시스템에 대해서는 발생 데이터 모니터링 요구	발생 자료에 따라 모니터링 완화 가능
오염물질 정의	물에 존재하는 모든 물질 또는 성분	"공중보건 우려"와 관련된 물질 또는 성분	변경 없음
공공상수도시스템 정의	25명 이상 또는 15개 이상의 연결을 제공하는 모든 시스템; 운영자 "관리하"의 시설 포함	변경 없음; 시스템이 소유한 시설로 제한	변경 없음
시행일	규칙 공포 후 18개월	최소 24개월, 다만 시행 필요 시간에 따라 규정에서 시행일 설정 가능	주정부가 규정을 채택하기까지 최대 2년 허용; 준수일은 최대 36개월
시행	SDWA 위반 시 하루 최대 25,000달러 벌금 부과 가능; 사법/행정 절차 필요	언급 없음	미국물환경보전법과 유사한 행정 집행 권한 제공; 하루 최대 10,000달러의 벌금형; 형사 처벌 추가; 민사 소송 확대
건강주의보	규정 없음	공중보건 우려 수준에서 수돗물 내 발생하지 않는 오여물질에 대해 건강주의보 개발을 위한 권한 부여	미규제 오염물질(검토되었으나 미규제 오염물질 포함)에 대해 건강주의보 개발 권한 부여

이슈	현행법	H.R. 3392 (Slattery-Bille]	S. 1547 (Baucus)
실험실 및 운영자 인증	규정 없음	USEPA가 실험실과 운영자 인증에 대한 최소 지침 마련 권한 부여	USEPA가 운영자 지침 및 최소 기준을 개발하도록 권한 부여 : 인증된 운영자가 필요한 시스템 : 실험실 인증 요구 사항 없음
83개 오염물질 목록	83개 오염물질 모두 규제해야 함	83개 모두 규제하되, 더 이상 공중 보건에 우려되지 않는 경우 모니터링과 규정 준수 제거	오염물질 발생에 따라 모니터링 요건 완화 가능
최대오염농도기준목표	알려지거나 예상되는 건강 부작용이 발생하지 않는 수준으로 적절한 안전 여유를 두고 설정	현행법과 동일하나, 가능한 한 목표치에 근접하게 설정할 의무 없음	변경 없음
발생 자료	규정 없음	USEPA가 국가 발생 데이터베이스를 개발하고 유지하도록 요구; 자료는 규제를 위한 오염 물질 선택 및 규정 검토에 사용	USEPA가 발생 데이터베이스를 개발 및 유지하도록 요구
배관 설비 표준	규정 없음	언급 없음	SDWA배관 및 파이프에서 납 용출 저감 규정; 납땜 사용을 SDWA 위반으로 간주
사용 지점 장치	규정 없음	언급 없음	USEPA가 사용 지점 장치 효과성 프로그램을 개발하고 대중에게 정보 제공 요구
고시	시기・빈도・방법에 관한 구체적 규칙을 두고, USEPA 규정에 의해 확대됨	주정부와 공공상수도시스템이 협력하여 특정 지역 조건 및 사건 특성에 적합한 고시 요건 개발	중요도가 낮은 위반 사항 보고 주기가 분기별에서 연간으로 축소
역류 금지	규정 없음	공공 상수도 시스템으로의 역류를 금지하고 변조 조항에 따라 형사 처벌 규정	처리수 역류 금지; 교차연결 위반을 변조로 간주; 형사 및 민사 처벌 규정
기준 개정	3년마다 검토	규정에서 개정 주기 명시하도록 요구	6년마다 검토
과학자문위원회 검토	제안 전 의견 요청	USEPA가 과학자문위원회에 검토를 요청하고 결과 및 권장 사항을 제안된 규칙에 대한 통지에 포함하도록 요구	변경 없음

이슈	현행법	H.R. 3392 (Slattery-Bille]	S. 1547 (Baucus)
소규모 시스템	차이(variance)와 예외(exemptions) 허용	실행 불가한 시스템 연결 제공	소규모 시스템 관리 계획은 실행가능성, 통합, 규정 주순 프로그램 및 기술 지침에 대한 정의 마련
기준 설정	현장 조건에서 효과적인 기술 · 처리 · BAT 비용 고려하여 MCL을 MCLG에 가능한 한 가깝게 설정	최적기법을 기반으로 점진적인 위험 감소 편익 및 비용을 고려하여 기준 수립. USEPA는 단일 기준을 기반으로 시스템 규모에 따라 BAT 수립; BAT로 유역 보호 및 오염 방지 허용; 기준 설정 절차에 부합하지 않는 이상물질 고려	라돈을 이상물질로 규정 및 환산염 대체 허용
주순환기금 (State Revolving Fund, SRF)	규정 없음	언급 없음	SRF 제공
3년 주기 우선순위 목록	잠재 오염물질 목록을 3년마다 요구	요건 삭제 및 발생 데이터베이스에서 신규 오염물질 선택	최초 3년간 15개, 이후 3년마다 7개 오염물질 평가 의무화하기 위해 25개 의무 규정 대체; 규정 의무 아님
3년 주기 25개 오염물질 규제	3년마다 신규 MCL 25개 요구	요건 삭제 및 공중보건 우려 수준에서 수돗물 내 발생하는 오염물질 규제	삭제, 기존 기준으로 대체
사용자 요금	규정 없음	언급 없음	주 프로그램에 자금 부족 시 연방 "백스톱(backstop)" 요금 부과
차이 및 예외	소규모 시스템에 대한 BAT 정의 및 면제 갱신 가능	BAT 설치 여유가 없고 다른 수자원에 연결 불가한 상수도시스템은 주정부에서 차이를 허용하도록 승인; 경제적인 BAT를 준수하도록 요구; 공지 및 대중 의견 수렴 기회 필요	소규모 시스템 관리 계획 제공; 개별 준수 계획 승인; USEPA는 소규모 시스템 기술 지침 개발 요구
유역 보호	규정 없음	BAT로 유역 보호 및 오염 방지 허용	주정부 상수도보호구역 규정; 모니터링 요건은 수자원 보호계획에 따라 변경 가능

SDWA에서 확인된 쟁점들

1990년부터 1993년까지, 미국 의회의 의원들, 의회 보좌진, USEPA, 그리고 다양한 단체들은 SDWA 재승인 시 해결해야 할 문제들을 확인하고 논의하였습니다. 예를 들어, AWWA는 SDWA 재승인과 관련된 33개 쟁점 목록을 발표했으며, 다른 단체들도 SDWA에 대한 공식적인 입장을 마련하였습니다. 이러한 목록들은 SDWA 재승인 과정에서 다양한 이해관계자들이 공통적으로 문제를 인식하고 있는 사안을 식별하는데 도움이 되었으며, 정치적 논쟁이 계속될 개정 사항이 무엇인지도 보여주었습니다.

아슬아슬한 SDWA 모라토리엄 부결

새로운 연방 수돗물 규정을 준수하는 비용이 많은 도시와 마을의 재정 자원을 앞지르기 시작하면서 점점 더 많은 규제로 달성되는 실질적인 이점에 대한 의회의 우려가 커졌습니다. 제102차 의회의 마지막 몇 주 동안 상원은 비용과 이점을 더 잘 정의할 수 있을 때까지 SDWA 규정의 시행에 대한 모라토리엄을 부과하는 것을 고려하였습니다. 이러한 유예 조치는 근소한 차이로 부결되었지만, 의회는 USEPA에 SDWA 규정을 시행하는 것의 기술적 타당성, 이점 및 비용에 대한 포괄적인 보고서를 준비하도록 요구하였습니다.

USEPA의 의회 보고

USEPA는 1993년 9월에 의회에 보고서를 제출하였습니다(관련 기사 69페이지 참조). 이 보고서는 현재까지 규제된 84가지 오염물질에 대한 기준을 준수하는 데 1995

년까지 공공상수도시스템이 연간 약 14억 달러(1991년 기준) 비용이 발생할 것으로 추정하였습니다. 독립적인 연구에 따르면 현재 규칙을 시행하는 데 드는 비용은 연간 40억 달러(1992년 달러 기준)인 것으로 나타났으며, 이러한 추정치에는 새롭게 제안되었거나 규제가 예상되는 오염물질들(예를 들어 새로운 라돈 기준, 소독제 및 소독부산물 규칙, 개정된 비소 기준)에 대한 비용은 포함되지 않았습니다. USEPA는 의회에 제출한 보고서에서 연방 수돗물 요건을 시행하기 위한 현재 연간 주 재정 부족액을 1억 6,200만 달러로 추정하였습니다. 1993년 주정부에서 필요로 하는 재정 지원액은 3억 400만 달러였지만, 주와 연방 재원에서 지원 가능한 자금은 1억 4,200만 달러에 불과하였습니다.

USEPA에 의한 SDWA 목표 명시

1993년 9월 8일, USEPA 청장 캐롤 브라우너(Carol Browner)는 전미 읍면협의회(National Association of Towns and Township, NATaT)에서 연설을 통해 클린턴 행정부가 SDWA 개혁을 위해 권장하는 핵심 요소를 설명하였습니다. 행정부는 다음과 같은 개혁 방안을 제안하였습니다.

- 지역사회가 정수시설을 건설하고 납 수도관을 교체할 수 있도록 수돗물 주순환기금을 설립
- 각 주의 수돗물 프로그램 운영을 지원하기 위해, 필요한 경우 사용자 요금 부과 요구
- 오염 방지에 초점을 맞춘 수자원 보호 프로그램을 의무화하고, 지역 차원의 수자원 보호 프로그램이 있는 시스템에 대해 모니터링 및 처리 방식에 유연성을 제공하여 수돗물 오염 방지 강화
- 상수도시스템의 역량을 평가하고, 장기적인 안정성과 규정 준수를 보장하기 위해 상수도시스템 재구성을 촉진(e.g. 구조조정 촉진)
- 소규모 시스템이 비용 효율적인 정수 기술을 사용할 수 있도록 소규모 시스템을 위한 최적가용기법(Best Available Technology, BAT) 기준 마련

- 정수장 운영자를 교육하고 인증할 수 있도록 주정부 프로그램 지원
- 과학적 절차를 도입하여 규제 대상 오염물질을 보다 효과적으로 선정
- 규제 준수를 위한 보다 현실적인 일정 설정
- 집행 절차를 강화 및 간소화

행정부는 해당 권고안을 의회에 제출하였습니다. SDWA를 관할하는 하원 에너지상업위원회(Committee on Energy and Commerce) 위원장인 존 딩겔(John Dingell) 미시간주 민주당 하원의원은 USEPA에 이 권고안을 반영한 법안 초안을 준비할 것을 요청하였습니다.

다양한 입법 제안

제103차 의회의 첫 번째 회기에 발의된 SDWA 개정안 요약은 <표 8.1>에 나와 있습니다. 1993년 초, 여러 개의 법안이 발의되었으며, H.R. 376, H.R. 650, H.R. 1283이 가장 먼저 제출되었으나, 실질적인 논의가 이루어지지는 않았습니다. 첫 번째 종합 개혁 법안은 S. 767로, 돈 니클스(Don Nickles) 오클라호마주 공화당 상원의원이 발의하였습니다. 이에 대응하는 동일한 법안인 H.R. 2344는 제임스 월시(James Walsh) 뉴욕주 공화당 하원의원이 제출하였습니다. 그러나, 이러한 법안들은 충분한 정치적 지지를 받지 못하고 있으며, SDWA 관련 다양한 논의를 촉진하는 역할을 하는 데 그쳤습니다.

SRLF가 주도한 초기 논쟁

SDWA에 대한 본격적인 논의는 주순환융자기금(State Revolving Loan Fund,

SRLF)을 승인하는 법안이 하원에 제출되면서 시작되었습니다. 1993년 초 클린턴 대통령의 경제 부양책에 수돗물용 SRLF가 포함되었으나, 이를 둘러싸고 하원의 두 위원회 간에 관할권 분쟁이 발생하면서 각각의 위원회를 위한 경쟁 법안이 발의되었습니다. 결국, 대통령의 경제 부양책은 의회에서 부결되었지만, SRLF 법안은 계속 추진되었습니다. 상원에서는 SDWA 관련 기타 이슈와 동시에 SRLF를 다루기를 원했기 때문에 별도의 SRLF 법안이 제출되지 않았습니다.

헨리 왁스맨(Henry Waxman) 캘리포니아주 민주당 대표가 도입한 H.R. 1701은 SDWA의 일부로 SRLF를 승인하는 내용을 포함하고 있었습니다. 공공사업교통위원회(Committee on Public Works and Transportation) 위원장인 노먼 미네타(Norman Mineta) 캘리포니아주 민주당 하원의원은 기존 미국물환경보전법(Clean Water Act, CWA)의 SRLF 범위를 확장해 수돗물 지원을 포함하도록 하는 내용을 담고 있는 법안을 발의하였습니다. 두 법안 모두 위원회를 통과했으며, 하원 지도부가 본회의에서 어떤 법안을 고려할지 결정해야 하는 상황입니다.

상원에서 열린 청문회

1993년 10월 14일, 맥스 보커스(D-Mont.) 상원의원은 S. 1547을 제안하였습니다. 이 법안에 대한 청문회는 1993년 10월 27일 보커스 의원이 위원장으로 있는 상원 환경공공사업위원회(Senate Committee on Environment and Public Works)에서 개최되었습니다. 이 법안의 주요 조항은 <표 8.2>에 요약되어 있다. SDWA 논쟁에서 핵심 인물이었던 존 채피(R-R.I.) 상원의원은 일부 조항에 대한 견해 차이로 인해 S. 1547을 공동 발의하지 않기로 결정하였습니다. 채피는 별도의 입법 제안을 준비할 수도 있었습니다. S. 1547은 환경 단체로부터 엇갈린 반응을 받았으며, 일부 조항은 일반적으로 양측의 다양한 이해 집단에서 반대하고 있는 상황입니다.

비용 부담 없는 연방 명령(Unfunded Mandates)에 대한 우려 증가

1993년 10월 27일, 주 및 지방정부를 대표하는 전국 공익 단체들이 공동 기자회견을 열어 비용 부담 없는 연방 명령(Unfunded Federal Mandates)을 공론화하였습니다. 이 단체에는 전미 주지사 협회(National Governors Association, NGA), 전미시장단회의(US Conference of Mayors, USCM), 전미 카운티 협의회(National Association of Counties, NAC), 전미 주 의회 협의회(National Conference of State Legislatures, NCSL)가 포함되어 있었습니다. 비용 부담 없는 연방 명령(Unfunded Federal Mandates)이란, 미국 의회가 주 및 지방정부에 특정 요구 사항을 부과하면서도 이를 이행할 충분한 연방 자금을 제공하지 않는 법률을 의미합니다. 환경법 전반과 특히, SDWA 준수 비용이 연방, 주, 지방정부의 재정 지원 없이 증가하면서, 많은 단체들이 의회에 재정 지원을 요구하는 압박을 가하고 있습니다. GAO의 1993년 6월 보고서에 따르면, 재정 부족으로 인해 주정부가 기본적인 규정 준수를 점점 더 어렵게 느끼고 있다고 경고하고 있습니다.

H.R. 3392 법안 발의

1993년 10월 27일, 비용 부담 없는 연방 명령에 대한 기자회견과 동시에, 짐 슬래터리(Jim Slattery) 캔자스주 민주당 하원의원과 토마스 블라일리(Thomas Bliley) 버지니아주 공화당 하원의원이 H.R. 3392 법안을 발의하였습니다. 이 법안은 모든 SDWA 관련 법안 중 가장 많은 지지를 받고 있으며, 1차 회기가 끝날 때 60명의 공동 발의자가 있었고, 2번째 회기가 시작될 때 더 많은 사람들이 공동 발의자로 참여하였습니다. 이 법안의 주요 조항들은 <표 8.2>에 요약되어 있습니다.

H.R. 3392를 정보기관(National Geospatial-Intelligence Agency, NGA), 주의회협의회(National Conference of State Legislatures, USCM), 시장군수협의회(United States Conference of Mayors, NCSL), 주수돗물관리책임자협회(Association of State

Drinking Water Administrators, ASDWA), 농촌수도자원협회(National Rural Water Association, NRWA), AWWA 등의 단체들은 찬성하고 있는 반면, 야생동물연맹, 자연자원보호협회, 지구의 친구들, 아동 납 중독 종식을 위한 연합, 교육협회, 학부모교사협회 등은 반대 입장을 취하고 있다.

H.R. 3392에서 제안한 핵심 문제는 수돗물 기준이 설정되는 방식의 변화입니다. H.R. 3392의 지지자들은 제한된 자금으로 건강 보호를 극대화하기 위한 합리적인 기준을 개발할 수 있도록 프로세스를 변경해야 한다고 주장합니다. H.R. 3392의 반대자들은 이 법안이 단지 기존 기준을 롤백하는 역할을 한다고 주장하고 있습니다.

논쟁의 시작

1993년 11월 22일, H.R. 3686 법안이 패트 로버츠 (Pat Roberts) 캔자스주 공화당 하원의원에 의해 발의되었습니다. 이 법안은 SDWA의 요구사항을 연방정부가 완전히 자금을 지원할 때까지 주정부와 지방정부에 대한 요구사항을 일시적으로 중단하는 내용을 담고 있습니다. 이 법안은 본격으로 검토될 가능성은 낮지만, 이는 많은 선출직 공무원들이 SDWA 재정지원 문제에 대한 가지고 있는 강경한 입장을 보여주고 있습니다. SDWA 2차 회기에서는 다른 SDWA 관련 법안들의 발의가 예상되며, 특히 H.R. 3392의 기준 설정 조항에 강력히 반대하는 헨리 왁스맨(Henry Waxman) 캘리포니아주 민주당 하원의원의 제안이 있을 것으로 예상되었습니다. 왁스맨은 하원 건강환경소위원회(House Subcommittee on Health and Environment)의 의장으로, H.R. 3392와 다른 SDWA 법안이 하원에서 처음 고려될 예정입니다. 하원과 상원은 내부적 의견 차이를 해결한 후 각기 다른 SDWA 제안을 개발할 가능성이 높으며, 이는 회의를 통한 해결이 필요한 상황입니다. SDWA 재승인에 대한 논의는 1994년 10월 1일의 SRLF 기한까지 계속될 것으로 예상되었습니다. 왁스맨은 기준 설정 문제로 인해 입법적 교착 상태를 초래할 수 있으며, 이는 재승인 과정을 지연시키고 1994년 SRLF를 폐기시킬 수 있다고 경고하였습니다.

References

1. Dean, N.L. *Danger On Tap, the Government's Failure to Enforce the Federal Safe Drinking Water Act.* Natl. Wildlife Fed., Washington, D.C. (1988).
2. Dean, N.L. *1989 Update: Danger on Tap, the Government's Failure to Enforce the Federal Safe Drinking Water Act.* National Wildlife Federation, Washington, D.C. (1989).
3. USGAO. Drinking Water; Compliance Problems Undermine EPA Programs as New Challenges Emerge. GAO/RCED-90-127 (June 8, 1990).
4. USGAO. Drinking Water; Consumers Often Not Well-Informed of Potentially Serious Violations. GAO/RCED-92-135 (June 1992).
5. USGAO. Drinking Water; Widening Gap Between Needs and Available Resources Threatens Vital EPA Program. GAO/RCE0-92-184 (July 1992).
6. ASDWA. Over $2.7 Billion Needed for SDWA Infrastructure This Year. *ASDWA Update*, VIII: I (Feb. 1993).
7. Center for Resource Economics. Annual Review of the US Environmental Protection Agency, Center for Resource Economics, Washington, D.C. (1993).
8. AWWA. Safe Drinking Water Act Reauthorization Issues. AWWA Government Affairs Office, Washington, D.C. (1993).
9. ASDWA. Final Position Statement—Reauthorization of the Safe Drinking Water Act (#92-04). Arlington, Va. (June 30, 1992).
10. Schnare, D.W. Summary of Comments. Safe Drinking Water Act Implementation Meeting. USEPA, OGWDW, Washington, D.C. (Sept. 26– 27, 1990).
11. National Drinking Water Advisory Council. Safe Drinking Water Act Reauthorization Issues, A White Paper. (Apr. 1993).
12. Olson, E.D. Think Before You Drink. Natural Resources Defense Council. Washington, D.C. (Sept. 1993).
13. USEPA. Technical and Economic Capacity of States and Public Water Systems to Implement Drinking Water Regulations. EPA 810-R-93-001 (Sept. 1993).
14. RCG/Hagler, Bailly Inc. An Evaluation of the Federal Drinking Water Regulatory Program Under the Safe Drinking Water Act as amended in 1986. AWWA, Washington, D.C. (Aug. 11, 1993).
15. Browner, C.M. Presentation at the Ann. Conf., Natl. Assn. of Towns and Townships, Washington, D.C. (Sept. 8, 1993).
16. Letter to Rep. Henry A. Waxman from Rep. John D. Dingell. (Dec. 17, 1993).
17. USGAO. Drinking Water Program; States Face Increased Difficulties in Meeting Basic Requirements. GAO/RCED-93-144 (June 1993).
18. WAXMAN, H.A. the Next Water Crisis. *The Washington Post.* (Jan. 19, 1994).

1996년 미국수도법 개정안 개요

Frederick W. Pontius ▌ Associate Director of Regulatory Affairs, AWWA, Colorado

원문은 *Journal AWWA* 1996년 10월호(제88권, 10호, 22~33쪽)에 처음 게재되었습니다.

1996년 8월 6일, 대통령은 미국수도법(Safe Drinking Water Act, SDWA) 개정안을 공법 PL 104-182로 제정하는 법률에 서명하였습니다. 이번 개정안은 기존의 SDWA에 대한 대대적인 변화를 가져왔으며, 여러 가지 새로운 프로그램을 만들었으며, 1997 회계연도(Fiscal Year, FY)부터 2003 회계연도까지 다양한 수돗물 프로그램 및 활동을 위해 120억 달러 이상의 연방 기금 사용을 승인하는 내용을 포함하고 있었습니다.

개정안 조항에 대한 개요는 여기에 나와 있습니다. 주제는 참조하기 쉽도록 알파벳순으로 정리하였습니다. 향후 기사에서는 특정 프로그램과 이슈에 대해 더 자세히 다룰 예정입니다.

클린턴 대통령은 1996년 미국수도법(Safe Drinking Water Act, SDWA) 개정안을 8월 6일 법으로 서명했습니다.

비소(Arsenic)

비소 규제를 둘러싼 과학적 불확실성을 해결하기 위해 추가 연구 시간이 제공되었습니다. 1997년 2월 3일까지 미국환경보호청(U.S. Environmental Protection Agency, USEPA)는 저농도 비소 노출과 관련된 건강 위험 평가에 대한 불확실성을 줄이기 위한 포괄적인 연구를 준비해야 했습니다. 제안된 비소 관련 1차수돗물연방규정(National Primary Drinking Water Regulation, NPDWR)은 2000년 1월 1일까지 발표되어야 했습니다.

수자원 인프라 및 유역 지원

USEPA는 CWA §319에 따라 주의 물 공급 시스템 건설, 복구 및 개선과 수자원 수질 보호 프로그램을 위해 기술 및 재정 지원 보조금을 제공할 수 있습니다. 보조금이 지급되는 활동비용에 대한 연방 부담금은 50%입니다. 이 프로그램에 따른 예산의 최대 30%는 수자원 수질 보호 프로그램에 사용될 수 있습니다.

콜로니아스(Colonias)에 대한 지원

USEPA와 다른 적절한 연방 기관의 수장들은 미국-멕시코 국경을 따라 위치한 저소득 커뮤니티인 콜로니아스(보통은 비등록 지역)에 경제적 어려움을 겪고 있는 커뮤니티를 지원하기 위해 적합한 기관이나 국경 주(즉, 애리조나, 캘리포니아, 뉴멕시코, 텍사스)에 보조금을 제공할 수 있습니다.

보조금은 적절하고 저렴하게 수돗물을 공급받을 수 있는 정수 공급 시스템이 부족하거나 적절한 폐수 처리 시설에 대한 접근성이 부족하여 주민들이 심각한 건강 위험에 처해 있는 한 개 또는 그 이상의 적격 커뮤니티들에 지원을 위해 제공합니다.

역세척수 재활용

2000년 8월 6일까지 USEPA는 향상된 지표수 처리 규칙(Enhanced Surface Water Treatment Rule)에서 다루어지지 않은 한 공공상수도시스템의 처리 공정 내에서 여과 역세척수를 재활용하기 위한 규정을 공포해야 합니다.

Point

기타 규정

- USEPA는 알래스카에 물과 폐수 시스템 개발 및 건설, 그리고 농촌 및 원주민 마을의 위생 서비스 운영 및 관리와 관련된 훈련, 기술 지원 및 교육 프로그램 수립을 위한 보조금을 제공할 수 있습니다.
- 중요한 대수층 보호 프로그램의 보조금 신청 기간이 재개됩니다.
- 버지니아주는 경제적 어려움을 겪고 있는 버지니아 남서부의 농촌 지역 사회에 새로운 수돗물 시설을 위한 재정 지원을 돕기 위한 정부 간 협력의 대체 접근 방식을 시연하는 프로그램을 운영할 수 있습니다.
- USEPA는 NPDWR에 포함되지 않은 오염물질에 대해 건강주의보 사항(규정은 아님)을 발표하거나 다른 적절한 조치를 취할 수 있습니다.
- USEPA는 Robert S. Kerr 환경 연구소를 통해 연구소와 대학 컨소시엄인 국가지하수연구센터(National Center for Ground Water Research) 간의 파트너십을 수립하여 지하수 품질 보호 및 복원을 위한 연구, 교육 및 기술 이전을 수행할 권한이 있으며, 섹션별로 자금이 승인되지 않았습니다.
- 국가 수돗물자문회의(National Drinking Water Advisory Council)의 구성원은 두 명의 구성원이 소규모 농촌 수계를 대표해야 하도록 수정되었습니다.
- 비상 명령을 위반할 경우 최대 1일 15,000달러의 벌금이 부과될 수 있습니다.
- 1992년 에너지 정책 법안에는 공공상수도시스템에서 물을 끌어와 열을 제거한 후 다시 해당 상수도시스템에 반환하는 지열 히트펌프 사용을 장려하는 조항(§3013)이 포함되어 있었으나, 이 조항은 폐지되었습니다.
- USEPA가 해당 주에서 독립적인 규제 권한을 위탁받을 경우 USEPA는 해당 주에서 주 공공상수도감독 기금을 보류할 수 있습니다. USEPA는 해당 주의 수돗물 프로그램을 관리하는 데 기금을 사용해야 합니다. 원천징수된 기금이 주 프로그램을 효과적으로 운영하는 데 필요한 금액보다 적은 경우, USEPA는 해당 주에 할당된 SRLF를 원천징수하여 차액을 채울 권한이 있습니다.
- 1990년 비토착 수생 침입종 예방 및 통제 법안(The Nonindigenous Aquatic Nuisance Prevention and Control Act)은 1993년에 얼룩말 홍합(Zebra Mussels)이 발견된 샴플레인 호수에서 얼룩말 홍합의 침입예방 및 관리를 포함하도록 수정되었습니다.

병입수

NPDWR의 발효일로부터 180일 이내에 미국식품의약품안전처(U.S. Food and Drug Administration, USFDA)는 병입수의 해당 오염물질에 대한 "품질 기준" 규정을 공포하거나 규정이 공중 보건을 보호하는 데 필요하지 않다는 결정을 내려야 합니다. 이 마감일까지 품질 기준 규정이 설정되지 않은 경우 NPDWR은 수돗물뿐만 아니라 병입수에도 적용됩니다. 병입수 규정은 NPDWR의 발효일에 발효됩니다.

1998년 2월 6일까지 USFDA 는 병입수의 내용물을 고객에게 알리는 적절한 방법(있는 경우)의 타당성에 대한 초안 연구를 발표해야 합니다. 이 연구는 USEPA와 협의하여 수행해야 합니다. USFDA는 1999년 2월 6일까지 최종 타당성 조사를 발표해야 합니다.

1998년 8월 6일까지 USFDA 는 시행일 이전에 규제되었지만 발효일이 정해지지 않은 오염물질에 대한 병입수 모니터링 요건을 발행해야 합니다. 이러한 요건의 발효일은 180일 후(1999년 2월 3일)입니다.

역량 개발

SDWA에 새로운 역량 개발 조항이 추가되었습니다. USEPA는 1997년 2월 6일까지 기존의 주 역량 개발 노력에 대한 검토를 완료하고, 주와 공공수도 공급자들이 역량 개발 노력을 할 수 있도록 돕는 정보를 공개해야 합니다.

1998년 8월 6일까지, USEPA는 각 주와 협의하여 준비한 지침을 공표해야 합니다. 이 지침은 모든 신규 지역 상수도 시스템 및 신규 영구적-비커뮤니티 수도 시스템이 NPDWR을 준수할 수 있는 기술적, 관리적, 재정적 능력을 보유하고 있음을 입증할 수 있도록 법적 권한 및 기타 방법을 설명하는 지침을 발표해야 합니다.

USEPA가 NPDWR을 제정할 때, 해당 규정이 공공상수도시스템의 기술적, 재정적, 관리적 역량에 미칠 영향에 대한 분석을 포함해야 합니다.

주가 1999년 10월 1일 이후에 운영을 시작하는 모든 새로운 지역 상수도시스템과 새로운 영구적-비커뮤니티 상수도시스템이 당시 또는 그 이후에 발효될 NPDWR을 준수할 수 있는 기술적, 관리적, 재정적 역량을 보유하도록 보장하는 법적 권한이나 기타 방법을 확보하지 않은 경우, 해당 주는 SRLF 배정액의 80%만 받을 수 있습니다.

1997년 8월 6일부터 각 주는 SDWA를 상당히 위반한 기록이 있는 지역 및 영구적-비커뮤니티 상수도시스템 목록과 위반 이유를 작성하고 USEPA에 정기적으로 업데이트하여 제출해야 합니다.

소비자 인식

1998년 8월 6일까지, USEPA는 지역 사회 수자원 시스템이 매년 최소한 한 번 소비자 신뢰 보고서를 준비하고 배포하도록 요구하는 규정을 발표해야 합니다. 주지사는 10,000명 미만의 사람들에게 서비스를 제공하는 지역 사회 수자원 시스템에 대해 소비자 신뢰 보고서의 직접 발송 요구 사항을 적용하지 않기로 결정할 수 있습니다. 주에서 기본적인 권한을 가진 주는 소비자 신뢰 보고서(Consumer Confidence Reports, CCRs)의 형식 및 내용에 대한 대체 요구 사항을 설정할 수 있습니다.

오염물질 선택 및 표준 설정 기관

USEPA는 최대오염농도기준목표(Maximum Contaminant Level Goal, MCLG)를 발표하고, (1) 인간 건강에 부정적인 영향을 미칠 수 있는 오염물질, (2) 공공상수도시스템에서 공중 보건에 중요한 빈도와 농도로 발생하거나 발생할 가능성이 있는 오염물질, (3) 규제를 통해 공공상수도시스템을 이용하는 사람들의 건강 위험을 줄일 수 있는 의미 있는 기회를 제공하는 오염물질에 대한 NPDWR을 공포해야 합니다.

1998년 2월 6일까지, 이후 매 5년마다 USEPA는 황산염을 포함하여 제안하거나, 최종 NPDWR에 적용을 받지 않는 오염물질 목록을 발표해야 합니다. 또한, 2001년 8월 6일까지, 이후 매 5년마다 USEPA는 이전 목록에서 최소 5개의 오염물질을 규제할지 여부를 결정해야 합니다.

2003년 8월 6일까지, 이후 매 5년마다 USEPA는 규제 대상으로 선정된 각 오염물질에 대한 MCLG 및 NPDWR을 제안해야 합니다. 2005년 2월 6일까지, 이후 매 5년마다 USEPA는 규제 대상으로 선정된 각 오염물질에 대한 최종 MCLG를 발표하고 NPDWR을 제정해야 합니다.

USEPA는 1986년 SDWA 개정안에서 목록에 포함된 나머지 오염물질(e.g., Aldicarb, Atrazine, Nickel 및 Radionuclides)에 대한 MCLG를 발표하고 NPDWR을 제정해야 합니다.

USEPA의 기준 설정 권한은 건강 위험, 위험 감소 및 비용을 고려할 수 있도록 수정되었습니다. USEPA가 NPDWR을 제안하는 경우, MCL의 혜택이 비용을 정당화할 수 있는지 또는 정당화 할 수 없는지에 대한 결정을 발표해야 합니다. USEPA는 기술, 처리 기법 및 기타 수단을 사용하여 실현 가능한 수준을 결정할 때, 수돗물 음용으로 인해 건강 위험이 증가할 수 있는 경우 실현 가능한 수준이 아닌 농도의 오염물질에 대한 MCL을 설정할 수 있습니다.

USEPA는 보건복지부(미국질병관리청 또는 국립보건원과 협의)를 통해 긴급한 공중보건 위협이 있다고 판단될 경우, 목록에 포함되지 않은 오염물질에 대해 임시 NPDWR을 제정할 수 있습니다. 임시 규제가 적용된 오염물질에 대한 규제 결정은 해당 규제 제정일로부터 최대 3년 이내에 이루어져야 하며, 필요할 경우 제정일로부터 최대 5년 이내에 해당 규제가 다시 제정되거나 수정되어야 합니다.

정의

현재 규제 정의에 따라 "커뮤니티 상수도시스템(Community Water System)"과 "비커뮤니티 상수도시스템(Noncommunity Water System)"이 SDWA에 추가됩니다. "커뮤니티 상수도시스템"은 해당 시스템이 서비스하는 지역의 연중 거주민들이 사용하는 최소 15개의 서비스 연결을 보유하거나 정기적으로 최소 25명의 연중 거주민에게 서비스를 제공하는 공공상수도시스템으로 정의됩니다. "비커뮤니티 상수도시스템"은 커뮤니티 상수도시스템에 해당하지 않는 공공상수도시스템으로 정의됩니다.

"공공상수도시스템"의 정의는 건설된 운송 수단을 통해 물을 공급하는 특정 시스템들을 제외하도록 수정되었습니다. 1999년 8월 6일까지 미국감사원장(Comptroller General of the United States)은 관개 급수 시스템, 채굴 급수 시스템, 산업 급수 시스템 또는 제외 기준을 충족하는 기타 급수 시스템을 통해 주거용 물 수요가 충족되는 개인과 가구에 대한 연구 결과를 의회에 보고해야 합니다.

소독제 및 소독 부산물

USEPA는 제안된 정보 수집 규칙(59 FR 6361)에 게시된 일정에 따라 잠정 강화 지표수 처리 규칙(Interim Enhanced Surface Water Treatment Rule, ESWTR), 최종 ESWTR, 그리고 1단계 및 2단계 소독제 및 소독 부산물(Disinfectants and Disinfection By-products, D/DBP) 규칙을 제정해야 합니다. 만약 어느 규칙에서 지연이 발생할 경우, 그 이후의 모든 규칙은 가능한 한 신속하게 완료되어야 하며, 지연 간격을 반영한 수정된 날짜보다 늦어져서는 안 됩니다.

USEPA는 새로운 권한을 통해 D/DBP에 건강 위험(또는 위험 간 균형)을 고려하는 추가적인 1단계 및 2단계 규칙을 제정할 수 있습니다. D/DBP 규칙(1994년 7월 29일 발행)을 개발하는 데 사용된 고려 사항은 1단계 및 2단계 규칙의 목적을 달성할 수 있도록 주어진 권한과 일치하였습니다.

USEPA는 D/DBPs인 오염물질이나 크립토스포리디움(*Cryptosporidium*) 규제에 대해 Stage I 및 II 규정에 명시된 새로운 추가 건강 위험 감소 및 비용 고려사항을 적용하지 않을 수도 있습니다.

수돗물 연구 및 조사

USEPA는 수돗물 연구를 위한 전략 계획을 수립하여 이를 의회에 전달해야 합니다. USEPA는 1997년 2월 3일까지 보건복지부와 농무부 장관, 그리고 기타 기관들과 협의하여 ESWTR, D/DBP 규칙 및 지하수 소독 규칙 개발을 지원할 연구 계획을 마련해야 합니다.

USEPA는 수돗물 내 오염물질에 노출되어 건강에 부정적인 영향을 받을 위험이 일반 인구보다 더 큰 집단을 식별하기 위한 지속적인 연구 프로그램을 수행해야 합니다. USEPA는 2000년 8월 6일까지 의회에 연구 결과를 보고해야 하며, 그 이후로는 새롭게 중요한 정보가 제공되면 정기적으로 보고해야 합니다.

마지막으로, USEPA는 화학물질이 부정적인 영향을 미치는 메커니즘과 수돗물 내 복합 혼합물에 의한 부정적인 영향을 연구하기 위한 새로운 접근 방식에 대한 연구를 수행해야 합니다.

규정 시행일

NPDWRs 준수는 규정 공포 후 3년 이내에 이루어져야 합니다. USEPA는 규정에 따라 모든 시스템 또는 주정부가 특정 공공상수도시스템에 대해, 새로운 처리 요건을 충족하기 위한 자본 개선 프로젝트에 추가 시간이 필요하다고 판단될 경우 준수 기한을 최대 2년까지 연장할 수 있습니다.

시행

시행 권한의 범위는 명확히 하여 주요 수돗물 규정(§1412)을 넘어 고시(§1414), 변동(§1415), 면제(§1416), 납 설비(§1417), 화학 물질 공급(§1441), 기록 및 검사(§1445)를 포함하도록 확대되었습니다.

우선권이 없는 주에서는 시행 조치를 취하기 전에, USEPA는 공공상수도시스템에 대한 관할권이 있는 적절한 지역 선출 공무원(있는 경우)에게 취해야 할 조치를 통지해야 합니다.

USEPA가 최종 준수 명령을 내리기 전에 제안 명령을 내리고 공청회를 개최해야 하는 요구 사항을 없앰으로써 행정 시행 조치를 취하는 절차가 간소화되었습니다. 결과적으로 USEPA는 주에 통지하고 주에 조치할 기회를 제공한 후 준수 명령을 내릴 수 있게 되었습니다.

시스템 통합을 장려하기 위해 USEPA나 주정부가 통합 계획을 검토할 수 있도록 하였으며, 계획이 승인될 경우 해당 계획에서 명시된 위반 사항에 대해 통합 완료 시까지 2년 동안 집행 조치를 취하지 않도록 하고, 시스템이 다른 시스템과 통합되거나 인수되는 경우 기존 위반 사항을 수정할 수 있는 합리적인 기간이 주어졌습니다.

주는 SDWA의 시행을 용이하게 하기 위해 대규모 시스템의 경우 위반당 최소 $1,000의 벌금을 부과하는 행정 처벌을 채택해야 합니다.

USEPA가 부과하는 행정 처벌의 벌금은 위반당 $ 5,000에서 $ 25,000으로 증가하였고, $ 5,000을 초과하는 금액의 행정 처벌은 전체 기록 청문회를 거친 후에만 부과되도록 하였습니다.

환경 금융 센터 및 역량 개발 정보 센터

USEPA는 공공상수도시스템의 역량 강화를 위해 주 및 지방 공무원에게 기술 지원을 제공하는 활동을 수행하는 대학 기반의 환경 금융 센터 한 곳 이상에 초기 자금을 지원해야 합니다. USEPA는 환경 금융 센터가 용량 개발을 위한 관리, 재정 및 제도적 기법을 개발하고 테스트하도록 요청할 수 있습니다.

USEPA는 공공상수도시스템의 재무 및 관리 역량 개발, 개선, 유지를 위한 정보를 수집하고 전달할 수 있는 국가 공공상수도시스템 역량 개발 정보 센터를 설립해야 합니다.

에스트로겐성 물질 선별 프로그램

USEPA는 식품 품질 보호법(Food Quality Protection Act, H.R. 1627)에 따라 마련된 에스트로겐성 물질 선별 프로그램을 통해, 해당 기관이 상당한 인구가 노출될 수 있다고 판단하는 경우 수돗물에서 발견될 수 있는 모든 물질을 규제대상에 포함시킬 권한이 있습니다.

면제

다음 항목들이 상수도시스템이 규제 면제 자격을 갖추기 위한 조건 목록에 추가되었습니다:

(1) SRLF 프로그램에 따라 취약 지역사회로 분류되는 경우
(2) 상수도시스템이 대체 수원 개발을 위한 조치를 이행할 수 없는 경우
(3) 관리 또는 구조조정(또는 둘 모두)을 합리적으로 실행하여 SDWA 준수를 달성하거나, 준수가 불가능한 경우 수돗물의 질을 향상시킬 수 없는 경우

면제는 인구 3,300명 이하의 상수도시스템에서 갱신될 수 있으며(이전에는 500명으로 제한됨), 총 6년으로 제한됩니다. 이미 변동(Variance) 조치를 받은 상수도시스템은

면제를 받을 수 없습니다.

연방 기관들

연방정부의 행정부, 입법부, 사법부의 각 부서, 기관 및 기구는 SDWA 요구 사항의 적용을 받습니다.

새로운 법률의 중요 내용은 다음과 같습니다.

- SDWA 준수와 관련하여 연방정부의 주권 면제를 포기한다.
- 연방 기관의 직원, 공무원 및 임원은 직무 범위 내에서 발생한 행위 또는 누락에 대해 개인적인 민사 책임을 면제받지만, 연방 또는 주 법률에 따라 형사 처벌을 받을 수 있다.
- 특정 상황에서는 준수 의무로부터 예외를 허용할 수 있으며, 이에 대한 권한은 미국 대통령에게 부여된다. 면제는 모든 연방 기관에 적용될 수 있다. 면제를 부여하는 기준은 "미국 국익의 최우선"으로 개정되었다. 예산 부족을 이유로 예외를 요청할 수 없으며, 단 대통령이 해당 예산을 공식 요청했으나 의회가 승인하지 않은 경우는 예외이다. 예외 기간은 1년으로 제한되며, 대통령은 추가 예외를 부여할 수 있다. 대통령은 매년 1월, 의회에 모든 예외에 대한 연례 보고서를 제출해야 한다.
- USEPA는 연방 기관이 SDWA를 위반할 경우 행정 처벌을 부과할 수 있으며, 처벌에 대한 평가 절차를 마련해야 한다. 위반이 발생하는 날마다 최대 $ 25,000의 벌금이 부과될 수 있다.
- 이해 관계자는 행정 벌칙 명령에 대한 검토를 지방법원에서 요청할 수 있다. 법원은 기록상 실질적인 증거가 부족하거나, USEPA의 벌칙 부과가 재량권을 남용한 경우에만 명령을 무효화하거나 반려할 수 있다.
- 시민들은 USEPA가 최종 명령을 내린 후 18개월 이내에 벌칙을 납부하지 않은 연방 기관을 상대로 소송을 제기할 수 있다.

지하수 소독

3년 후(1999년 8월 6일), USEPA는 모든 공공상수도시스템(지표수 시스템 및 필요한 경우 지하수 시스템 포함)에 대한 소독을 요구하는 규정을 제정해야 하며, 지하수 시스템에 소독이 필요한지를 결정하는 기준을 공포해야 합니다. 또한, USEPA는 지하수 소독 규정을 마련할 때 추가적인 건강 위험 감소 및 비용 고려 사항을 반영할 수 있습니다.

지하수 보호 프로그램

USEPA가 주 내 지하수 자원의 조정되고 포괄적인 보호를 보장하기 위한 주 프로그램을 개발하고 구현하기 위해 주에 보조금을 제공할 수 있도록 허가하는 새로운 프로그램이 수립되었습니다.

USEPA는 프로그램 지원 신청 절차를 규정하고, 주정부 지하수 보호 프로그램의 핵심 요소를 명시하는 지침을 발표해야 합니다. 이 지침은 1997년 8월 6일까지 공표되어야 하며, 이후 매년 갱신되어야 합니다.

납 배관 및 파이프

SDWA의 기존 규정이 확장되어, 납이 포함된 배관 설비 및 기구(수도꼭지), 그리고 납 함유 땜납 및 플럭스의 판매에 대한 규제가 강화되었습니다.

- 미국국가위생국(NSF International) 또는 기타 제3자 인증기관이 설정한 납 용출

기준을 초과하는 배관 설비 및 배관 기구는 공공상수도시스템 또는 사람이 소비하는 물을 공급하는 주거용 배관에서 사용이 금지된다.

- 1998년 8월 6일부터 납이 포함된 배관 파이프, 배관 설비 및 기구의 판매가 금지된다.
- 사람이 소비하는 물을 공급하는 배관에 사용될 가능성이 있는 납 함유 땜납 및 플럭스는 사용 및 판매가 금지된다. 단, 명확한 라벨 표시를 통해 해당 제품이 수돗물 배관용이 아님을 명시하는 경우 판매할 수 있다.

USEPA는 NSF International과 같은 인증기관이 사람이 소비하는 물을 공급하는 배관 설비 및 기구에서 발생하는 납 용출과 관련하여 자발적인 산업 표준을 개발할 수 있도록 정확하고 적시적인 기술 정보 및 지원을 제공해야 합니다. 만약 1997년 8월 6일까지 적격 제3자 인증기관이 자발적 표준을 확립하지 않을 경우, USEPA는 1998년 8월 6일까지 납 용출 기준을 자체적으로 제정해야 합니다. 해당 규정은 발표 후 5년 이내에 시행되어야 합니다. 만약 2000년 8월 6일까지 규정이 제정되지 않을 경우, 납이 건조 중량 기준 4% 이상 함유된 배관 설비의 수입, 제조, 가공 및 유통이 금지됩니다.

모니터링 및 정보 수집

SDWA의 요구 사항을 따라야 하는 모든 개인이나 보조금을 받은 자는 기록을 유지하고, 보고서를 작성하며, 모니터링을 수행하고, USEPA가 합리적으로 요구하는 정보를 제공하여 (1) SDWA에 따른 규정을 수립하고, (2) 해당 개인이 SDWA를 준수하고 있는지 확인하고, (3) SDWA에 따른 재정 지원 프로그램을 관리하고, (4) 미규제 오염물질의 건강 위험을 평가하고, (5) 대중에게 해당 위험을 알리는 데 도움을 주어야 합니다. 공공상수도시스템에 대한 모니터링 요구 사항을 정할 때, USEPA는 시스템의 규모와 해당 시스템의 수돗물에서 발견될 가능성이 있는 오염물질을 고려할 수 있습니다.

NPDWR에 따라 규제를 받는 모든 개인은 자신이 SDWA를 준수하고 있는지 판단하기 위해 USEPA가 합리적으로 요구하는 정보를 제공해야 합니다. 만약 해당 개인이 위치한 주(state)가 규제 권한을 가지고 있다면, USEPA는 먼저 해당 주와 협의해야 합니다.

NPDWR의 적용을 받는 각 개인은 주 및 수도사업자와 협의한 후, USEPA가 SDWA가 §1412에 따라 규정을 수립하기 위해 합리적으로 요구하는 정보를 제공해야 합니다. USEPA는 USEPA가 이러한 활동에 대한 자금을 제공하는 경우를 제외하고는 처리 장비의 설치 또는 공정 변경, 처리 기술 테스트 또는 모니터링 샘플 분석 또는 처리에 대한 정보를 요구할 수 없습니다. USEPA는 이러한 권한을 행사하기 전에 먼저 자발적인 정보 제출을 통해 해당 정보를 얻기 위해 노력해야 합니다.

모니터링 완화

USEPA는 1998년 8월 6일까지 최소 12개의 오염물질에 대한 기존 모니터링 요구사항을 검토하고 필요한 수정안을 공표해야 합니다.

USEPA는 규제된 오염물질을 검사하기 위한 새로운 분석 방법을 검토해야 하며, 기존의 기준 방법보다 더 정확하거나 비용 효율적인 방법에 대한 승인을 할 수 있습니다. USEPA는 규정이 공표된 후, 규정 준수를 위한 동등한 수준의 품질 관리 및 시험 절차를 사용할 수 있도록 지침을 발행할 수 있습니다.

규제 우위 주체(Primacy State)는 1만 명 이하의 사람들에게 서비스를 제공하는 공공상수도시스템에 대해 임시적으로 모니터링 기준을 완화할 수 있습니다. 이러한 완화 조치는 미생물 오염물질(또는 그 지표), D/DBPs, 부식 부산물에는 시행할 수 없습니다. 임시 완화 조치는 영구적인 완화 조치가 채택되거나 법 시행 후 36개월(1999년 8월 6일) 후 중 먼저 도래하는 시점까지 유효합니다.

USEPA는 법 제정 후 12개월(1997년 8월 6일) 주에서 영구 대체 모니터링 요건을 제안할 때 따라야 할 지침을 발행해야 합니다.

독립적인 규제 권한을 가진 주 중 승인된 수자원 평가 프로그램을 보유한 주는 USEPA 지침에 따라 주 내 공공상수도시스템의 모니터링 요구 사항을 조정할 수 있도록 영구적인 모니터링 완화를 채택할 수 있습니다. 그러나 이러한 완화 조치는 미생물 오염물(또는 그 지표), D/DBPs, 또는 부식 부산물에는 적용되지 않습니다.

규제 우위 주체가 없는 주의 주지사가 요청하는 경우, USEPA는 해당 주의 공공상수도시스템을 위한 대체 모니터링 요구 사항을 검토하고 승인해야 합니다. USEPA의 승인은 3년 동안 유효하며, 이후 5년 단위로 연장될 수 있습니다.

미규제 오염물질의 모니터링

USEPA는 미규제 오염물질의 모니터링 프로그램을 위한 기준을 수립하는 규정을 제정해야 합니다. 이 규정은 10,000명 이하의 사람들에게 서비스를 제공하는 시스템의 대표적 샘플만 모니터링하도록 요구하기 위한 것입니다. USEPA는 1999년 8월 6일까지, 그리고 그 후 5년마다 공공상수도시스템이 모니터링해야 할 최대 30개의 미규제 오염물질 목록을 발표하고 이를 발생 데이터베이스에 포함해야 합니다. 7개 또는 그 이상의 주지사는 모니터링할 비규제 오염물질 목록에 특정 오염물질을 포함하도록 USEPA에 청원할 수 있습니다. USEPA는 공중 보건상 더 우려되는 다른 오염물질의 목록 등재를 방해하지 않는 한, 해당 오염물질을 목록에 포함해야 합니다.

각 주는 해당 주에서 10,000명 이하의 인구에 급수를 제공하는 공공상수도시스템에서 비규제 오염물의 발생을 평가하기 위해 대표적인 모니터링 계획을 수립할 수 있습니다.

뉴욕시 유역 보호 프로그램

USEPA는 뉴욕시의 수자원 수질 보호 및 향상을 위한 유역 프로그램의 일환으로 시행되는 시범 사업에 대해 뉴욕주에 재정 지원을 제공할 권한을 가집니다. 지원대상 프로젝트에는 포괄적인 모니터링 및 감시를 입증, 평가 또는 제공하는 프로젝트와 여과를 피하기 위한 기준을 준수하는 데 필요한 프로젝트가 포함됩니다. 뉴욕주는 자금이 지원되는 프로젝트가 본 조항의 목적을 충족한다는 것을 USEPA에 인증해야 합니다. 또한 주정부는 동료 검토(Peer Review)를 거친 모니터링 프로젝트에 우선순위를 두어야 합니다.

오염 발생 데이터베이스

USEPA는 1999년 8월 6일까지 수돗물 내 오염물 발생에 대한 국가 데이터베이스를 구축하고 유지해야 합니다. 이 데이터는 공중 보건상 우려되는 농도의 오염물 발생 여부를 결정하는 데 사용됩니다. USEPA는 데이터베이스의 정보를 대중이 쉽게 접근할 수 있는 형태로 제공해야 합니다.

운영자 인증

USEPA는 1997년 2월 3일까지 주정부, 공공상수도시스템 및 일반 대중과 협력하여 주정부에 권장 운영자 인증 요구 사항에 대한 정보를 개발하는 파트너십을 시작해야 합니다. USEPA는 1998년 2월 3일까지 이 파트너십을 통해 개발된 정보를 발표해야 합니다.

USEPA는 법 시행 후 30개월 이내(1999년 2월 3일)에 지역 및 영구적-비커뮤니티 상수도시스템 운영자의 인증(및 재인증)을 위한 최소 기준을 명시한 지침을 발표해야 합니다.

USEPA의 운영자 인증 지침 발표 2년 후(2001년 2월 3일)부터 주정부가 USEPA의 지침을 충족하는 운영자 인증 프로그램을 채택하고 시행하지 않는 경우, USEPA는 해당 주의 SRLF 배정액의 20%를 보류해야 합니다.

USEPA는 3,300명 이하의 인구에 급수를 제공하는 시스템 운영자의 필수 교육 비용(무급 운영자의 일비 포함)과 인증 비용을 보상하기 위해 주정부에 보조금을 제공해야 합니다.

독립적인 규제 권한

새로운 또는 개정된 수돗물 기준을 유지하기 위해 주정부가 규정을 제출해야 하는 기한이 2년으로 연장되었습니다. USEPA는 주정부로부터 적절하고 충분한 문서를 제출받아 검토한 후, 연장이 필요하고 정당하다고 판단되는 경우 최대 2년까지 추가 연장을 허용할 수 있습니다.

주정부는 규정을 제출한 후 USEPA의 승인 또는 거절 결정이 내려질 때까지 "임시" 독립적인 규제 권한을 갖습니다. 이 기간 동안 주정부의 규정은 유효합니다.

독립적인 규제 권한을 유지하기 위한 조건으로, 각 주는 지진, 홍수, 허리케인 및 기타 자연재해와 같은 비상 상황에서 안전한 수돗물을 공급할 수 있는 계획을 마련해야 합니다.

고시

USEPA는 주정부와 협의한 후 고시 방법, 빈도, 형식 및 내용을 규정해야 합니다. 독립적인 규제 권한을 가진 주정부는 대체 고시 요구 사항을 설정할 수 있지만, 반드시 USEPA에서 요구하는 것과 동일한 유형 및 양의 정보를 제공해야 합니다.

독립전인 규제 권한을 가진 주정부는 NPDWRs 위반 사항에 대한 연례 보고서를 작성하여 대중에게 공개하고 USEPA에 제출해야 합니다. 첫 번째 보고서는 1998년 1

월 1일까지 제출해야 하며, 이후 매년 제출해야 합니다.

USEPA는 1998년 7월 1일까지, 그리고 이후 매년, 주정부가 제출한 보고서를 요약 및 평가하고, SDWA 준수를 개선하기 위해 필요한 자원에 대한 권고 사항을 포함한 준수 보고서를 작성하여 대중에게 공개해야 합니다.

라돈

USEPA는 기존에 제안된 라돈에 대한 NPDWR을 철회하고, 새로운 NPDWR을 제안 및 제정해야 합니다. 또한, USEPA는 다양한 라돈 저감 대책과 관련된 건강 위험 및 위험 감소 효과를 평가하기 위해 미국국립과학원(National Academy of Sciences, NAS)과 계약하여 동료 검토를 거친 평가를 수행해야 합니다.

USEPA는 1999년 2월 6일까지 수돗물 내 라돈에 대해 고려중인 잠재적 MCL에 대한 건강 위험 감소 및 비용 분석을 공개하고 대중의 의견을 수렴해야 합니다. 1999년 8월 6일까지 라돈의 MCLG과 NPDWR이 제안되어야 하며, 2000년 8월 6일까지 최종 MCLG가 발표되고 NPDWR이 제정되어야 합니다.

라돈 NPDWR 제정과 동시에, USEPA는 대체 MCL을 마련하고, 만약 수돗물 내 라돈의 MCL이 실내 공기 중 라돈 농도를 국가 평균 실외 공기 농도와 동등한 수준으로 줄이는 데 필요한 수준보다 더 엄격한 경우, 다매체 저감 조치(Multimedia Mitigation Measures)에 대한 지침을 발표해야 합니다.

대체 MCL이 제정된 후 90일 이내(2000년 11월 4일)에 주지사가 USEPA에 다매체 저감 프로그램을 개발하겠다는 공식 서한을 제출하면, 해당 주에서의 라돈 NPDWR 발효일이 18개월 연장됩니다. USEPA는 서한을 접수한 후 180일 이내에 라돈 저감 프로그램을 승인 또는 불승인해야 하며, 이후 5년마다 프로그램을 검토해야 합니다.

NPDWR 검토

USEPA는 6년마다 NPDWR을 검토하고 필요에 따라 개정해야 합니다. 개정된 NPDWR은 기존 규정보다 공중 보건 보호 수준을 유지하거나 강화해야 합니다.

이것은 일반적으로 현재 시행 중인 규정보다 오염물질 규제를 완화하기 위해 규정을 개정하는 것을 지양하도록 하기 위함입니다. 기존의 규정은 새로운 과학적 증거가 완화된 규정으로도 현재 수준의 건강 보호를 달성할 수 있음을 보여주는 경우에만 개정될 수 있습니다.

위험 평가

USEPA는 NPDWR을 수립할 때, 과학적 근거를 바탕으로 한 조치가 필요한 경우, 동료 검토를 거친 최선의 과학적 자료와 신뢰할 수 있는 연구를 활용해야 합니다. 또한, 과학적 원칙에 따라 수행된 연구와 공인된 방법 또는 최선의 방법(해당 방법의 신뢰성과 결정의 성격이 이를 정당화하는 경우)을 통해 수집된 데이터를 사용해야 합니다.

USEPA는 NPDWR을 수립할 때 공중 보건 영향에 대한 정보가 포괄적이고 유익하며 이해하기 쉬운지 확인해야 합니다. USEPA는 NPDWR을 제안할 때 건강 위험 감소 효과 및 비용 분석을 발표하고, 대중 의견을 수렴하여 이를 반영해야 합니다.

소규모 급수 시스템

기술 지원

USEPA는 소규모 공공상수도시스템이 적용 가능한 NPDWRs을 준수하고 유지할 수 있도록 기술 지원을 제공할 수 있습니다. 지원에는 전문기술 지원 프로그램(Circuit-Rider Program), 지역 기술 지원 프로그램(Multistate Regional Technical Assistance Program), 교육(Training), 및 예비 공학평가(Preliminary Engineering Evaluations)가 포함될 수 있습니다. USEPA는 각 주에서 기술 지원이 제공될 수 있도록 보장해야 합니다. USEPA의 자금을 받아 기술 지원을 제공하는 비영리 단체는 기술 지원 활동을 수행하기 전에 반드시 해당 주정부와 협의해야 합니다.

기술 지원 센터

USEPA는 소규모 공공상수도시스템 기술 지원 센터를 설립하고 운영할 수 있도록 고등 교육 기관에 보조금을 지급할 수 있습니다. 이 센터의 주요 역할은 소규모 공공상수도시스템 및 인디언 부족에게 급수를 제공하는 공공상수도시스템의 정보, 성능, 기술적 요구 사항과 관련된 교육 및 기술 지원을 하는 것입니다.

처리 기술

USEPA가 MCL을 충족하기 위해 적용가능 하다고 판단하는 기술, 처리 기법 및 기타 수단을 명시할 때, 다음의 소규모 공공상수도시스템이 경제적으로 감당할 수 있는(주정부와 협의하여 USEPA가 결정) 기술, 처리 기법 및 기타 수단도 함께 포함시켜야 합니다:

(1) 인구 10,000명 이하에서 3,300명 이상 초과의 인구에게 급수를 제공하는 시스템
(2) 인구 3,300명 이하에서 500명 이상에게 급수를 제공하는 시스템
(3) 인구 500명 이하에서 25명 이상에게 급수를 제공하는 시스템

패키지(Packaged) 또는 모듈형(Modular) 시스템과 유입지점(Point-Of-Entry, POE) 또는 사용지점(Point-Of-Use, POU) 장치도 목록에 포함될 수 있습니다. POE 및 POU

처리 장치는 공공상수도시스템이 직접 소유, 관리 및 유지하거나, 공공상수도시스템과 계약을 체결한 기관이 운영해야 하며, 이를 통해 올바른 작동과 유지보수 및 MCL 또는 처리 기법의 준수를 보장해야 합니다. 또한, 고객이 운영 문제를 자동으로 인지할 수 있도록 기계적 경고 장치가 장착되어 있어야 합니다.

POU 기술은 미생물 오염물 또는 미생물 오염물의 대체 지표(Surrogate Indicator)로 사용될 수 없습니다.

미국국가표준협회(American National Standards Institute, ANSI)가 특정 유형의 POE 또는 POU 처리 장치에 대한 제품 표준을 발행한 경우, 해당 유형의 개별 장치는 ANSI 표준에 따라 독립적으로 인증을 받아야만 MCL 또는 처리 기법 요구 사항을 충족하는 기술로 인정될 수 있습니다.

USEPA는 목록을 작성할 때, 처리대상인 수자원의 수질을 고려해야 합니다.

USEPA는 1996년 개정안이 제정되기 전에 공포된 MCL 또는 처리 기법을 준수하는 기술 목록을 앞서 언급된 세 가지 공공상수도시스템 범주별로 작성해야 하며, 이 목록은 1998년 8월 6일까지 발표되어야 합니다.

NPDWR이 공포된 이후, USEPA는 이전에 언급된 소규모 급수 시스템 범주에 대해 추가적인 기술 또는 혁신적인 처리 기술을 설명하기 위해 언제든지 기술 목록을 보완할 수 있습니다.

USEPA는 1996년 개정안이 제정된 후 1년 이내에 지표수 처리 규칙(Surface Water Treatment Rule)을 충족하는 이전 세 가지 소규모 시스템 범주에 대한 기술을 나열해야 합니다.

USEPA는 다양한 작동 조건에서 시스템 및 기술의 효과 및 성능을 포함한 상업적으로 이용 가능한 처리 시스템 및 기술의 특성에 대한 정보를 요청할 권한이 있습니다.

변경 허가

독립적인 규제 권한을 가진 주정부는 3,300명 이하의 인구에 급수를 제공하는 공공상수도시스템에 변경 허가(Variance)를 부여할 수 있으며, USEPA의 승인을 받은 경우 3,300명을 초과하지만 10,000명 미만의 인구에 급수를 제공하는 시스템에도 변경 허가를 부여할 수 있습니다.

소규모 시스템 변경 허가는 허가가 부여된 날로부터 최대 3년 이내에 변경 조건을 준수하도록 요구해야 합니다. 다만, USEPA (또는 1차 시행권을 가진 주정부)가 추가 시간이 필요하다고 판단하는 경우, 다음과 같은 경우에 한해 최대 2년의 추가 유예 기간을 부여할 수 있습니다:

(1) 변경 허가된 기술을 준수하는 경우
(2) 대체 수자원을 확보하는 경우
(3) 상수도시스템을 재구성하거나 통합하는 경우
(4) 자본 개선(Capital Improvements)에 추가 시간이 필요한 경우
(5) SRLF 또는 기타 연방 및 주정부 재정 지원 프로그램을 통한 재정 지원이 필요한 경우

USEPA또는 독립적인 규제 권한을 가진 주정부)는 변경 허가에서 정한 준수 기한 이후 최소 5년마다 각 변경 허가를 검토하여 해당 시스템이 변경 허가의 자격을 계속 유지하고 있으며, 모든 조건을 준수하고 있는지 확인해야 합니다.

USEPA는 1998년 8월 6일까지 각 주정부와 협의하여 이 권한에 따라 부여될 변경 허가에 대한 규정을 공표해야 합니다. 또한, USEPA는 1998년 2월 6일까지 각 주 및 미국 농무부 농촌 공공시설 서비스(Rural Utilities Service)와 협의하여 주정부가 경제적 부담 능력 기준(Affordability Criteria)을 개발하는 데 요구되는 정보를 제공해야 합니다. 주정부는 최소 5년마다 경제적 부담 기준을 검토하여 변경이 필요한지 평가해야 합니다.

USEPA는 §1413에 따라 공공상수도시스템에 대한 1차 시행 책임을 가진 각 주정부의 프로그램을 정기적으로 검토하여, 해당 주정부가 부여한 변경 허가가 이 조항의 요구 사항을 준수하는지 확인해야 합니다.

독립적인 규제 권한을 가진 주정부가 공공상수도시스템에 변경 허가를 부여할 것을 제안한 후 30일 이내에, 해당 시스템에서 급수를 받는 사람은 USEPA에 이 변경 허가에 대한 이의를 제기하는 청원을 제출할 수 있습니다. USEPA는 청원을 접수한 후 60일 이내에 이를 검토하고, 변경 허가에 대해 이의를 제기할 것인지 여부를 결정해야 합니다.

수자원 수질 평가 및 청원 프로그램

새로운 수원 수질 평가 프로그램이 수립되었습니다. 독립적인 규제 권한이 있는 주는 모니터링 구제책을 채택하기 위한 전제 조건인 프로그램을 개발할 수 있는 선택권이 있습니다. USEPA는 1997년 8월 6일까지 우선권 주가 주 경계 내에서 수원 수질 평가 프로그램을 수행할 수 있는 지침을 발표해야 합니다. 주는 1999년 2월 6일까지 수원 수질 평가 프로그램을 USEPA에 제출해야 합니다.

주정부는 수자원 수질 보호를 위한 파트너십 청원 프로그램을 설정할 수 있습니다. USEPA는 각 주가 프로그램을 설정할 경우 그에 대한 보조금을 지급할 수 있습니다. 보조금은 해당 연도의 프로그램 운영비용의 50%를 초과할 수 없습니다. 보조금을 받기 위해서는 주정부가 USEPA 가이드라인에 부합하는 원수수질보호협력프로그램(Source Water Quality Protection Partnership Program)계획을 제출해야 합니다.

SRLF

USEPA는 주정부들과 협약을 체결하여 수돗물회전기금(A Drinking Water State Revolving Loan Fund, SRLF)을 창설할 수 있도록 제안해야 합니다. USEPA는 규제 및 가이드를 발표하고 SRLF 프로그램을 시행해야 합니다. 자금 배정 및 사용에 대한 요약은 24쪽의 사이드바에 나와 있습니다.

황산염 (Sulfate)

USEPA는 황산염에 대한 NPDWR을 공표할 수 있는 권한을 가집니다. 이 규정은 고시 요구 사항과, 규제를 준수하기 위해 최상의 이용 가능한 처리 기술이나 다른 방법을 대신할 수 있는 대체 수자원을 제공하기 위한 옵션이 포함해야 합니다. USEPA와 미국질병관리청(The Centers for Disease Control and Prevention, CDC)은 1999년 2월 6일까지 수돗물 내 황산염의 건강에 미치는 부정적인 영향을 입증할 수 있는 신뢰할 수 있는 용량-반응 관계를 설정하기 위해 공동 연구를 완료해야 합니다.

황산염은 USEPA에 의해 2001년 8월 6일까지 규제를 결정할 5가지 이상의 오염물질에 포함되어야 합니다.

지표수 처리 규칙 준수

주요 기관들은 개발되지 않은, 사람이 거주하지 않는 수원지에 대해 통합된 소유권과 그 지역에 대한 접근 및 활동 통제 권한이 있는 시스템에 대해 필터링 대신 처리 요구사항을 설정할 수 있는 유연성을 개별적인 사례에 따라 부여할 수 있습니다. 이러한 경우, 주는 수자원 수질과 대체 처리 요구사항이 규제된 병원성 미생물(또는 공공보건에 우려가 되는 미생물)의 제거 효율을 필터링과 염소처리의 조합보다 현저히 더 높게 보장한다고 판단해야 하며, USEPA는 이에 동의해야 합니다.

뉴욕주는 특정 카운티에서 5,000명 미만의 사람들에게 서비스를 제공하는 여과되지 않은 물 시스템에 대해 지표수 처리 규칙을 준수하기 위한 추가 시간을 허용할 수 있습니다. 추가 시간의 허용 여부는 공고와 최소 60일의 공개 의견 기간을 거친 후 사례별로 결정합니다. 추가 시간을 받으려면 물 시스템이 적절한 소독 요건을 충족하고 적절한 유역 보호를 갖춰야 합니다. 또한, 주는 추가 준수 기간 동안 공공 건강이 보호될 것이라고 판단해야 하며, 시스템은 주에서 결정한 적절한 통제 조치를 시행할 것에 동의해야 합니다. 추가 준수 시간은 USEPA가 해당 시스템을 포함하는 공공 수돗물 시스템을 위한 지표수 처리 규칙에 적합한 제어 기술을 식별한 후 3년이 경과하거나 2001년 8월 6일 중 더 이른 날짜에 만료됩니다.

분산 처리 기술

USEPA는 NPDWR이 공표될 때, 규정에서 다루는 오염물질에 대한 최상의 처리 기술, 처리 기법 또는 다른 방법(변경 기술이라고 불림)을 설명하는 가이드라인 또는 규정을 발행해야 합니다. 분산 기술은 MCL 또는 처리 기술 요구 사항을 준수하지 못할 수 있지만, 시스템 크기와 수자원의 품질을 고려하여 감당할 수 있는 최대 감소 또는 불활성화 효율을 달성해야 합니다. 이 가이드라인이나 규정은 특정 제조업체의 특정 브랜드나 기술을 사용하도록 요구하지 않습니다.

USEPA는 분산 기술의 지표수 및 지하수 수자원에 대한 적용 가능성을 포함하여 성능, 효과, 제한, 비용 및 기타 관련 요소에 대한 가능한 한 많은 신뢰할 수 있는 정보를 제공해야 합니다.

USEPA는 1998년 8월 6일까지 (주와 협의 후) 분산이 부여될 수 있는 1996년 8월 6일 이전에 발표된 각 NPDWR에 대한 분산 기술을 식별하는 지침 또는 규정을 발행해야 합니다.

USEPA는 NPDWR이 발표된 후 언제든지 추가 분산 기술을 설명하는 지침 또는 규정을 발행할 수 있습니다.

USEPA는 최소 7년마다 또는 상당한 정보가 뒷받침된 청원을 접수하면 분산 기술을 검토해야 합니다. 새롭거나 혁신적인 분산 기술이 사용 가능해지고 이전에 식별된 분산 기술보다 동등하거나 더 큰 감소 또는 불활성화 효율성을 달성할 수 있는 경우 개정된 지침 또는 규정을 발행해야 합니다.

공공상수도시스템은 기술의 유효 수명 동안 분산 기술을 교체하도록 요구받을 수 없습니다.

변동 조항

변동 조항은 시스템이 현재 법률에 규정된 대로 처리 기술이 표준을 충족하지 못한 후에만 변동을 받는 것이 아니라, 최적의 이용 가능한 처리 시스템을 구축하고 운영한다는 조건 하에 변동을 받을 수 있도록 수정됩니다. 최상의 이용 가능한 기술이 설치되고 적절하게 운영되고 시스템에서 대체 수자원을 합리적으로 이용할 수 없다는 조건 하에 변동이 부여됩니다.

워싱턴 수로

의회는 고객들(즉, 콜롬비아 특별구, 알링턴 카운티, 버지니아주 폴스처치)이 비연방 공공 또는 민간단체를 설립하거나 기존의 비연방 공공 또는 민간단체와 협약을 체결하여 워싱턴 수로에 대한 소유권을 취득하고, 이를 운영, 유지보수 및 관리할 수 있도록 하는 것을 장려하는데 동의해야 합니다. 육군 장관은 1997년 8월 6일까지 이 목표를 달성하기 위한 진행 상황을 의회에 보고하고, 워싱턴 수로의 소유권, 운영, 유지보수 및 관리의 이전 계획을 제출해야 합니다. 워싱턴 수로에 대한 미국의 모든 권리, 소유권 및 이익은 1999년 8월 6일까지 고객의 과반수 동의를 받아 비연방 공공 또는 민간단체에 이전해야 합니다.

물 절약

USEPA는 1998년 8월 6일까지 물 가용성 및 기후와 같은 요소를 고려하여 3,300명 미만, 3,300명에서 10,000명 사이, 10,000명 이상을 수용하는 공공상수도시스템에 대한 보존 계획에 대한 지침을 발표해야 합니다.

수인성 질병 연구 및 교육

USEPA와 CDC는 1998년 8월 6일까지 최소 5개의 주요 미국 지역 사회 또는 공공 상수도시스템에 대한 시범 수인성 질병 발생 연구를 공동으로 수행해야 합니다. 이 연구의 결과와 수인성 질병 발생에 대한 국가적 추정 보고서는 2001년 8월 6일까지 작성이 완료되어야 합니다.

USEPA와 미국질병관리청는 수인성 질병과 미생물 오염물질을 포함한 감염원에 의해 발생할 수 있는 증상에 대해 의료 전문가와 일반 대중에게 알리기 위한 국가적 교육 및 훈련 캠페인을 공동으로 수립해야 합니다.

Point

- 자금 승인 요약
  1997 회계연도부터 2003 회계연도까지 현재 및 신규 프로그램을 위해 약 124억 달러가 승인되었습니다. PL 104-182 조항은 1996년 SDWA 개정안을, SDWA 조항은 미국 공중보건법 제14편을 참조하였습니다.

- 알래스카 : 농촌 및 원주민 마을을 위한 알래스카주 보조금 [PL 104-182, §303]
  1997 회계연도부터 2000 회계연도까지 1,500만 달러를 지급하였습니다 [PL 104-182, §303(e)].

- 비소 건강 연구 [PL 104-182, §109(a)]
  1997 회계연도부터 2000 회계연도까지 250만 달러를 지급하였습니다 [SDWA, Sec. (1412(b)(12)(A)(vi)].

- 물 인프라 및 유역 지원 [PL 104-182, §401]
  1997 회계연도부터 2003 회계연도까지 무조건 2,500만 달러를 지급하였습니다 [PL 104-182, §401(d)(1)].
  2,500만 달러 조건부 지급을 승인하였습니다 (해당 연도 SRLF 승인의 75%가 책정되어야 합니다 [PL 104-182, §401(d)(2)].

- 콜로니아 지원 [PL 104-182, §135 & 307]
  1997 회계연도부터 1999 회계연도까지 수돗물 처리 보조금으로 2,500만 달러

지급하였습니다 [SDWA, Sec. 1456(e)].
1997 회계연도부터 1999 회계연도까지 폐수 처리 보조금으로 2,500만 달러를 지급하였습니다 [PL 104-182, §307(e)].

- 중요 지하수층 보호 프로그램 보조금 [PL 104-182, §120]
  1992 회계연도부터 2003 회계연도까지 1,500만 달러를 지급하였습니다 [SDWA, Sec. 1427(n)].

- 수돗물 연구 [PL 104-182, §201]
  1997 회계연도부터 2003 회계연도까지 필요한 추가 금액에 대한 일반 승인하였습니다. 연간 지원 총액은 26,593,000달러로 제한되었습니다 [PL 104-182, §201].

- 환경 금융 센터 및 역량 개발 정보센터 [PL 104-182, §119]
  1997 회계연도부터 2003 회계연도까지 150만 달러를 지급하였습니다 [SDWA, Sec. 1420(g)(4)].

- 지하수 보호 프로그램 보조금 [PL 104-182, §131]
  1997 회계연도부터 2003 회계연도까지 1,500만 달러를 지급하였습니다 [SDWA, Sec. 1429(f)].

- 뉴욕시 유역 보호 프로그램 시범 프로젝트 [PL 104-182, §128]
  1997 회계연도부터 2003 회계연도까지 1,500만 달러를 지급하였습니다 [SDWA, Sec. 1443(d)(4)].

- 운영자 인증 보조금 [PL 104-182, §123]
  1997 회계연도부터 2003 회계연도까지 주(州)에 3,000만 달러의 보조금을 지급하여, 3,300명 이하의 인구에 서비스를 제공하는 시스템 운영자의 필수 교육 및 인증 비용을 상환하도록 하였습니다. 보조금에는 무급 운영자에게 지급할 적절한 일당이 포함되어 있습니다. 각 주는 해당 주의 모든 운영자 교육 비용을 합리적으로 충당할 수 있는 금액을 지급받아야 합니다. 주정부는 먼저 3,300명 이하의 인구에 서비스를 제공하는 시스템 운영자의 교육 및 인증 비용을 지급해야 합니다. 모든 비용에 대한 보조금을 지급한 후, USEPA에 통보하면 남은 자금을 SRLF에서 승인된 용도로 사용할 수 있습니다. USEPA에 제공된 예산이 운영자 교육 및 인증의 총 비용을 충당하기에 충분하지 않은 경우 USEPA는 SRLF 예산에서 부족분을 충당해야 합니다 [SDWA, Sec. 1419(d)(1)-(4)].

- 위험 평가 [PL 104-182, §103]
  1996 회계연도부터 2003 회계연도까지 규정 지원 또는 방법 개발을 위한 연구, 평가 및 분석을 위해 3,500만 달러 지급하였습니다 [SDWA, Sec. 1412(b)(3)(C)(iv)].

- 소규모 시스템
  1997 회계연도부터 2003 회계연도까지 기술 지원(Technical Assitance)을 위해 1,500만 달러를 지급; 총 배정 금액의 3%는 인디언 부족이 소유하고 운영하는 시스템에 대한 기술 지원에 사용해야 하며, 로비활동에는 사용할 수 없습니다 [SDWA, Sec. 1442(e)].
  1997 회계연도부터 1999 회계연도까지 기술 지원 센터 보조금 [PL 104-182, §119]으로 200만 달러 지급하였고, 2000 회계연도부터 2003 회계연도까지 기술 지원 센터 보조금으로 500만 달러를 지급하였습니다 [SDWA, Sec. 1420(f)(6)].

- 수자원 보호 청원 프로그램 보조금 [PL 104-182, §133]
  1997 회계연도부터 2003 회계연도까지 500만 달러를 지급하였습니다. 승인된 계획이 있는 각 주는 모든 회계연도에 사용 가능한 보조금의 공평한 부분을 받게 됩니다. 주는 보조금의 최대 50%를 프로그램 관리에 사용할 수 있습니다 [SDWA, Sec. 1454(e)]. SRLF도 이 프로그램을 위해 따로 마련되었습니다.

- 주 프로그램 보조금 [PL 104-182, §124]
  1997 회계연도부터 2003 회계연도까지 1억 달러 지급하였습니다 [SDWA, Sec. 1443(a)(7)].

- SRLF [PL 104-182, §130]
  1994 회계연도에 5억 9,900만 달러, 1995 회계연도부터 2003 회계연도까지 10억 달러가 지급되었습니다. 회계연도에 승인되었지만 배정되지 않은 자금은 후속 회계연도(2004 회계연도 이전)에 배정되도록 승인되었습니다 [SDWA, Sec. 1452(m)].

- 주별 배정 기준
  (1) 1995 회계연도부터 1997 회계연도까지 각 주에 배정되는 SRLF (자금은 공공상수도감독 보조금을 배분하는 것과 동일한 공식에 따라 할당되었습니다. 최소 배정 비율은 1%로 설정되었으며, 와이오밍주와 컬럼비아 특별구에 대한 최소 배정 비율이 포함되도록 공식이 조정되었습니다 [SDWA, Sec.

1452(a)(1)(D)(i)].

(2) 1998 회계연도 및 이후 배정 공식은 최신 수요 조사(Needs Survey)를 기반으로 결정되었습니다. 최소 배정 비율은 1%로 유지되었습니다[SDWA, Sec. 1452(a)(1)(D)(ii)].

(3) 미집행 보조금의 재배정 : 사용 기한이 종료될 때까지 집행되지 않은 보조금은 해당 기간 동안 할당된 모든 금액을 사용한 주에 한해 배분 공식에 따라 재배정되었습니다. USEPA는 재배정될 자금 중 최대 10%를 인디언 부족에 대한 재정 지원 목적으로 별도로 배정하고 할당할 수 있었습니다[SDWA, Sec. 1452(a)(1)(E)].

- 필수 주 별도 배정

소규모 시스템 대출 – 15%는 정기적으로 10,000명 미만에게 서비스를 제공하는 공공상수도시스템의 적격 프로젝트에 대한 대출 지원을 제공하는 데만 사용되어야 합니다[SDWA, Sec. 1452(a)(2)].

- 선택적인 주 할당금 및 보조금

(1) SRLF 관리 – SRLF 자금의 최대 4%는 SRLF 관리에 사용할 수 있습니다[SDWA, Sec. 1452(g)(2)].

(2) 주 프로그램 – 1995 회계연도부터 시작하여 매 회계연도마다 각 주는 SRLF 자금의 최대 10%를 공공상수도감독 프로그램을 관리하거나 수자원 보호 프로그램(집행 제외)을 통해 기술 지원을 제공하고, 용량 개발 전략을 개발 및 구현하며, 운영자 인증 프로그램을 운영하는데 사용할 수 있습니다. 주는 동일한 금액의 매칭 자금을 제공해야 하며, 매칭 자금의 최소 절반은 1993 회계연도에 주에서 공공상수도감독을 위해 지출한 금액을 초과해야 합니다[SDWA, Sec. 1452(g)(2)].

(3) 소규모 시스템 기술 지원 – SRLF 자금의 2%는 10,000명 이하의 인구를 공급하는 공공상수도시스템에 기술 지원을 제공하는 데 사용할 수 있다[SDWA, Sec. 1452(g)(2)].

(4) 허용된 활동 – 매 회계연도마다 SRLF 자금의 최대 15%는 다음 활동에 사용할 수 있으나, 한 가지 활동에 대해 사용되는 자금은 10%를 초과할 수 없습니다: (a) 1차수돗물연방규정과 수자원 보호 준수를 위한 토지 또는 보호지 구입; (b) 자발적이고 인센티브 기반의 수자원 품질 보호 조치 구현을 위한 자금 지원; (c) 역량 개발 전략을 통한 지원 제공; (d) 수자원 보호 구역을 정의하거나 평가하기 위한 지출; (e) 우물주변 보호 프로그램(Wellhead

Protection Programs)을 설정하고 구현하기 위한 지출[SDWA, Sec. 1452(k)(2)].

(5) 취약 지역 사회 – 주는 취약한 지역 사회에 추가 보조금, 포함하여 원금 면제를 제공할 수 있습니다. 주가 취약한 지역 사회에 제공하는 대출 보조금의 총액은 해당 연도에 주가 받은 총 배정액의 30%를 초과할 수 없습니다[SDWA, Sec. 1452(d)].

- 의무적 USEPA 할당금
  (1) 기타 지정 지역 – USEPA는 총 SRLF 승인 예산의 최대 0.33%를 버진아일랜드, 북마리아나제도, 아메리칸 사모아, 괌에 배정해야 합니다[SDWA, Sec. 1452(j)].
  (2) 건강 영향 연구 – 매 회계연도마다 1,000만 달러를 배정하였습니다. 크립토스포리디움(Cryptosporidium), 소독 부산물(DBPs), 비소(Arsenic)로 인한 건강 영향을 연구하는 프로젝트에 우선순위를 부여하며, 건강에 더 큰 영향을 받을 위험이 있는 하위 집단(Subpopulations)에 대한 연구 계획도 시행해야 합니다[SDWA, Sec. 1452(n)].
  (3) 미규제 오염물질 모니터링 – 1998 회계연도부터 매년 200만 달러를 배정하였습니다. SDWA Sec. 1445(a)(2)(C)에 따라 10,000명 미만의 인구에 서비스를 제공하는 상수도시스템의 미규제 오염물질 모니터링 비용을 지원해야 합니다[SDWA, Sec. 1452(o)].

- 선택적으로 배정 가능한 USEPA 예비금
  (1) 소규모 시스템 기술 지원 – 1997 회계연도부터 2003 회계연도까지 총 SRLF 승인 예산의 최대 2%를 할당할 수 있습니다. 다만, 이 별도 배정액과 소규모 시스템 기술 지원을 위한 승인 예산의 총합은 1,500만 달러를 초과할 수 없습니다[SDWA, Sec. 1452(q)].
  (2) 인디언 부족 지원 – SRLF 총 승인 예산의 1.5%를 인디언 부족 및 USEPA 또는 주 SRLF 지원을 받지 않은 알래스카 원주민 마을을 위한 보조금으로 사용할 수 있습니다[SDWA, Sec. 1452(i)(1)]. 알래스카 원주민 마을을 위한 보조금을 알래스카 주에 지급할 수 있으며, 알래스카 주는 해당 보조금의 최대 4%를 프로젝트 관리에 사용할 수 있습니다[SDWA, Sec. 1452(i)(3)].

- ESWTR, D/DBP 규칙 및 글로벌 수자원 개발 보고서(Global Water Development Report, GWDR)를 지원하기 위한 연구[PL 104-182, §137]
  1997 회계연도부터 2003 회계연도까지 1,250만 달러를 지급하였습니다;

USEPA는 독성학 연구를 반드시 실시해야 하고, 필요한 경우 역학 연구를 실시하여 소독제와 DBPs에 노출된 수준이 발달 및 선천적 결함과 기타 잠재적 독성 종말점과 관련이 있는지 확인해야 합니다. 필요한 경우, 다양한 소독제로 인해 발생하는 DBP 노출로 인한 발암 가능성을 정량화하기 위한 역학 연구를 수행해야 하며, Cryptosporidium 및 Norwalk 바이러스를 포함한 병원균에 대한 용량-반응 곡선을 개발해야 합니다 [SDWA, Sec. 1458(c)(3)].

2003

미국환경보호청, 수돗물순환기금을 미국수도법의 핵심으로 내세우다

마크 샤르페네이커 ▮ 프로젝트 매니저, 안전한 수돗물 자문관, 미국수도협회, 콜로라도 주

원문은 *Journal AWWA* 2003년 8월호(제95권, 8호, 18~25쪽)에 처음 게재되었습니다.

연방정부의 수돗물주순환기금(Drinking Water State Revolving Fund, DWSRF)은 초기에 몇 가지 문제가 있었음에도 불구하고, "주정부와 공공상수도시스템이 인프라 수요를 충족하고 공중보건을 보호하는 데 중요한 역할을 해왔으며, 앞으로도 연방정부 인프라 지원의 핵심이 될 것"이라고 1996년에 설립된 수돗물 재정지원 프로그램에 관한 미국환경보호청(U.S. Environmental Protection Agency, USEPA)의 5개년 의회 보고서가 밝혔습니다.

1997년 최초 자본화 보조금이 각 주에 수여된 이래 2001년 6월 30일까지의 이행 진척 상황을 다룬 이 보고서(108쪽)와 그 부록은 50개 주와 푸에르토리코가 개별적으로 DWSRF 프로그램을 어떻게 수립하고 운영했는지를 설명하고 평가하고 있습니다.

특히 USEPA는 보고서에서 각 주가 DWSRF 프로그램을 구축한 다양한 방식에 주목하면서 "하나의 표준화된 DWSRF 프로그램은 존재하지 않는다"고 밝히고, 주별 차이점을 강조하는 여러 표를 함께 제시하고 있습니다. 실제로 180쪽 분량의 부록 대부분은 51개의 개별 DWSRF 프로그램 각각을 설명하는 데 할애되고 있습니다.

<표 10.1>과 <표 10.2>에서 자세히 설명된 바와 같이, 이 보고서는 다양한 구조와 기능을 가진 각 주의 DWSRF 프로그램이 전국적으로 어떻게 수행되었는지를 수치화하고 있으며, 지금까지 가용 자금의 약 4분의 3이 주로 소규모 지역 상수도시스템의 수질 처리 및 송·배수 시설 개선에 지원되어 미국수도법(Safe Drinking Water Act, SDWA)의 규정 준수를 강화했으며, 이는 곧 공중 보건 향상에 직접적으로 기여했을 것으로 기관은 보고 있습니다.

108쪽 본문 보고서와 첨부된 부록은 50개 주와 푸에르토리코가 각각 개별 DWSRF 프로그램을 어떻게 구축하고 운영해 왔는지를 기술하고 평가하고 있습니다.

표 10.1 2001년 6월 30일까지의 DWSRF[*] 현황 자료

대출 기금	금액
총 배정된 자금	44억 달러[†]
주 정부 자본화 보조금으로 제공 가능한 총 예산	42억 달러[††]
각 주에 지급된 총 자본화 보조금	36억 달러[§]
주정부 대응 자금	7억 7천3백만 달러[**]
순 레버리지 채권 발행 수익금	10억 달러[††]
물환경보전 주순환기금(Clean Water SRF)에서 이전된 총 금액	1억 4천7백만 달러[‡‡]
프로젝트에 이용 가능한 총 자금	52억 달러[§§]
체결된 지원 협약 수	1,776건(총 38억 달러 규모)[***]
인구 1만 명 초과 시스템에 대한 지원 협약 수	438건(총 23억 달러)[†††]
1만 명 이하의 시스템에 대한 대출 협약 수	1,338건(총 15억 달러)[‡‡‡]
자금 지원이 이루어진 총 프로젝트 수	1,846개
착수된 프로젝트 비율	89%
완료된 프로젝트 비율	46%
주정부 할당예산	**금액**
총 배정액	5억 7천6백만 달러(총 지급 보조금의 15.8%)
DWSRF 관리에 할당된 총액	1억 3천5백만 달러(7천5백만 달러 지출됨)
소규모 시스템 기술지원 배정액	5천4백만 달러(2천4백만 달러 지출됨)
주 공공상수도감독 프로그램 관리 배정액	1억 4천7백만 달러(6천8백만 달러 지출됨)[§§§]
지역 지원 및 기타 주정부 프로그램 배정액[****]	2억 4천만 달러(7천7백만 달러 지출됨)
컬럼비아 특별구 및 미국령 영토들 대상 연방 배정금 및 보조금	**금액**
총 연방 배정금	1억 4천9백만 달러
미국 원주민 및 알래스카 원주민 마을 배정액	6천6백만 달러
미규제 오염물질 모니터링을 위한 배정액	8백만 달러
주정부의 운영자 인증 비용 보조를 위한 배정액	7천5백만 달러
지급된 총 보조금	5천7백만 달러

* DWSRF – 수돗물주순환기금(Drinking Water State Revolving Fund)

† 2003 회계연도까지의 총 예산배정액은 62억 달러, 행정부는 2004 회계연도를 위해 추가로 8억 5천만 달러를 요청

‡ USEPA가 국가 차원의 활동을 위해 따로 책정한 2억 600만 달러가 반영된 금액임.

§ 아직 주정부에 지급되지 않은 보조금을 반영함.

** 현금 또는 주정부 세출예산, DWSRF 내 · 외에서 상환된 채권, 기타 자금원을 포함함.

†† 총 15억 달러의 레버리지 채권(상호 담보 또는 상호 투자) 중 15개 주(앨라배마, 애리조나, 콜로라도, 코네티컷, 인디애나, 아이오와, 캔자스, 메인, 매사추세츠, 미시간, 미네소타, 미주리, 뉴저지, 뉴욕, 노스다코타)에서 부채 상환을 위해 유보된 4억 3천4백만 달러를 제외한 순액을 반영함.

‡‡ 8개 주(앨라배마, 콜로라도, 일리노이, 메릴랜드, 몬태나, 뉴저지, 뉴욕, 위스콘신)의 기금 전환(transfer)을 반영함.

§§ 총 56억 달러에서 주정부가 배정한 5억 7천6백만 달러를 뺀 금액을 반영함.

*** 1,670건은 총 33억 달러의 신규 대출, 82건은 총 3억 9천3백만 달러의 장기 재융자, 24건은 총 5천8백만 달러의 단기 재융자였음. 지원 협약 건수는 1997년에 1건, 1998년 171건, 1999년 437건, 2000년 568건, 2001년 599건이었음.

††† 1만 1명～10만 명 규모의 시스템에 3억 5천3백만 달러, 10만 명 이상의 시스템에 8천5백만 달러를 지원

‡‡‡ 501명 이하의 고객에게 서비스하는 시스템에 3억 1천1백만 달러; 501～3,300명의 고객에게 서비스하는 시스템에 6억 5천4백만 달러; 그리고 3,301～10,000명의 고객에 서비스하는 시스템에 3억 7천3백만 달러

§§§ 수원 보호 지원, 역량 개발 및 운영자 자격 인증 비용을 포함(주정부는 배정금을 위해 1 : 1 매칭 기금 제공 필수).

**** 수원 보호를 위한 토지 확보, 인센티브 기반 수원 보호 조치, 수원 구획 및 평가, 취수정 보호, 기술/재정 지원을 포함.

표 10.2 DWSRF * 프로젝트 요약

(총 가용 지원 금액 = 38억 달러)		
사업 유형	금액($)	총액 대비 비율(%)
기획 및 설계 전용(Planning and design only)	2천1백만 달러	0.5
처리시설(Treatment)	16억 달러	42.8
송수 및 배수시설(Transmission and distribution)	12억 달러	31.5
수자원(Source water)	1억 9천9백만 달러	5.3
저장시설(Storage)	3억 5천5백만 달러	9.4
시스템 구매(Purchase of systems)	6천만 달러	1.6
구조조정(Restructuring)	2천4백만 달러	0.6
토지 취득(Land acquisition)	1천2백만 달러	0.3
기타(Other)	2억 9천8백만 달러	7.9
수혜 대상별 구분(By recipient category) †		
혜택이 부족한 지역(Disadvantaged communities)	6억 1천9백만 달러	16.4
시스템 규정 준수(System compliance)	14억 달러	37.4
민간 상수도시스템(Private systems)	1억 3천4백만 달러	3.6
신규 상수도시스템 구축(Creation of new systems)	8천5백만 달러	2.2
상수도시스템 통합(Consolidation of systems)	4억 5천9백만 달러	12.2

* DWSRF – 수돗물주순환기금

† DWSRF – 대출 계약의 98.6%가 지역 상수도시스템에 사용됨

위의 두 표는 다음 사항을 나타냅니다:

- 의회는 최초 5년간 DWSRF에 총 44억 달러를 배정했으며, 이 중 2억 600만 달러는 USEPA가 국가 차원의 별도 할당예산(예 : '미규제 오염물질 모니터링 규정'에 따른 소규모 시스템 모니터링 비용과 소규모 상수도시스템 운영자 인증 비용의 주정부 상환)을 위해 보유하고, 일부는 컬럼비아 특별구와 미국 영토에 직접 보조금으로 지급했다. 결과적으로 주정부에 제공 가능한 자금은 42억 달러였으며, 이 가운데 39억 달러가 2001년 중반까지 지급되었다.
- 주정부들은 기금 조성 보조금에 대한 20%의 매칭펀드 요건을 충족하기 위해 총 7억 7천3백만 달러를 출자했으며, DWSRF 관리, 소규모 시스템 기술 지원, 공공상수도감독(Public Water Supply Supervision, PWSS) 프로그램 운영관리, 수자원 평가 및 보호, 토지 취득, 취수정 보호, 역량 개발과 같은 기타 주 및 지역 프로그램을 위해 별도로 보조금 평균 16% (31%의 허용 상한과 비교하면)인 5억 7천6백만 달러를 따로 책정했다.
- 주정부들은 연방 기금 조성 보조금, 주정부 매칭펀드, 레버리지 채권 수익금, 그리고 상호보완 관계에 있는 '물환경보전주순환기금(Clean Water State Revolving Fund, CWSRF)'에서 이전된 자금을 포함하여 총 52억 달러의 기금 중 총 1,776건의 대출 계약에 38억 달러를 지원했다.
- DWSRF의 자금 대부분은 지역 상수도시스템에 지원되었으며, 전체 자금 중 41%는 10,000명 이하 주민에게 서비스를 제공하는 소규모 시스템에 투입되었다. 대출 계약의 약 89%에 해당하는 프로젝트가 이미 착수되었으며, 이 가운데 46%는 완료되었고, 완료된 프로젝트의 절반 정도에서는 원금 상환이 시작되었다.
- 전체 DWSRF 지원금 가운데 43%는 수처리 시설 개선에 사용되었으며, 32%는 송·배수 시스템, 10%는 수자원 보호 사업, 5%는 저장시설에 사용되었다.

USEPA 보고서는 또한 다음 사항도 언급했습니다:

- DWSRF 지원 협약의 3분의 1 이상이 기준 미달 상수도시스템이 보건 기준을 준수할 수 있도록 개선하는 데 사용되었다.
- 21개 주는 민간 소유 상수도시스템에도 지원했으며, 민간 지원은 전체 지원 협약의 9%, 전체 지원 금액의 4%를 차지했다. [민간 지원 비율이 가장 높은 주는 애리조나(54%)였으며, 워싱턴과 플로리다가 각 30%로 그 뒤를 이었다.]

- 앨라배마, 아칸소, 콜로라도, 조지아, 캔자스, 루이지애나, 미시시피, 네브래스카, 노스캐롤라이나, 오클라호마, 테네시, 와이오밍 총 12개 주는 민간 시스템에 대한 DWSRF 지원을 제한하고 있으며, USEPA는 이에 대해 "지속적으로 우려하고 있으며, 각 주의 민간 지원 수용성을 높이기 위한 노력을 계속할 것"이라고 밝혔다.
- 평균 이자율 2.5%의 DWSRF 대출은 프로젝트 비용의 약 23%를 보조금 형태로 지원하는 효과가 있으며, 나머지 자금은 시장 이자율인 5.5%로 조달되었다.
- 주정부는 연방정부가 제공한 DWSRF 1달러당 프로젝트 건설에 평균 1.60달러를 지출하였다.

보고서, 주정부에 긍정적인 평가와 주의를 촉구

사례 연구와 다양한 데이터를 인용하여, 보고서는 대부분의 주가 DWSRF 프로그램을 재정적, 프로그래밍적으로, 효과적으로 구축한 점을 전반적으로 높이 평가하고 있습니다. 하지만 USEPA는 일부 뒤처진 주정부들에 대해서는 "효율적인 프로그램을 운영 중인 다른 주로 해당 자금을 재배정하기 위해 자금 지원을 보류할지 여부를 검토 중"이라고 경고했습니다. 주정부들은 USEPA와의 DWSRF 운영 협약 조건에 따라 배정된 모든 프로그램 자금을 SDWA 제1452(g)(3)조에서 요구하는 바와 같이 "가능한 범위 내에서 효율적으로" 집행하고 지출할 것을 약속해야 합니다. 또한 SDWA 1452(a)(1)(E)항에서는 승인된 지 2년 이내에 의무화되지 않은 보조금을 재배정할 수 있도록 명시하고 있습니다.

특히 USEPA는 이 보고서에서 각 주정부들이 DWSRF 프로그램을 매우 다양하게 구축한 점을 강조하면서, "하나의 표준화된 DWSRF 프로그램은 존재하지 않는다"고 언급했습니다.

USEPA는 아직까지 주정부의 역량 개발 및 수도 운영자 인증 프로그램 미이행을 이유로 DWSRF 자본화 보조금 지급을 보류하거나 처벌한 사례는 없었습니다.

USEPA는 DWSRF 프로그램이 시행 6년차에 접어들면서 이 프로그램을 아직 "진행 중인 사업(work in progress)"으로 평가하고 있으며, "보다 성숙한 프로그램인 CWSRF와 비교했을 때 오해가 있을 수 있지만, 사실 같은 시기 기준으로 비교하면 DWSRF의 발전 속도는 CWSRF의 당시 발전 단계와 유사한 수준"이라고 보고했습니다.

USEPA에 따르면 앞으로 DWSRF가 해결해야 할 과제는 노후화된 국가 물 인프라를 업그레이드하기 위한 막대한 자금 수요에 대응하는 것, 모든 상수도시스템이 지속 가능하고 안전한 운영을 보장하는 것, 그리고 물 절약 계획을 통해 수량 관련 문제를 해결하면서 CWSRF와 지속적인 협력을 유지하는 것 등입니다.

향후 20년 동안 인프라 자금 부족 규모가 약 1,500억 달러에 이를 것으로 예상되는 가운데, 보고서는 수도 사업자들이 수익과 관련 지출을 연평균 3%의 실질 증가율로 확대하여 전체 경제 성장률과 보조를 맞출 경우, 이 자금 부족 문제가 "대부분 해소될 것"이라는 USEPA의 입장을 거듭 강조했습니다.

주정부들은 연방 자본화 보조금, 주정부 매칭 펀드, 레버리지 채권 수익금 및 CWSRF에서 이전된 자금 등 총 52억 달러의 재원에서 총 1,776건의 대출 협약에 대해 38억 달러를 지원하였습니다.

해당 기관(USEPA)은 의회가 소규모 및 취약 지역사회가 직면한 경제적 부담 문제를 해결하기 위해 새로운 보조금 프로그램을 신설하는 법안을 추진하는 것에 반대합니다.

USEPA는 가장 도움이 절실한 상수도시스템에 지원을 집중하려는 그러한 법안의 취지는 적절하다고 인정하면서도, "새로운 보조금 프로그램을 신설하는 것이 문제를 해결하는 최선의 방법이 아닐 수도 있다"고 지적했습니다.

USEPA는 주정부가 운영하는 현행 DWSRF 프로그램이 이미 원금 탕감과 같은 보조금 제공을 허용하고 있으며, "프로그램을 통해 추가 자금이 투입될 경우 그러한 보조금의 활용이 더욱 증가할 가능성이 있다"고 밝혔습니다. 또한 USEPA는 주정부들이 "대출이 합리적인 선택지임에도 불구하고 상수도시스템들이 대출 신청 대신 보조금을 기다릴 것이기 때문에 새로운 보조금 프로그램이 오히려 대출사업의 활성화에 방해가 될 수 있다"고 우려하고 있음을 밝혔습니다.

USEPA는 또한 자산관리 관행, 완전원가 기반 요금 체계, 합리적 비용의 기술, 구조조정, 민영화, 그리고 시스템의 관리적 또는 물리적 통합 등 업계 전반에 걸친 방법을 통해 지속 가능한 상수도시스템 구축의 중요성을 지속적으로 강조하고 있습니다.

한편 USEPA는 물의 양(수량)과 관련된 프로젝트는 DWSRF 지원 대상이 아님을 인정하면서도, 주정부들이 SDWA 1455조에 따른 권한을 활용하여 DWSRF 대출 신청자들이 기관의 지침에 따라 물 절약 계획을 이행하도록 요구할 것을 촉구하였습니다.

USEPA가 결론적으로 제안한 의회의 우선 개선사항은 다음과 같습니다:

- 주정부들이 CWSRF 보조금의 최대 1/3을 주정부 DWSRF으로 이전하거나, 그 반대 방향으로 이전할 수 있는 권한을 영구적으로 허용할 것;
- 연방 자금 지원 시 요구되는 여러 규제 조건(예 : 사회적 약자 기업의 참여 요구, 환경 평가 및 역사적 보존 요건 등) 간의 충돌 문제를 완화하기 위한 유연성 강화;
- 면세 채권 및 민간활동 채권의 활용에 관한 세법 개정; 그리고
- DWSRF 프로그램 관리에 할당되는 배정액을 늘릴 수 있도록 주정부의 배정금(set-aside) 요건을 개정하고, 특히 PWSS 프로그램 지원을 위한 DWSRF 보조금 배정 시 요구되는 추가적인 1 : 1 대응자금에 대한 우려를 해소하며, 주정부들이 이미 수원 보호 프로그램을 시행 중이므로 수원 보호를 위한 배정금도 재평가할 것을 제안하였다.

주정부들은 오랫동안 PWSS 활동을 위한 별도 배정금을 책정할 때 요구되는 추가적인 1 : 1 대응자금 조건에 반대해 왔으며, USEPA는 이 조건이 "주정부들이 기존의 지원 수준을 축소하지 않도록 방지하기 위해 추가된 것"이라고 설명했습니다. 그러나 USEPA는 이 대응자금 조건이 "예산 제약 때문에 주정부들이 결국 프로그램을 축소하는 것을 막지 못했다"고 지적하며, 현재 각 주정부가 수자원 보호 프로그램을 본격적으로 시행 중이므로 "수원 보호 프로그램을 위한 배정금 활동을 재평가하는 것이 타당할 수 있다"고 덧붙였습니다.

마지막으로 USEPA는 향후 DWSRF 지원이 새로운 자금원을 마련하기보다는 기존 SRF을 "강화하는 방식"으로 이루어져야 하며, 이미 존재하는 주정부 및 연방 인프라 프로그램을 민간 자본과 민관협력으로 확대 활용하고, 혁신과 효율성을 촉진하며, 원가 기반의 요금 구조를 장려하고, 전략적인 계획 수립과 주정부의 역량 구축을 중심으로 추진해야 한다고 제안했습니다.

USEPA는 의회가 "그동안 성공적임이 입증된 DWSRF에 대해 앞으로도 계속해서 승인을 유지해야 한다"고 결론지었습니다.

수도사업자들, 추가 자금 지원 요구

수도 사업자들은 DWSRF가 연방정부의 중요한 지원 수단임을 인정하면서도, 수년간 승인된 전체 자금(1994년 5억 9천9백만 달러, 1995년부터 2003년까지 연간 10억 달러)을 전액 배정할 것을 지속적으로 요구해 왔습니다.

이를 위해 미국수도협회(American Water Works Association, AWWA)와 대도시 수도사업자협회(Association of Metropolitan Water Agencies, AMWA)는 4월에 USEPA의 예산을 관할하는 하원 세출소위원회에, 2004 회계연도의 DWSRF 예산을 20억 달러로 증액할 것을 촉구했습니다. 이 금액은 기본 승인된 연간 10억 달러에 더해, 과거 의회가 승인했으나 실제 배정되지 않은 자금의 누적 부족분을 보충하기 위한 것입니다.

두 기관은 참전용사, 주택 및 도시개발 및 독립기관 세출 소위원회에서 증언하면서, 의회 의원들에게 행정부가 요청한 DWSRF 예산 8억 5천만 달러를 최소 11억 5천만 달러 더 증액하여, 과거 DWSRF 예산의 부족분을 보충할 것을 촉구했습니다.

체결된 대출협약 중 약 89%가 프로젝트를 시작했으며, 이 중 46%가 완료되었고, 완료된 프로젝트의 거의 절반은 이미 원금 상환이 시작되었습니다.

AWWA를 대표하여 발언한 오논다가(Onondaga) 카운티 수도국(뉴욕주)의 Michael Hooker는 노후 수도인프라 교체를 위해 향후 20년간 막대한 자금 부족이 예상된다는 명백한 증거가 있음에도 불구하고, 지금까지 의회가 승인된 금액보다 36억 달러나 적게 자금을 배정했다고 지적했습니다.

Hooker는 권장된 20억 달러의 배정액이 실제 필요 자금에 비하면 "일부에 불과"하지만, 다른 방법으로는 자금을 확보할 수 없는 재정적 어려운 지역사회에 "꼭 필요한 대출 재원을 제공할 것"이라고 말했습니다.

또한 AWWA는 위원회 위원들에게, 인구 3,300명에서 100,000명 규모의 상수도시스템들이 의무적으로 수행해야 하는 취약성 평가와 비상대응계획을 제때 완료할 수 있도록 추가로 4억 5천만 달러를 지원하고, 100명 미만의 주민이 거주하는 오래된 이동주택단지의 상수도시스템을 위한 최소 200만 달러의 자금도 지원할 것을 요청하였습니다.

AWWA와 AMWA 두 기관 또한 세출위원회에 물 정보 공유 및 분석 센터(Water

Information Sharing and Analysis Center)를 위한 추가 예산 200만 달러를 요청하였습니다.

상수도관리자협의회(Association of State Drinking Water Administrators, ASDWA)는 같은 위원회에 주정부의 수돗물 프로그램 지원을 위한 보조금으로 승인된 1억 달러 전액을 배정할 것과, 상수도시스템의 보안을 강화하려는 주정부들의 노력을 지원하기 위해 추가로 5백만 달러를 승인할 것을 요청했습니다.

수년간 주정부의 책임은 계속 증가했지만 연방 지원 예산은 동결 상태에 머물러, 결과적으로 실질적인 연방 지원이 감소해 각 주의 수돗물 관리 프로그램들이 "위기 상황에 처했다"고 ASDWA의 Jay Rutherford 회장은 경고했습니다. 그는 행정부가 2004 회계연도에 주정부 수돗물 프로그램 예산을 1,100만 달러 증액 요청한 것을 긍정적으로 평가하면서도, 위원회에 DWSRF를 위해 최소 32억 달러를 지원할 것과 PWSS 이행 활동에 대한 DWSRF 배정금의 10%를 받을 때 요구되는 주정부의 1 : 1 대응자금 조건을 폐지할 것을 강력히 촉구했습니다.

Rutherford (ASDWA 회장)는 ASDWA가 곧 미국 전역 50개 주의 수돗물 프로그램 재정 수요 조사 보고서를 발간할 예정이며, 이 보고서에 따르면 현재 전체적으로 약 2억 3천만 달러의 재정 부족이 있는 것으로 나타났다고 밝혔습니다. 또한 곧 발간될 이 보고서(ASDWA의 「주정부 수돗물 프로그램의 재정 자원, 수요 및 장애요인 분석」에는 이러한 재정 부족 규모가 2006년까지 3억 7천만 달러로 증가할 것으로 예상된다는 내용도 담길 예정입니다.

DWSRF 예산에 대한 공식적인 승인은 2003 회계연도에 이미 만료되었지만, USEPA는 여전히 예산을 요청하고 있으며, 의회 역시 재승인 시점까지는 이전에 승인된 예산 수준에 맞추어 지속적으로 DWSRF 예산을 배정할 것으로 예상됩니다.

USEPA는 2004 회계연도 DWSRF 예산으로 8억 5천만 달러에 대해, 두 개의 SRF 프로그램(DWSRF 및 CWSRF)에 대한 장기적인 지원 수준을 높이는 방식으로 기관의 지원을 확대하겠다고 약속하며 이를 뒷받침했습니다. USEPA는 2004 회계연도의 8억 5천만 달러 배정금이 2018년까지 매년 동일 규모로 유지될 경우, 프로그램의 연간 가용자금 규모가 이전 목표인 5억 달러에서 연간 약 12억 달러로 증가할 것으로 예상했습니다.

한편, 1월에 개원한 제108대 의회는 제107대 의회의 방침을 이어받아, DWSRF를 주요 재정지원 수단으로 하여 수돗물 인프라에 더 많은 자금을 제공하기 위한 노력을 계속하고 있으며, 특히 상원이 적극적인 움직임을 보이는 반면 하원은 상대적으로 조용한 모습을 보여주었습니다.

이번 회기에서 아직 양원(상원과 하원) 모두 관련 법안을 발의하지는 않았지만, 상원은 2004 회계연도 초에 두 가지 SRF 프로그램의 예산을 30억 달러 증액하여 총 52억 달러로 늘리는 내용을 포함한 예산 결의안을 승인하였습니다.

상원은 대부분의 국내 프로그램 예산이 동결되거나 삭감되는 상황에서도 수도 인프라에 대한 추가 자금 지원이 필요하다는 입장을 나타냈으나, 하원은 이를 받아들이지 않았습니다. 결국, 협상위원들은 상원의 요구사항이 반영되지 않은 절충안을 승인하면서 SRF에 22억 달러를 배정했고, 세출위원회가 다른 예산항목에서 상응하는 삭감 부분을 찾는 경우에만 SRF 예산을 추가 증액할 수 있도록 했습니다.

한편, 상원 환경 및 공공사업 위원회는 DWSRF를 더 높은 수준의 예산과 확대된 사업 범위로 재승인하고 개정하는 법안을 주도할 것으로 예상되었습니다.

이 위원회는 지난해 통과시켰지만 전체 본 회의에서는 논의되지 못했던 물 인프라 법안(S 1961)을 기반으로, 곧 두 개의 SRF 프로그램을 재승인하기 위한 포괄적인 법안 마련 작업에 착수할 것으로 예상되었습니다.

S 1961 법안은 USEPA의 지침에 따라 DWSRF 지원 대상이 다양한 보안 및 인프라 프로젝트로 확대된 점을 구체적으로 다루지 않았지만, 새롭게 마련될 법안에는 이러한 지원 자격 요건을 명확히 하는 구체적인 조항이 포함될 것으로 예상되었습니다.

새롭게 위원장으로 취임한 James Jeffords, I-Vt (공화당, 오클라호마) 의원이 물 인프라 법안을 우선순위로 지정함에 따라, 지난 5월 두 명의 소수당 지도부 의원들은 Inhofe 의원과 Crapo (공화당, 아이다호, 어업 · 야생동물 · 수자원 소위원회 위원장) 상원의원에게 SRF 프로그램을 "재승인하고 현대화"하기 위한 「2004년 물 투자법 (Water Investment Act of 2004)」 마련에 착수할 것을 촉구했습니다.

제107대 의회에서 위원장이었으며 현재는 소수당 간사인 제임스 제포즈(무소속, 버몬트) 상원의원과 크라포 소위원회의 소수당 간사인 밥 그레이엄(민주당, 플로리다) 상원의원은 Inhofe와 Crapo 상원의원에게 보낸 서한에서, "초당적으로 제출할 수 있는 타협안을 마련할 수 있기를 기대한다"고 밝혔습니다.

Jeffords와 Graham 의원은 "극복해야 할 복잡한 장애물이 많다"고 인정하면서도, 미국물환경보전법(Clean Water Act, CWA)와 SDWA 관련하여 주목이 필요한 여러 가지 사항을 제시했습니다. 여기에는 자금 지원 규모, 경제적 부담 문제, 비전통적 접근방식, 연구 지원, 민간 수도시설의 지원 자격, 모니터링 및 보고, 보안 문제 등이 포함되었습니다.

또한, 두 법안에 대해 추가로 제안된 필수 개정 사항으로는 경제적 부담 완화 조항, 대체 자금 지원 방안, 소규모 및 농촌 지역사회 지원, 연구 및 시범사업, 민간 수도 사업자의 지원 자격, 교육, 모니터링 및 보고 체계, 중대한 규정 위반 대응 방안, 보안 관련 활동의 지원 가능 여부, 지역 성장을 관리하기 위한 접근법, 그리고 데이비스-베이컨법(Davis-Bacon Act)의 임금 규정 준수 요건 등이 있었습니다.

두 상원의원은 CWA와 관련된 구체적인 이슈들을 제기했는데, 여기에는 자금 지원 대상 용도 수정, CWSRF)의 배분 공식 개정, 국가적 수자원 공급 조사 승인, 비전통적 접근 방식 도입을 위한 계획 마련, 그리고 강우 시 발생하는 문제 해결 등이 포함되었습니다.

한편, USEPA는 2003년 수돗물 인프라 수요 조사를 시작하였으며, 이 조사 결과는 2005년부터 4년간 적용될 DWSRF 자본화 보조금 배분 공식을 업데이트하는 데 사용될 예정입니다.

SDWA에 따라 4년마다 실시되는 수요 조사는 2001년에 마지막으로 업데이트되었으며, 공공 수도시설이 안전한 수돗물을 안정적으로 공급하는 데 향후 20년간 총 1,510억 달러가 필요한 것으로 나타났습니다(이는 최초 수요 조사의 추정치였던 1,390억 달러보다 증가한 수치입니다).

2003년 조사는 주로 설문조사를 통해 인구 3,300명 이상에게 서비스를 제공하는 상수도시스템들로부터 자발적인 자본 투자 정보를 수집하는 방식으로 수행되었습니다.

보도 시점 기준으로, USEPA는 중대형 상수도시스템에 발송한 총 3,893건의 설문지 중 약 22%만 회수했으며, 10개 주는 아직 설문지를 제출하지 않았습니다.

USEPA는 40,000명 이상에게 서비스를 제공하는 모든 상수도시스템과 3,300~40,000명에 서비스를 제공하는 시스템 중 일부(표본)에 설문지를 배포했으며, 각 주는 주별 필요 수요를 높은 수준의 통계적 정확도로 추정하기 위해 최소 90%의 응답률을 달성해야 합니다.

2012

미국수도법 : 현황과 전망

조셉 A. 코트루보 ▌ 조셉 코트루보 & 어소시에이츠 대표, 워싱턴 D.C.

원문은 *Journal AWWA* 2012년 1월호(제104권, 1호, 57~332쪽)에 처음 게재되었습니다.

미국의 거의 모든 공공상수도시스템은 안전한 수돗물을 제공하고 있습니다. 이는 적게는 25명에서 많게는 수백만 명에 이르는 인구에 서비스를 제공하는 수도 사업체가 약 60,000개가 존재하는 상황에서 결코 작은 성과가 아닙니다.

미국 수돗물의 수질과 안전성은 매우 양호하며, 실질적인 수돗물 규제 및 집행 프로그램을 운영하고 있는 소수의 다른 국가들과 비교하더라도 수돗물의 품질과 안전성 측면에서 더 일관된 수준을 유지하고 있습니다. 안전한 수돗물 공급을 위한 미국의 정책과 절차는 전 세계가 인정할 만큼 확실한 선도적 위치를 차지하고 있으며, 현재 널리 사용되고 있는 수돗물 품질 및 안전성 평가와 규제 방법론의 상당수가 미국에서 처음 개발된 것입니다.

중요도가 낮은 물질들을 무리하게 규제하기보다는, 인프라 유지・보수, 누수 방지, 역류(backflow) 및 교차 연결(cross connection) 차단, 수도관 시스템 내 오염 예방 등에 역점을 두는 것이 수돗물 공급 분야의 우선 과제가 되어야 합니다.

미국환경보호청(U.S. Environmental Protection Agency, USEPA)은 전반적으로 미국수도법(Safe Drinking Water Act, SDWA)을 훌륭히 이행해왔습니다. 1974년 제정된 SDWA 및 이후 개정된 내용을 USEPA와 각 주정부, 수도 사업자들에 의해 시행되었으며, 그 결과 미국의 수돗물 안전성은 크게 향상되었습니다. 이는 일반인에게 잘 알려지지 않았지만, 식구 공급 전문가들이 미국 전역에 수돗물 공급을 연중 무휴로 책임지며 끊임없는 공동의 노력 덕분입니다.

미국의 수돗물 보호 체계는 규제, 권고, 모니터링, 처리 기술, 시스템 평가, 운영 등 광범위한 분야를 포괄하며, 강력한 법적 집행 프로그램과 최근 수년간 연방정부의 상당한 재정 지원을 통해 뒷받침되고 있습니다. 무엇보다도 이러한 시스템을 관리하고 운영하는 헌신적인 수돗물 전문가들의 노력이 그 근간을 이루고 있습니다.

SDWA 시행이 시작된 이래로 수인성 전염병 발병 건수는 감소했으나, 배관 및 인프라 결함으로 인한 발병 비율은 증가하고 있습니다. 이는 수도꼭지에서 나오는 물이 항상 정수장에서 처리된 물의 품질만큼 양호하지 않다는 것을 명확히 나타냅니다. 또한 이는 노후화된 인프라를 보여주는 증상이기도 합니다. 따라서 주변적인 관심 요소들을 무리하게 규제하려 하기보다는, 누수, 역류, 교차 연결, 그리고 배급 시스템 내 오염을 줄이기 위한 인프라 유지 및 보수에 중점을 두어야 합니다.

현행 규정 검토

1986년 개정된 SDWA는 규제할 화학물질의 긴 목록을 명시하고, 매 3년마다 25가지 추가 물질을 새롭게 규제하도록 요구했으나, 이는 사실상 이행이 불가능한 것으로 드러났습니다. 결과적으로 최대오염농도기준(maximum contaminant level, MCL)는 실제로는 주요하지 않거나, 국가적 규모로 광범위하게 존재하지 않거나, 또는 심각한 위험을 유발하지 않을 가능성이 있는 여러 물질에 대해서도 불필요하게 설정되었을 가능성이 있습니다. 1986년에 개정된 SDWA는 규제 대상 화학물질을 광범위하게 지정했고, 3년마다 25개의 추가 물질을 규제하도록 요구했으나, 이 요구사항은 현실적으로 달성하기 어렵다는 사실이 확인되었습니다. 결과적으로, 실제로는 심각하지 않거나 국가적으로 광범위하지 않은 일부 물질들에 대해 불필요하게 MCL이 설정되는 결과를 초래하기도 했습니다. 또한 1996년 SDWA 개정안에서는 USEPA가 오염물질 후보 목록(Contaminant Candidate List, CCL)과 미규제 오염물질 모니터링 규칙(Unregulated Contaminant Monitoring Rule, UCMR)을 작성하도록 요구했지만, 이 목록들이 아직 충분히 면밀한 평가를 거쳐 실제 위험 가능성이 높은 물질들을 명확히 분류하지 못한 상태입니다. 이로 인해 수도사업자들은 타당성이 충분히 입증되지 않은 지침에 대응하기 위한 비용 부담을 떠안게 되었습니다. 체계적인 절차를 통해 CCL과 UCMR이 작성되었지만, 현재까지의 결과를 볼 때 이러한 결정의 근거가 되는 논리에도 일정 부분 결함이 있는 것으로 보입니다.

현재의 규정은 다양한 오염물질들에 대한 MCL 기준 또는 처리 요구 사항을 포함하고 있으며, 주요 내용은 다음과 같습니다.

- 유기물 및 무기물 관련 81개 물질에 대한 MCL 기준(농약 27종, 소독부산물(disinfection by-products, DBPs) 9종, 무기물 21종, 휘발성 유기화합물과 기타 합성 유기물질 24종 포함)
- 미생물 지표 생물(예 : 대장균군, 분변성 대장균 등)에 대한 6개의 MCL 기준
- 방사성 핵종에 대한 4개의 MCL 기준(총 알파선, 총 베타선, 라듐과 우라늄 별도 2종, 추가로 라돈 포함)
- 여과 및 소독 처리 요건
- 납과 구리 제어를 위한 처리 요건

이미 시행 중인 다양한 '그룹' 규정(단일 규제 조치로 여러 오염물질을 동시에 관리하는 방식), MCL 기준 및 처리 요건은 숫자상으로 보이는 것보다 훨씬 더 넓은 범위를 포괄합니다. 이는 사실상 거의 모든 미생물 병원체가 이러한 MCL 기준 및 처리 요구사항에 의해 다뤄지기 때문입니다. 또한 모든 방사성 핵종 역시 포함되어 있으며, 여과 및 소독 처리 같은 방식은 설계상 동시에 여러 오염물질을 제거할 수 있도록 되어 있습니다. 예를 들어, 트리할로메탄과 할로아세틱산에 대한 MCL 기준은 측정되지 않은 여러 DBPs의 농도까지 함께 낮추는 효과가 있습니다.

미생물 오염 가능성은 과거에도 그랬듯 앞으로도 수돗물과 관련된 가장 큰 건강 위협이 될 것입니다. 일부 미생물 오염 사고들이 여전히 발생하고 있지만, SDWA의 의무사항을 준수하는 공공 수도 사업자들은 이러한 미생물 위협을 성공적으로 관리해 왔습니다. 따라서 어떤 규제 조치도 이러한 위협에 대한 지속적인 관리 노력을 저해해서는 안 됩니다. 현행 규정은 매우 포괄적이며, 미생물 오염을 포함해 천연 전구물질, 무기화학물질, DBPs 지표물질, 방사성 핵종, 부식 생성물, 휘발성 유기물질 및 기타 합성 유기물질, 농약 등 거의 모든 범주의 잠재적 수돗물 오염물질을 포함하고 있습니다.

규제는 본래 보호적 목적을 가지며, 잠재적 위험을 실제보다 다소 과대평가하도록 보수적 관점에서 수행된 건강 위해성 평가를 기반으로 만들어집니다. 특히 규제는 세부적인 데이터가 없을 경우, 독성에 대한 안전 마진(margin of safety), 직선-비임계 모델(linear nonthreshold extrapolation models), 오염물질의 발생 가능성, 노출 수준, 상대적인 오염원 기여도와 같은 항목에서 보수적인 기본 가정을 사용하여 설계됩니다. 보수적 위험 평가와 규제는 현재와 미래 모두 수돗물로 인한 실질적 위험을 방지하기 위한 일종의 보험 정책입니다. 그러나 보수적 가정은 반드시 합리적이고 뒷받침할 근거가 있어야 하며, 주류 과학계에서 신뢰할 수 있는 수준이어야 합니다. 왜냐하면 자칫하면 위험 평가 담당자들이 실질적으로 규제자와 같은 역할을 하게 될 우려가 있기 때문입니다. 결국 핵심적인 문제는 '안전 마진을 어느 정도로 크게 설정할 것인지', 그리고 '이러한 안전 마진을 달성하기 위해 어느 정도의 비용이 적정한지'에 있습니다. 모든 규제는 대가를 수반하며, 과도한 규제는 소비자 비용을 불필요하게 증가시키거나, 유익한 기술의 활용을 제한하는 등 부정적 결과를 초래할 수도 있습니다. 또한 규제 기관과 언론이 가설적이고 미미한 위험 가능성에 지나치게 집중할 경우, 사람들은 공공 수돗물 공급을 불필요하게 불신하게 되어, 결과적으로 최대 1,000배나 더 비싼 병입수를 구입하는 잘못된 행동을 하게 될 수도 있습니다.

현안 이슈 검토

USEPA는 논란이 지속되는 상황 속에서도 합리적인 판단을 내려야 하며, 이 과정에서 노출 수준, 독성, 기술 및 비용에 관한 이상적인 데이터를 충분히 확보하는 것은 사실상 불가능한 상황입니다. 국가적 차원의 규정을 수립할 때, USEPA는 법률적 의무뿐만 아니라 상식적 차원에서도 이용 가능한 노출, 독성, 기술, 비용 자료들을 신중히 고려해야 하지만, 현실에서는 완벽한 정보를 갖추기 어렵습니다. 본 절에서는 현재 검토 중인 주요 이슈인 미생물 위험, 비소 규제, 6가 크롬 [Cr(VI)]와 같은 오염물질 관리 문제 등을 살펴봅니다.

과염소산염

과염소산염(perchlorate)은 환경과 식품 및 수돗물에 낮은 농도(μg/L 수준)로 존재하며, 자연적 및 인위적 기원을 모두 가지고 있고 과거에는 치료제로 사용된 적도 있습니다. 과염소산염은 다른 여러 흔한 음이온들과 마찬가지로 갑상선에서 요오드의 흡수와 경쟁하며, 일부 극단적인 조건과 복용량에서는 영아에게 부정적인 영향을 일으킬 수 있습니다. 미국에서는 과염소산염에 대한 많은 논란이 있어 왔으며, 몇몇 주에서는 수돗물 내 과염소산염의 기준치 또는 대응 조치 수준(action levels)을 매우 낮은 마이크로그램(μg/L) 단위로 설정하였습니다. USEPA (2008)는 미국국립연구위원회(National Research Council)의 검토를 바탕으로 수돗물 내 과염소산염에 대한 임시 건강주의보기준(interim health advisory)을 15μg/L로 설정했으며, 현재 정식 규제 수립 절차를 진행 중입니다. 한편, 2011년 유엔식량농업기구(United Nations Food and Agriculture Organization)와 세계보건기구(World Health Organization, WHO)의 독립적이고 다국적으로 구성된 외부 독성학 및 보건과학자문위원회인 식품첨가물전문가합동위원회(Joint Expert Committee on Food Additives, JECFA)는 과염소산염에 대한 우려 수준에 관한 분석 보고서를 발표하였습니다(JECFA, 2011). 미국 국립과학아카데미(National Academy of Sciences, NAS)의 보고서(NAS, 2005; USEPA가 현재의 기준 및 식품과 수돗물 내 농도 설정에 사용)는 독성학적, 역학적 및 임상적 근거를 종합적으로 검토한 후, 과염소산염의 잠정적 최대 허용 일일 섭취량(provisional maximum tolerable daily intake, PMTDI)을 체중 1 kg당 하루 10μg으로 산정하였습니다:

"식품과 수돗물을 모두 포함한 과염소산염의 추정 식이 노출량은 최고 수준이 체중 1 kg당 하루 0.7μg이며, 평균적으로는 체중 1 kg당 하루 0.1μg으로, 잠정적 최대 허용 일일 섭취량을 훨씬 하회하는 수준입니다. 위원회는 이러한 식이 노출량이 건강상 우려할 만한 수준이 아니라고 판단하였습니다"(JECFA, 2011).

의약품

몇몇 의약품들이 주로 지표수로부터 공급되는 수돗물에서 검출된 바 있으며, 대부분은 나노그램 수준으로 존재하였습니다(Bull 등, 2011). 이러한 의약품들은 상류에서 배출되는 폐수와 일부 가축 사육장의 유출수(runoff)를 통해 수돗물에 유입될 수 있습니다. 의약품은 폐수 처리 공정, 환경 중 이동 과정(생분해, 분해, 희석 등), 그리고 정수처리 과정을 통해 일부 감소합니다. 폐수에 유입되는 의약품의 대부분은 치료 목적으로 복용된 의약품과 그 대사체가 인체에서 배설되는 과정에서 발생하며, 사용되지 않은 의약품의 부적절한 폐기로 인한 양은 상대적으로 소량입니다. 2011년 7월 4일, WHO는 수돗물 내 의약품 문제를 다루기 위해 구성된 10명의 작업반(Working Group)의 검토 결과를 포함한 보고서를 발표했으며, 이 보고서는 미국과 기타 여러 국가들의 자료를 포괄적으로 검토한 것이었습니다. WHO는 다음과 같이 결론지었습니다: "수돗물에서 극미량으로 검출되는 의약품은 인체 건강에 위험을 일으킬 가능성이 매우 낮은데, 그 이유는 검출 농도와 약리적 효과(즉, 치료 효과)를 일으킬 수 있는 농도 사이의 노출 여유(margin of exposure) 또는 안전 마진이 매우 크기 때문이다…" 현재 수돗물 내 의약품에 대한 노출 수준은 WHO 수돗물 수질 지침(Guidelines for Drinking Water Quality)에서 의약품에 관한 공식적인 가이드라인 수치를 설정할 필요가 없음을 시사합니다(WHO, 2011). WHO는 또한 수돗물 내 의약품에 대한 정기적인 모니터링이나 특별한 수돗물 처리 시설의 설치가 불필요하다고 밝혔습니다.

니트로사민

니트로사민(Nitrosamines)은 식품에서 흔히 발견되는 물질로, 단백질 조리 과정에서 생성되거나 일부 산업 공정 중에 형성되며, 인간 체내에서도 전구물질(precursor substances) 및 산화질소화합물(oxynitrogen compounds)을 섭취한 후 내인성으로 생성될 수 있습니다(Cotruvo, 2011c). 몇몇 니트로사민(주로 디메틸니트로사민, dimethylnitrosamine)은 일부 수돗물에서도 나노그램(ng/L) 수준으로 발견되는데, 특히 상류에서 폐수가 방류된 지역의 수돗물이나, 일부 염소아민(chloramine) 소독과정 및 수처리 과정에 사용되는 특정 폴리머로 인해 발생할 수 있습니다. 거의 모든 니트로사민은 발암물질로 간주됩니다. USEPA는 여러 종류의 니트로사민을 CCL 및 UCMR에 포함시켰습니다.

규제의 어려움 중 하나는 니트로사민이 검출된 지역의 수돗물에서 하루 니트로사민 노출량이 다른 모든 경로로부터의 니트로사민 노출량 대비 1% 미만으로 매우 적다는 것입니다. 모니터링 비용이 상당히 높고 수처리 방법 역시 아직 명확히 확립되지 않았으며, 처리 비용도 높은 편입니다. 수돗물을 통한 니트로사민 노출의 상대적 기여도가 매우 미미하기 때문에, 일부 니트로사민이 포함된 수돗물에 낮은 MCL를 적용하더라도 실질적인 위험 감소나 공중보건에 미치는 영향은 극히 작을 것입니다. 니트로사민 전구물질이 포함된 수처리용 폴리머의 사용을 지침으로 제한함으로써, 수돗물 내 니트로사민 농도를 낮출 수 있을 것입니다.

6가 크롬

3가 크롬[Cr(III)]은 필수 영양소인 반면, 6가 크롬[Cr(VI)]은 흡입 시 발암물질로 작용합니다. 총 크롬(total Cr)에 대한 주된 노출원은 곡물, 육류, 채소, 계란 등의 식품입니다. 스테인리스강 조리기구를 포함한 스테인리스강 장비를 사용하는 공정에서는 식품의 크롬 함량이 증가할 수 있습니다. 많은 수돗물에는 마이크로그램(μg/L) 수준 또는 그 이하의 낮은 농도의 6가 크롬[Cr(VI)]이 존재할 수 있으며, 이는 자연적인 지질 구조, 폐기물 배출, 수처리 시 사용된 화학물질, 또는 소독 과정 중 3가 크롬[Cr(III)]의 산화 과정에서 비롯될 수 있습니다. 현재 총 크롬에 대한 MCL는 0.1 mg/L (100μg/L)로 설정되어 있습니다(Patierno, 2011).

6가 크롬은 타액, 위액 및 혈액에 의해 쉽게 3가 크롬으로 전환됩니다(DeFlora et al., 2011; Proctor et al., 2011). 사람의 위액을 사용한 연구에서도 비교적 많은 양의 6가 크롬조차 신속하게 3가 크롬으로 전환되는 것으로 나타났습니다.

6가 크롬에 노출된 근로자를 대상으로 1950년 이후 발표된 역학 연구들을 대상으로 수행한 위장관 암(구강암, 식도암, 위암, 소장암, 결장암 및 직장암)의 메타분석 결과, 위장관 악성종양 발생 위험의 유의미한 증가는 관찰되지 않았습니다(Gatto 등, 2010). 이 메타분석은 공기 중 크롬 농도가 극히 높아 경구 노출(예 : 치아와 혀가 노랗게 착색되는 현상, 위장관 불편감 등)이 발생했던 다양한 산업 분야에서 수행된 총

32건의 연구를 포함하였습니다. 캘리포니아 주 암등록소의 역학자인 존 모건(John Morgan)은 영화 「에린 브로코비치(Erin Brockovich)」의 배경으로 알려진 캘리포니아 주 힝클리(Hinckley) 지역에서, 총 암 발생률이나 특정 암 발생률의 증가가 관찰되지 않았으며, 실제로 해당 지역 주민의 암 발병 사례는 예상보다 더 적었다고 보고하였습니다(Morgan, 2010).

역학적 연구와 동물 독성 연구, 세포배양 연구 결과는 독성과 발암성 모두에서 매우 높은 역치 수준(threshold levels)이 존재함을 시사하고 있으며, 이러한 증거의 일부는 미국국립독성프로그램(National Toxicology Program, NTP)(NTP, 2008)이 실시한 설치류 발암성 생물학적 분석(bioassay) 결과에서도 제시된 바 있습니다. NTP 연구에서 쥐와 생쥐는 2년 동안 지속적으로 수돗물을 통해 매우 높은 농도의 6가 크롬에 노출되었습니다(생쥐의 경우 농도는 수컷 10, 30, 90μg/L, 암컷은 최대 180μg/L까지이며, 쥐는 수컷과 암컷 모두 최대 180 mg/L까지 노출됨). 종양은 쥐에서는 구강 점막에서, 생쥐에서는 소장에서만 관찰되었으며, 각 동물 종별로 가장 높은 두 가지 농도 그룹에서만 나타났습니다. 추가 연구 결과는 곧 보고될 예정입니다.

통합위해성정보시스템 독성검토위원회(Integrated Risk Information System Draft Toxicological Review panel, IRIS)(IRIS, 2011)는 USEPA에게, 매우 높은 농도의 6가 크롬이라 할지라도 그 변이원성(mutagenicity)은 매우 약하며, 그마저도 대부분의 세포가 독성을 나타낼 정도의 고농도에서만 나타난다는 점을 고려할 것을 권고했습니다. 또한, 기존 시험에서 유전적 돌연변이로 간주되었던 현상은, 실제로는 독성 노출 조건에서 살아남은 세포들이 선택된 결과일 가능성이 더 크다고 지적하였습니다. 고용량의 6가 크롬이 나타내는 발암 작용의 가능한 메커니즘은 만성적인 조직 손상과 그로 인한 증식성 재생(proliferative regeneration)입니다. 역치(threshold) 이하의 농도에서는 측정 가능한 돌연변이나 발암작용이 없기 때문에, 이 같은 발암 메커니즘은 나타나지 않을 것입니다. 이는 극히 낮은 농도인 0.02μg/L에서도 발암 위험이 존재한다고 가정한 캘리포니아주 환경보건위해성평가국(Office of Environmental Health Hazard Assessment in California, OEHHA)(OEHHA, 2011)의 공중보건 목표(public health goal)와는 뚜렷하게 상반되는 결론입니다.

미규제 오염물질

미규제 오염물질을 체계적인 방식으로 다루는 것은, 수돗물을 통한 노출과 잠재적인 건강 위험을 고려하여 어떤 물질을 추가 평가하거나 규제할 필요가 있는지 판단하는 합리적인 방법입니다. 그러나 현재까지 USEPA의 접근법은 그다지 효율적이거나 효과적이지 않았습니다. 이 과정은 약 10년 동안 운영되어 왔고 방대한 양의 사전 준비 작업과 평가 작업이 이루어졌지만, 아직 새로운 규정이 제안된 것은 없습니다. 이는 이미 규제되고 있는 오염물질 이외에 공중 보건을 보호하기 위해 국가적인 규제가 필요한 오염물질이 그리 많지 않다는 것을 명확히 시사합니다. 한편, USEPA는 보다 직접적이고 효율적인 방식을 통해서도 동일한 결론에 도달하고, 규제 고려 대상으로 타당한 몇몇 오염물질 후보를 선별할 수 있었을 것입니다. 더욱 간소화된 절차는 수돗물의 구성성분, 농도, 국가적 노출 범위 및 개인별 노출 분포를 파악하기 위해 최고 수준의 기술을 이용한 포괄적이고 세부적인 수돗물 분석에서 시작될 수 있었을 것입니다. 여기에는 수돗물원수 및/또는 정수된 수돗물에 존재할 가능성이 높으며 독성학적으로 우려되는 일부 제조 화학물질에 대한 평가가 추가될 수 있었을 것입니다. 독성학적 우려 역치(Threshold of Toxicological Concern, TTC)와 같은 독성 선별 기법을 활용하면, 인체 섭취량이나 노출량이 무시할 수 있을 만큼 낮아 위해 우려가 없는 수준의 물질을 신속히 걸러내어 관리 가능한 수준으로 물질의 수를 줄일 수 있을 것입니다. 더욱 간략히 선정된 물질에 대해 상세한 자료(dossiers)를 작성한 후, 이를 제안하기 전에 외부의 검증된 수자원 과학 전문가들이 참여하는 델파이(Delphi) 방식의 검토 및 검증 절차를 진행할 수 있었을 것입니다. USEPA가 사용한 절차는 미국국립연구위원회의 보고서와 법적으로 설치된 국가 수돗물자문위원회(National Drinking Water Advisory Council)의 권고를 바탕으로 이루어졌습니다.

권고사항 제시

미국의 공공 수돗물 수질은 전반적으로 양호하며, 현재의 수돗물은 안전합니다. 특히 200년 전 중앙집중식 상수도 시스템의 도입 및 폐수를 모아 방류하는 시스템이 도입된 이래, 역사상 그 어느 때보다도 확실히 더 안전합니다. 미생물 오염 가능성은 언제나 가장 큰 건강 위협 요인이 될 것이지만, SDWA이 규정한 의무사항에 따라 공공급수 공급자들은 미생물 위협에 성공적으로 대처해오고 있습니다.

그러나 현재 사용되고 빠르게 발전하고 있는 분석 기술로 인해 μg/L, ng/L, 심지어 그보다 훨씬 낮은 농도 수준의 화학물질이 검출되면서 우려가 자주 제기되고 있습니다. 이러한 경향은 분석 과학의 검출 및 정량 한계가 점점 더 민감해지고 낮아지고 있기 때문에 앞으로도 지속되고 확대될 것입니다. 이러한 극미량의 노출은 의미 있는 위해를 초래할 가능성이 매우 낮으며, 사실상 현실성이 없다고 봐도 무방하다. 이러한 농도는 고농도 실험에서도 검출 가능한 영향을 나타낼 수 있는 수준보다 수십만 배 이상 낮습니다.

수중 환경에 존재하는 물질의 수는 많을 수 있지만, 각각의 물질량은 일반적으로 매우 적기 때문에, 극히 미량으로 존재하는 다수의 물질로부터 공중보건을 보호하기 위해 국가적 차원의 수돗물 규제를 요구할 만한 충분한 근거는 없습니다. 실질적으로 수돗물 내에서 규제 대상 물질 목록을 지나치게 길게 만드는 것은 수도사업자에게 비용부담이 클 뿐이며, 공중보건 보호 측면에서도 불필요합니다. 또한 어떤 물질이 검출되었을 때 수도사업자와 보건당국이 신속한 의사결정을 내릴 수 있도록 과학적으로 신뢰할 수 있는 근거를 제공하지 못하는 현재의 방식은 효율적이지 않습니다. 이러한 이유로 USEPA 수돗물관리국(Office of Drinking Water)은 1980년경부터 건강주의보 프로그램(Health Advisory program)을 시행해 오고 있습니다. 현재 약 200개의 건강권고사항이 존재합니다(USEPA, 2009).

위해성 평가는 상세한 정보가 부족할 때 항상 보수적인 기본 가정을 사용합니다. 과학적 지식은 지속적으로 발전하고 있으며, 때때로 실제 리스크가 이전에 추정하거나 가정한 것보다 낮은 것으로 밝혀질 수도 있습니다. 따라서 USEPA가 규제 결정을 내릴 때 항상 최상의 보편적 과학 정보와 판단을 활용하도록 요구하는 것이, 기관의 신뢰성을 유지하는 데 필수적입니다.

SDWA 이행 전략 제안

이 제안들은 USEPA, 상수도 산업계, 그리고 정치인들이 미래 환경에서도 제대로 기능할 수 있도록 SDWA를 현대화하기 위한 논의를 시작하도록 독려하기 위해 마련된 것입니다. 미국은 수돗물의 구성 성분, 수질 정보 및 수원에 대해 상당한 양의 역사적 데이터를 축적해왔고, 수돗물 내 오염 수준 또한 감소해왔으므로, 이러한 축적된 지식을 활용하여 공공 급수의 안전성을 보장하기 위한 접근 방식을 개정하는 것이 논리적일 것입니다. 다음은 지속적으로 안전한 수돗물을 공급해야 하는 현실에 보다 효율적으로 대응하기 위해 제안된 전략입니다.

1. 중대한 위험성, 국가적 중요성 및 실질적인 위험 감소 기준을 충족하지 못하는 규제들은 폐지하라. 수년간의 규제 준수 모니터링 결과, 많은 현재의 규제들은 우려 수준에 가까운 농도에서 무시할 만한 발생 빈도를 보인다. 이를 건강주의보(7번 항목 참조)로 전환하라. 이를 위해서는 법률 개정이 필요할 수도 있다.
2. 수돗물에서 검출되는 화학물질에 대해 보다 합리적이고 신속한 사전 스크리닝 및 우선순위 설정 방법론을 적용하라. 예를 들어, 식품의약국(Food and Drug Administration)과 다른 기관들이 수년간 식품첨가물의 선별에 사용해 온 독성학적 우려 기준치(Threshold of Toxicological Concern)와 같은 방법이 있다.
3. 1996년 SDWA의 기준(전국적 발생 빈도, 건강 위해성, 실질적 위험 감소)을 충족할 것으로 보이는 소수의 규정들을 추가하고, 필요에 따라 주기적으로 이를 갱신하라.
4. 규제 시에는 개별 MCL, 처리 기술, 또는 그룹화 방식을 타당하고 기술적으로 적절한 경우에 따라 활용하라. 대부분의 규제 물질들은 현재의 그룹화 방식으로 다뤄지고 있다. 이러한 접근법들은 전통적으로 SDWA를 이행하는 데 사용되어 왔다.
5. 위해성 평가 및 규제적 의사결정 과정에서 이용 가능한 최선의 주류 과학 지식을 사용하라.
6. 노후화된 배관 및 급수시스템 인프라 문제 해결을 강조하라. 이는 시정이 필요한 수돗물 관련 건강 위험 요인 중 가장 중대한 사안일 가능성이 높다.
7. 수돗물원수 및 처리된 수돗물의 전국적 조사를 주기적으로 실시하여, 현재의 수

질 상태를 파악하고 규제나 건강주의보가 필요한 사항이 있는지 최신 정보를 유지하라.

8. 이미 수돗물에서 검출되었거나 앞으로 검출될 가능성이 있는 물질들에 대해 동료 검토(peer review)를 거친 수돗물 건강주의보(Drinking Water Health Advisories, DWHAs)의 수를 확대하라. 이것은 비용 효율적인 방법이며, 수돗물에 존재할 수 있는 물질들에 대해 건강적 중요성에 관한 권위 있는 지침을 종합적으로 제공할 수 있다. 또한 DWHAs는 새로운 물질이 검출되었을 때 신속한 판단이 필요한 수도 공급자와 공중보건 담당자들의 요구에 부합하는 방식이다(예 : 대부분의 농약과 의약품의 경우 이미 확보된 등록 및 의약품 승인 데이터베이스를 활용하여 손쉽게 DWHAs를 마련할 수 있다).
9. 각 주가 지역적 필요에 따른 규정(건강주의보 평가, 기술적 성능과 비용, 분석방법 등)을 개발할 수 있도록 USEPA의 지침과 지원을 제공하라.
10. 타 기관이나 조직이 개발한 필요 기술 및 신기술의 활용을 촉진하라.
(예 : USEPA는 기술 시연과 기술 검증 프로그램 등을 통해 각 주 및 수도 공급자에게 기술적 지원을 제공해야 한다.)
11. 공공 급수 시설로 유입되는 오염물질과 그 부담을 줄이기 위해 미국물환경보전법(Clean Water Act), 미국독성물질관리법(Toxic Substances Control Act), 농약규제 권한을 더욱 적극적으로 활용하라.
12. 환경 및 수돗물 오염 방지에 중점을 두라. 산업체 방류수 관리는 이미 성공적이었다. 의약품은 하수처리 공정 개선과 폐기물 관리 강화로 관리하고, 농약은 유역 단위의 살포 관리를 통해 관리하라.
13. CCL과 UCMR은 실제 우려할 만한 물질이 소수만 포함된 단순 나열식 목록이 아니라, 가능성이 가장 높은 후보 물질에 중점을 두어 작성하라.
14. 검증된 수질 모니터링 데이터를 활용 가능한 공통의 전자 형식으로 공유할 수 있도록 각 주와 협력하여, 전국적인 현황과 추세에 대한 정보를 손쉽게 이용할 수 있게 하라.

이 제안된 전략은:

- 포괄적이며, 미래 지향적이고, 사전 대비적이며 지속가능하다.
- 훨씬 더 많은 오염물질을 다루며, 필수적인 기준(benchmarks)과 국가적으로 일

관된 권고를 제공한다.

- 공중보건 보호라는 SDWA의 목적과 부합한다.
- USEPA, 각 주 및 수도사업자에게 훨씬 더 효율적이고 비용 효과적이다.
- 공공 수도사업자의 불필요한 규제 준수 모니터링을 줄인다.
- 수원 오염을 더욱 감소시킬 수 있다.
- 대중 및 주정부와 지역 수도 규제 담당자들의 불확실성을 감소시킨다.
- 안전 마진 및 노출 마진(margins of exposure)을 사용하여 미량 오염물질 검출의 의미를 명확하게 설명할 수 있는 기회를 제공함으로써, 관계 당국 및 일반 대중이 수돗물 수질 및 "위험"(예 : 의약품 등)에 대해 보다 균형 잡힌 관점을 갖게 한다.
- 물과 건강 관련 이슈에 대해 시의적절한 리더십과 국가적 차원의 일관성을 제공한다(예 : 유해 폐기물 처리장 관련 적용 등).

단점은 무엇인가? 많지 않다.

- 각 주가 항상 지역적으로 발생하는 오염물질을 규제하지 않을 가능성이 있으나, SDWA에 따라 USEPA가 감독 책임을 지고 있다.
- 주정부의 규정이 항상 일관적이지 않을 수도 있으나, 사실 현재도 이미 일관적이지는 않다.

결론적으로, 이 접근법은 대중과 수도 당국의 요구에 부응할 뿐 만 아니라, 지속가능하고 신뢰할 수 있으며 효율적인 동시에 공중보건 보호를 더욱 강화하고 비용 대비 효과도 훨씬 더 높일 것입니다.

References

1. Bull, R.J.; Crook, J.; Whittaker, M.; & Cotruvo, J.A., 2011. Therapeutic Dose as the Point of Departure in Assessing the Health Hazards From Drugs in Drinking Water and Recycled Municipal Wastewater. Regulatory Toxicol. & Pharmacol., 60:1.
2. Cotruvo, J.A., 2011a. A Suggested Comprehensive Regulatory Strategy for Implementing the Safe Drinking Water Act. Proc. 2011 AWWA Ann. Conf., Washington.
3. Cotruvo, J.A., 2011b. Oversight Hearing on the Environmental Protection Agency's Implementation of the Safe Drinking Water Act's Unregulated Drinking Water Contaminants Program. Testimony, Senate Committee on Environment and Public Works. www.epw.senate.gov/public/index.cfm?FuseAction=Files. View&FileStore_id=98ba9b3c-2b9e4cec-9a27-06ab87841a53 (accessed Nov. 22, 2011).
4. Cotruvo, J.A., 2011c. Nitrosamines Dietary Exposure. Proc. 2011 AWWA Ann. Conf., Washington.
5. Cotruvo, J.A., 2010. A New Regulatory Strategy for Implementing the SDWA. Jour. AWWA, 102:10:55.
6. DeFlora, S.; Camoriano, A.; Bagnasco, M.; Bennicelli, C.; Corbitt, G.E.; & Kerger, B., 1997. Estimates of the Chromium(VI) Reducing Capacity in Human Body Compartments as a Mechanism for Attenuating Its Potential Toxicity and Carcinogenicity. Carcinogenesis, 18:531.
7. Gatto, N.M.; Kelsh, M.A.; Mai, D.H.; Suh, M.; & Procter, D.M., 2010. Occupational Exposure to Hexavalent Chromium and Cancers of the Gastrointestinal Tract: A Meta-analysis. Cancer Epidemiol., 34:388.
8. IRIS (Integrated Risk Information System), 2011. IRIS Toxicological Review of Hexavalent Chromium (External Review Draft). http://cfpub.epa.gov/ncea/iris_drafts/recordisplay. cfm?deid=221433 (accessed Nov. 23, 2011).
9. JECFA (Joint Food and Agriculture Organization/ World Health Organization Committee on Food Additives), 2011. Evaluation of Certain Contaminants in Food (Seventy-second Report of the Joint FAO/WHO Expert Committee on Food Additives). WHO Technical Report Series, No. 959. http://whqlibdoc.who. int/publications/2011/9789241660631_ eng.pdf (accessed Nov. 11, 2011).
10. Kerger, B.D.; Richter, R.O.; Chute, S.M.; Dodge, D.G.; Overman, S.K.; Liang, J.; Finley, B.L.; & Paustenbach, D.J., 1996. Refined Exposure Assessment for Ingestion of Tapwater Contaminated With Hexavalent Chromium: Consideration of Exogenous and Endogenous Reducing Agents. Jour. Exposure Analysis & Envir. Epidemiol., 6:163.

11. NAS (National Academy of Sciences), 2005. Review of the Health Implications of Perchlorate Ingestion, Jan. 11, 2005. http://cfpub.epa.gov/ncea/cfm/recordisplay. cfm?deid=72117 (accessed Nov. 23, 2011).

12. OEHHA (Office of Environmental Health Hazard Assessment), 2011. Public Health Goals for Chemicals in Drinking Water: Hexavalent Chromium (Cr VI). http://oehha.ca.gov/ water/phg/pdf/ Cr6PHG072911.pdf (accessed Nov. 23, 2011).

13. NTP (National Toxicology Program), 2008. Technical Report on the Toxicology and Carcinogenesis Studies of Sodium Dichromate Dehydrate in F344N Rats and B6C3F1 Mice (Drinking Water Studies). NTP TR 546, NIH Publication No. 07-5887. US Department of Health and Human Services, Washington.

14. Patierno, S.R., 2011. Oversight Hearing on the Environmental Protection Agency's Implementation of the Safe Drinking Water Act's Unregulated Drinking Water Contaminants Program. Testimony, Senate Committee on Environment and Public Works. www.epw.senate.gov/public/index. cfm?FuseAction=Files.View&FileStore_id=09c4210a-f6ef-4632-bd11377fcd07249e (accessed Nov. 22, 2011).

15. Sahagun, L., 2010. Fewer Cancers Found in Hinkley Than Expected. http://articles.latimes.com/2010/dec/13/local/ la-me-hinkley-cancer-20101213 (accessed Nov. 11, 2011).

16. SDWA (Safe Drinking Water Act), 1996. Safe Drinking Water Act, P.L. 104–182. Washington.

17. SDWA, 1974. Safe Drinking Water Act, P.L. 93–523. Washington.

18. SDWA, 1986. Safe Drinking Water Act, P.L. 99–339. Washington.

19. USEPA (US Environmental Protection Agency), 2009. Drinking Water Health Advisories and Science Support. www. epa.gov/waterscience/criteria/drinking/ dwstandards2009. pdf (accessed Nov. 11, 2011).

20. USEPA, 2008. Interim Drinking Water Health Advisory for Perchlorate. EPA822-R-08-025. www.epa.gov/ogwdw/ contaminants/unregulated/pdfs/ health-advisory_perchlorate_ interim.pdf (accessed Nov. 11, 2011).

21. WHO (World Health Organization), 2011. Pharmaceuticals in Drinking-water: Technical Report. www.who.int/water_ sanitation_health/publications/2011/ pharmaceuticals_20110601.pdf (accessed Nov. 11, 2011).

2014

미국수도법 : 처음 10년

빅터 J. 킴 ▌ 은퇴. 전 USEPA 수돗물 프로그램 책임자
조셉 A. 코트루보 ▌ 조셉 코트루보 & 어소시에이츠 대표, 워싱턴 D.C.
잭 호프부어 ▌ 은퇴. 전 AWWA 상임이사
아덴 캘버트 ▌ 은퇴. 전 USEPA 수돗물 프로그램 구성원

원문은 *Journal AWWA* 2014년 8월호(제106권, 8호, 84~95쪽)에 처음 게재되었습니다.

미국수도법(Safe Drinking Water Act, SDWA)은 미국의 상수도 관리 및 처리 방식을 변화시켰을 뿐 아니라, 과학 정책과 이해관계자의 의견을 통합한 규제 이행 프로세스를 확립했습니다.

SDWA는 1974년 말에 제정되었으며, 미국의 수돗물 관리 및 처리 방식에 중대한 변화를 가져왔습니다(USEPA, 1974). 우리는 SDWA의 초창기 역사를 간략히 정리하여 다음과 같은 목적을 달성하고자 했습니다:

- 국가수돗물프로그램이 시작된 역사적 배경을 설정하고 이 역사적 법안의 주요 구성요소를 개략적으로 제시한다.
- 당시 직면했던 과학적, 기술적, 정치적 도전과제를 설명한다.
- 미국환경보호청(U.S. Environmental Protection Agency, USEPA)이 새로운 프로그램을 어떻게 이행했는지 설명한다.
- 그리고 지나고 보았을 때, 연방정부-주정부-상수도 사업자 간의 수돗물 파트너십 구축 및 이행의 성공 요인이 무엇이었는지 파악한다.

이 프로그램의 역사에 대한 현장 전문가들의 관점이 현재 국가의 수돗물 수질 문제를 다루고 있는 연방정부, 주정부, 그리고 수도 공급 전문가들에게 흥미롭게 다가가고, 이 과정에서 얻은 교훈이 미래에도 그들에게 도움이 되기를 바랍니다.

역사적 배경

공공서비스 분야에서 경력을 쌓은 뒤, 빅 킴(Vic Kimm)은 수돗물관리국(Office of Drinking Water)의 책임자로 임명되어 이 새로운 법안의 이행을 책임졌습니다. 토목공학 및 공공행정 분야의 훈련을 받았던 그는 이전에 라틴 아메리카에서 자원봉사자로 일했고, 연방 빈곤퇴치 프로그램에서 일했으며, USEPA가 출범한 1970년부터 기획평가국(Office of Planning and Evaluation)의 부국장으로 재직한 바 있습니다. 빅이 새 직책을 맡았을 때, 그는 이미 USEPA 고위 관리자들과 혁신을 장려하는 기관의 신생 문화에 익숙했습니다. 당시 환경 관련 주요 입법이 대거 통과되던 초기였으며, 여러모로 USEPA의 역할은 이전에 개척되지 않은 영역에서 개발 중이었습니다. 빅은 연방정부가 지나치게 상명하달식으로 관리하는 것보다는, 주(州) 및 지역 차원의 책임 있는 집행을 강력히 지지했습니다. 또한 그는 앞으로의 미래에 대해 낙관적이었으나, 직면하게 될 어려움에 대해서는 거의 예상하지 못했습니다.

조 코트루보(Joe Cotruvo)는 화학자로서 교육을 받았으며, 화학 반응의 속도와 메커니즘을 다루는 물리유기화학 분야에서 박사학위를 취득했습니다. 유럽에서 박사 후 연구를 마친 후, 그는 유기화학 기업의 연구개발 연구소를 운영했고, 이후 USEPA 기획평가국에서 근무했습니다. 그는 또한 법학 분야의 여러 과정을 수강했습니다. 따라서 그가 USEPA 수돗물기준부(Drinking Water Standards Division)의 책임자로 임명되었을 때는 이미 기초과학과 법률에 대한 훈련을 받았으며, 기관에서 약 3년간 근무한 상태였습니다. 그는 비록 수돗물 관리 실무 경험이 부족했지만, USEPA 본부의 수돗물 프로그램에서 비교적 드문 과학자 출신 인력 중 한 명이었습니다.

절차는 모든 이해관계자가 이행 활동에 의견을 제시할 수 있도록 하고, 모든 규제 결정 과정에서 비용이 반드시 고려되도록 하는 데 사용될 것입니다.

조는 자신의 새로운 임명을 수돗물 규제, 관리 및 생산 실무에 보다 과학적인 접근을 적용할 수 있는 기회로 여겼습니다. 잭 호프부어는 미국 공중보건국(U.S. Public Health Service, USPHS)의 임관 장교로서 환경공학과 행정학 분야의 대학원 학위를 가지고 있었습니다. 그는 페루에서 평화봉사단 자원봉사자로 활동하며 수돗물과 폐수 프로젝트를 관리했으며, 이후 호피족(Hopi)과 나바호족(Navajo)의 인디언 보호구역에서 인디언 보건국(Indian Health Service)을 위해 일했습니다. 그 후 그는 USEPA와 주간 운송 프로그램(Interstate Carrier Program)에 합류했고, 결국 USEPA의 8지역(Region 8)에서 수돗물관리부서(Drinking Water Branch)의 책임자로 근무하게 되었습니다. 그는 USEPA의 초창기 시절을 직접 목격한 인물로서, 공중보건 보호를 목적으로 설계된 새로운 국가 프로그램의 출범에 참여하게 되었습니다.

아덴 칼버트(Arden Calvert)는 수돗물프로그램(Drinking Water Program)을 포함한 여러 USEPA 프로그램에서 근무했습니다. 그는 행정학 학사와 정치학 석사 학위를 가지고 있습니다. 그는 수돗물 프로그램 내 정책·기획·평가실에서 예산, 리스크 평가 정책, 규제 개발 및 수자원 프로그램 평가와 같은 업무를 수행했습니다. 아덴은 이 글의 바탕이 된 USEPA 동문 협회(USEPA Alumni Association)의 SDWA 초기 시행에 관한 구술 역사 영상(Kimm 등, 2014)에서 진행을 맡았습니다.

몇몇 다른 관리자들도 빅터 킴(Victor Kimm)과 함께 새로 출범한 수돗물 관리 프로그램의 핵심을 이뤘습니다. 그 중에는 주(州) 프로그램 부서(State Programs Division)를 이끌었던 앨런 레빈(Alan Levin)과, 같은 부서의 지부장이었던 짐 맨워링(Jim Manwaring)이 포함되었습니다. 운영 연구 박사인 아놀드 쿠즈맥(Arnold Kuzmack)은 수돗물 프로그램 내 정책·기획·평가실(Office of Policy, Planning, and Evaluation)을 총괄했으며, 이 부서는 개발 중인 규정의 경제성 평가도 담당했습니다. 또한 존 와이즈(John Wise)는 USEPA 9지역(Region 9)의 수돗물 지부장으로 일했습니다.

수돗물 처리의 역사적 배경

초기 문명들은 깨끗한 수돗물의 혜택을 인식하고 있었습니다. 그들은 산악 지역에서 흘러내리는 물을 모으기 위해 상당한 자원을 투입하여 저수지와 수로(aqueduct)를 건설하고, 이를 통해 깨끗한 물을 인근 도시로 공급했습니다. 이러한 노력은 도시화의 성공에 근본적인 역할을 했습니다.

깨끗한 물과 건강의 중요성

수돗물 수질과 질병 사이의 연관성이 널리 알려진 최초의 직접적인 사례는 1850년대로 거슬러 올라갑니다. 당시 의사 존 스노우(John Snow)는 런던 소호 지역 브로드 스트리트에 위치한 펌프가 심각한 콜레라 유행의 근원지라는 사실을 관찰했습니다. 이전까지는 일반적으로 질병이 오염된 공기를 통해 전염된다고 여겨졌습니다. 비록 당시 스노우의 발견이 논란의 여지가 있었지만, 당국은 마지못해 브로드 스트리트의 펌프 손잡이를 제거하였습니다. 결국 전염병은 여러 요인으로 인해 진정되었고, 오염된 우물이 폐쇄된 덕분에 콜레라는 재발하지 않았습니다.

스노우는 자신의 가설이 입증되는 것을 보지 못한 채 세상을 떠났습니다. 그로부터 20~30년 뒤, 루이 파스퇴르(Louis Pasteur)와 로베르트 코흐(Robert Koch)가 미생물학을 창시하고 질병의 세균설을 정립하며, 장티푸스와 콜레라를 일으키는 특정 미생물이 밝혀졌습니다. 1892년이 되어서야 로베르트 코흐는 완속 모래 여과(slow sand filtration, 비용이 많이 드는 처리 방식)가 단지 물을 깨끗하게 만드는 것뿐만 아니라 미생물 농도를 줄이는 데도 효과적이라는 사실을 입증했습니다.

20세기 초만 해도 주요 강 유역 도시들의 아동 사망률은 5명 중 2명 꼴로 높았습니다. 1908년에는 (논란이 없었던 것은 아니지만) 미국에서 처음으로 염소 소독(chlorination)이 수돗물 처리 과정에 도입되었고, 이는 도시 지역 아동 사망률을 급격히 감소시키고 장티푸스를 근절하는 계기가 되었습니다. 시간이 지나면서 주요 도시들에서는 응집(coagulation), 모래 여과(sand filtration), 소독(disinfection)과 같은 개선된 지역사회 위생 및 수처리 방법들이 널리 적용되었으며, 이는 20세기 최대의 공중보건 성과 중 하나로 평가됩니다.

연방정부의 수돗물 수질 관리 역할

20세기 초부터, 주간 운송 프로그램(Interstate Carrier Program)에 따른 연방정부의 역할은 주로 주(州)간 운송 수단의 수돗물 수질 관리에 초점을 맞추었습니다. 이 프로그램은 USPHS이 주(州) 보건부와 협력하여 관리했으며, 수질에 대한 일련의 합의된 표준들을 만들어냈습니다. 그러나 이 기준들은 주간 운송사업체를 위한 급수 지점에서만 법적 구속력을 가졌습니다. 그럼에도 불구하고, 이러한 공동 노력은 USPHS와 주 보건부 간에 수년간 지속된 전반적인 우호관계를 형성했습니다.

20세기의 기술적 성공으로 수인성 질병이 거의 제거되었다는 인식이 생기면서 주 보건부는 다른 문제들에 초점을 옮기고, 수도시설에 대한 감독을 줄이게 되었습니다. 마찬가지로, 수도시설 관리자들은 과거의 주요 보건 문제들이 대부분 해결되었다고 믿었으며, 이에 따라 시설 확장, 노후화된 기반시설을 통한 신뢰성 있는 서비스 제공, 미생물적 수질 유지, 소비자 요금 인상을 피하기 위한 비용 최소화에 초점을 두었습니다. 일부 수도 전문가들은 특히 소규모 시스템에서의 주정부 감독 소홀과 수도시설의 미생물 및 화학적 수질에 대해 우려하였습니다. 이와 유사한 우려는 약 1,000개의 수도시설을 대상으로 수질을 조사한 USPHS의 1969년 「지역 상수도 조사」 결과에서도 나타났습니다. 일부 환경운동가들도 이러한 우려에 공감하며 수돗물 수질과 암 발병률 간의 잠재적 연관성 문제를 다시 제기했는데, 1970년대 중반 뉴올리언스에서 발행된 한 보고서가 주요 언론의 큰 주목을 받았습니다. 한편 일반 대중은 수돗물이 안전하다고 믿었으며, 이러한 논의가 이루어지고 있다는 사실조차 인지하지 못하고 있었습니다.

규제의 역사와 발전

SDWA가 통과된 1970년대에 수돗물 처리 기술은 세기 초에 비해 진보한 상태였지만, 여전히 개선의 여지가 많았습니다. 적절한 수처리와 공급망 관리가 제대로 이루어지고 있는지에 대한 의문이 제기되었고, 유기 화학물질 오염 문제도 막 드러나기 시작한 상황이었습니다.

1974년의 SDWA

SDWA는 25명 이상의 고객 또는 15개 이상의 서비스 연결부에 공급하는 모든 시스템에 적용 가능한 과학적 기반의 수돗물 수질기준을 설정하기 위한 연방 프로그램을 수립하였습니다. 이 법은 수질기준 마련을 위해 3단계 절차를 수립했습니다. USEPA는 다음과 같은 역할을 수행하게 되었습니다:

- 1962년 USPHS 기준을 업데이트한 임시 기준을 공표
- 수돗물 내 공중보건에 영향을 미칠 수 있는 오염물질에 관한 연구를 수행하기 위해 국립연구위원회(National Research Council, NRC) 및 미국국립과학원(National Academy of Sciences, NAS)과 계약
- NRC/NAS의 연구 결과를 바탕으로 더욱 포괄적이고 개정된 기준을 발표

법에 따라, 수도 사업자는 수질 모니터링과 규정 준수를 책임지며, 필요한 감독 기능은 주정부가 담당하게 되었습니다. 각 주의 감독 프로그램 개선을 위해 초기에 2천만 달러의 상당한 보조금이 지원되었습니다. 주정부가 계속 보조금을 받을 자격을 유지하려면 감독 수행 책임(최소한 연방 기준만큼 엄격한 기준 채택 포함)과 그와 관련된 감독 업무, 기록 관리 및 기타 업무를 수행하기 위한 구체적인 조치를 취해야 했습니다. USEPA는 주정부가 이러한 책임을 수행할 의사가 없거나 수행할 수 없는 경우에만 직접적인 감독 업무를 수행하게 되었습니다.

SDWA의 또 다른 측면은 연방정부의 지하주입관리(Underground Injection Control, UIC) 프로그램 설립이었으며, 이는 발전 중이던 연방 지하수원 보호 프로그램의 중심이었습니다. USEPA는 UIC 프로그램의 설계 및 감독에 상당한 자원을 투입했으나, 주정부에 제공된 지원은 이 글에서 다루고 있는 공공상수도시스템 감독(Public Water System Supervision) 프로그램에 비해 상당히 적었습니다. [이 글에서 UIC 프로그램에 대해서는 더 이상 다루지 않지만, 현재 진행 중인 고압 심층 지하수층 주입을 통한 수압파쇄(hydraulic fracturing) 문제와 관련하여 매우 중요한 이슈입니다.]

SDWA의 또 하나의 특징은 특별히 언급할 가치가 있습니다. 이 법안에 고유한 점은 수도시설이 기준을 달성하지 못하거나 의무적 모니터링이 실시되지 않았을 때 고객에게 이를 공지하도록 요구한 것입니다. 이러한 공공 공지 요건은 투명성에 익숙하지 않던 수도시설 관리자들에게 큰 우려 사항이었습니다.

수돗물 프로그램의 초기 단계

수돗물 프로그램 시행 초기에 몇 가지 우려스러운 점이 발견되었습니다.

- USPHS 기준
  1962년의 USPHS 기준은 전문가 패널에 의해 만들어졌지만, 이를 뒷받침할 기록이나 자료가 전혀 남아 있지 않았다. 또한 이 기준들은 의무적인 규정을 설정하는 데 있어 현행 법적 요건인 적법 절차를 충족하지 못했다.
- 목록화
  대부분의 주는 기존의 공공 물 공급 시스템, 수원지 또는 처리시설에 대한 포괄적인 목록을 가지고 있지 않았다. 따라서 주정부는 새롭게 도입된 컴퓨터 기반의 데이터 처리 시스템을 사용하여 물 공급 시설의 목록화를 시작했습니다. 결과적으로 약 160,000개의 공공 물 공급 시설이 확인되었으며, 이 중 약 60,000개가 지역사회 시스템이었다.
- 오염물질에 대한 최소한의 데이터
  1970년대 중반, 연구실에서 사용가능했던 분석 기술 덕분에 이전에는 검출할 수 없었던 수준의 유기 오염물질을 측정할 수 있게 되었다. 당시 새로운 분석 기술이 상용화되지 않았기 때문에, 기준 설정 활동은 공공 물 공급 시스템에서 발생하는 오염물질의 국가적 모니터링 조사로부터 시작되어야 했다.

- 제한적인 처리 기술

  미량 농도의 유기 오염물질을 제거하는 기술은 미국의 물 공급 시스템에서 널리 사용되지 않았다.

- 제한된 연방 자원

  이 프로그램은 본부에 약 50명의 직원, 오하이오주 신시내티의 연구소에 20명의 직원, 그리고 주로 주(州)간 운송 프로그램에 소속된 USPHS 담당관을 포함한 지역 직원 약 35명으로 시작되었다. 초창기부터, 이와 같은 인력으로는 국가 차원의 규제 및 감독 프로그램을 구축하는 데 요구되는 과제를 충족시키기에는 불충분하다는 것이 명백했다.

- 소규모 시스템

  우리는 곧 대다수 시민이 소수의 대규모 시스템으로부터 물을 공급받고 있는 반면, 정작 대부분의 시스템은 소수의 고객만을 대상으로 운영되고 있다는 사실을 깨달았다. 소규모 시스템에서는 비용 문제와 전문적 관리 역량 부족 때문에 일부 수처리 기술의 적용이 현실적으로 불가능했으므로, 이에 대응하기 위한 새로운 접근법이 필요했다.

기관 직원들은 중요한 공중보건 목표를 추구하고 궁극적으로 달성하기 위해 이러한 기술적 난관들을 극복해야 한다는 점을 잘 알고 있었습니다.

이행 전략

USEPA는 '한 번에 한 단계(One Step at a Time)'라는 전략을 수립했는데, 이는 이행 과정을 점진적으로 추진하겠다는 의미로, 가장 우선순위가 높은 건강 위험 요소부터 다루기로 하였습니다. 우리는 몇 안 되는 공석에 최고의 인재들을 채용하고, 수학적 모델링과 고도의 기술적 전문성이 있는 전문 컨설팅 회사들과 계약하여 기관의 기술적 역량을 구축하고자 하였습니다. 모든 이해관계자가 이행 활동에 의견을 제시할 수 있도록 프로세스를 활용하며, 모든 규제 결정에서 비용 요소를 고려할 수 있도록 하였습니다.

이 전략에는 주요 이해관계자들을 파악하고 각 그룹과 소통하여 그들이 프로그램 활동에 의견을 제시할 수 있도록 하는 소통 계획이 포함되어 있었습니다. 우리의 주요 이해관계자는 다음 네 가지 주요 그룹으로 구성되었습니다:

- 규제 준수 책임을 가진 수도시설 관리자들과 물 관련 전문가들
- 이행 책임을 공유한 USEPA 지역 사무소 및 주정부들
- 공중보건 보호에 관심 있는 일반 시민 및 환경단체
- 이행 과정에 관심 있는 관련 전문 매체와 의회 직원들

이행 과정에서 여러 가지 문제들이 발생하자, 우리는 지역 간의 일관성을 높이기 위해 내부적으로 프로그램을 문서화하고 프로그램 정책 체계를 마련했습니다. 또한, 법적으로 지정된 국가 수돗물자문위원회(National Drinking Water Advisory Council)를 참여시켜 정책 개발 과정에서 자문 역할을 맡도록 했습니다. 프로그램의 이행이 본격화되자, 이 위원회는 회원 기관뿐만 아니라 외부 단체들과의 주요 소통 창구 역할도 수행했습니다. 처음에는 이러한 이행 전략들이 일부 회의적인 반응을 얻었지만, 이해관계자들이 USEPA이 진지하게 임하고 있음을 인지하면서 결국 승인을 받게 되었습니다.

지역 사무소, 주정부 및 수도 산업계의 관점

주간 운송 프로그램을 수행하던 지역의 USPHS 담당자들은 서로 긴밀히 협력했으며, 많은 주(州) 보건부와 좋은 관계를 유지했습니다. 당시 입법이나 규제 권한이 거의 없었기 때문에 담당자들은 수도사업체 관계자들과 긴밀히 협력하여 변화를 이끌어 내는 데 익숙했습니다. USEPA 본부에 새로 구성된 수돗물 관리 프로그램 그룹은 지역 사무소들에게는 다소 미지수였지만, 지역들은 시행 정책에 대한 지역과 주정부의 의견 수렴이라는 초기의 메시지와 실제로 그런 의견이 반영되었다는 점을 긍정적으로 평가했습니다. 그러나 회의론자들은 두 가지 주요 수질 오염 관리 프로그램(산업 배출 허가 프로그램과 건설 보조금 프로그램)이 본부 직원들에 의해 제한적인 지역 의견만 반영하여 운영되고 있다고 지적했습니다. 그럼에도 불구하고 지역들의 전반적인 반응은 긍정적이었는데, 그 이유는 이 프로그램이 당시 USEPA 역사상 드물게 새로운 자원을 투입하고 지역 및 주정부의 프로그램 개발 참여를 유도했기 때문입니다.

SDWA는 주(州)정부가 수돗물 관리 프로그램을 업그레이드하여 연방 USEPA의 요구사항을 충족하고 "1차집행권한(primary enforcement authority)"을 부여받도록 설계되었습니다. 여기서 1차집행권한이란 규제를 시행하고 집행할 수 있는 완전한 권한을 의미합니다. 그러나 1974년 당시, 매우 소수의 주정부만이 새로운 법을 시행할 능력을 갖추고 있었습니다. 이에 지역 USEPA 사무소들은 본부와 긴밀히 협력하여 각 주의

상황에 맞춘 수돗물 프로그램을 개발하고 맞춤화하였습니다. 본부, 지역 사무소, 주정부가 삼자 협력 체계를 구축하여 연방의 요구조건을 충족하기 위한 주정부의 신규 프로그램이 처음부터 만들어질 수 있었습니다. USEPA가 초기에 주정부들에게 제공한 프로그램 보조금은 주정부들이 필요한 역량과 능력을 구축하여 1차집행권한을 인증받는 데 큰 역할을 했습니다. 프로그램 업그레이드의 필요성에 대한 주정부들의 초기 반응은 제각각이었는데, 많은 주들이 연방 보조금을 프로그램 재정비의 기회로 여겼지만, 다른 주들은 관심이 적었다. 그럼에도 불구하고 지역 사무소들의 참여 덕분에 주정부의 프로그램은 초기에 매우 높은 수준의 수용성을 달성했습니다.

미국수도협회(American Water Works Association, AWWA)와 전미수도회사협회(National Association of Water Companies)가 대표하는 수도 산업 역시 처음에는 새로운 규제 프로그램에 대해 의구심을 가졌습니다. 이러한 규제들이 시행된 당시 수도시설들은 낙후된 처리 설비, 오래된 송・배수 시스템, 그리고 회의적인 대중의 시선 등과 같은 문제에 직면해 있었습니다. 두 협회는 결국 USEPA의 프로그램이 지속될 것임을 인지하고, USEPA의 기술적 역량이 점차 성장하는 것을 확인하면서, 다른 이해관계자들과 함께 프로그램 개발에 참여하고 영향을 미칠 수 있는 기회를 인식하며 적극적으로 관여하게 되었습니다. 환경 단체들은 즉각적인 개혁을 촉구하며 조급한 태도를 유지했지만, 한편으로는 상당한 수준의 개발 작업이 진행되고 있음을 이해하고 있었습니다.

수돗물 수질기준의 개발

수돗물 수질에 대한 임시 기준은 SDWA의 요구에 따라 1975년에 규정으로 제정되어 1977년에 발효되었습니다. 이 기준은 1962년에 발표된 USPHS 기준을 기반으로 마련되었으며, 10가지 무기화학물질, 6가지 농약, 탁도, 미생물 품질에 대한 기준을 포함하였고, 방사성 핵종에 대한 기준도 곧이어 설정되었습니다. 이러한 기준들은 1962년부터 이미 사용되어 온 것들을 근거로 하고 있었기 때문에, 업계 전반에서도 일반적으로 수용되었습니다.

NRC / NAS 연구

SDWA는 1차 수돗물 규정 개정을 위한 기반으로 종합적인 검토 및 보고서를 작성할 것을 요구했습니다. 앞서 언급한 바와 같이, NRC와 NAS는 수돗물 수질 문제와 권고사항에 대한 포괄적인 평가를 수행하도록 계약을 맺었으며, SDWA는 보고서가 발표된 후 100일 이내에 개정된 수돗물 1차 규정을 제안하도록 명시하였습니다. 그러나 1977년에 제출된 NRC/NAS 보고서는 규정 제안에 필요한 상세한 정보를 충분히 제공하지 못했습니다. 다만, 보고서에는 일부 산업 화학물질과 농약에 대한 화학물질별 건강영향 정보가 포함되어 있었습니다. 또한 발암물질과 같은 비역치(nonthreshold) 화학물질의 독성을 수학적 모델로 평가하는 과학 정책 접근법을 기술하였으며, 이 접근법은 이후 규제 개발의 모델이 되었습니다.

규제 개발

USEPA는 향후 기준 마련을 위한 과학적 근거를 제공하기 위해 수중 농도, 처리 기술 및 건강 영향에 대한 정보를 수집하기 시작했습니다. 첫 번째 단계로 수백 개의 수돗물 공급시설을 대상으로 국가적 수돗물 조사를 수행했는데, 이는 국가 유기물 정밀조사(National Organics Reconnaissance Survey)와 국가 유기물 모니터링 조사(National Organics Monitoring Survey)를 통해 진행되었습니다. 염소를 사용하는 모든 상수도 시스템에서는 트리할로메탄(trihalomethanes, THMs)이 검출 한계 수준부터 상당히 높은 농도까지 검출되었습니다. 또한 트리클로로에틸렌과 같은 여러 휘발성 유기화합물(volatile organic compounds, VOCs)이 낮은 농도로 발견되었으나, 당시에는 VOCs로 인한 전국적 지하수 오염 문제를 인지하지 못했습니다. 이는 초기 모니터링 프로그램이 지표수에 초점을 맞추었기 때문입니다.

USEPA는 유사한 화합물들을 그룹으로 묶어 4가지 THMs에 대한 MCL을 제안하고 공포했습니다(당시 발암물질로 알려진 클로로포름 포함). 다른 세 가지 THM에 대해서는 이용 가능한 독성학적 자료가 더 적었으나, 이들 화합물은 유사한 구조를 가지며, 화학적으로 더욱 활성이 크고, 공통된 생성원을 가지고 있었습니다. 이 THMs는 그 자체로 독성물질로 규제 대상이 되었지만, 더 중요한 것은 쉽게 분석할 수 없는 다른 소독 부산물들이 존재함을 나타내는 지표로 제안된 것이었습니다.

총 트리할로메탄 규정은 USEPA (1979)가 제정한 최초의 현대적인 수돗물 규정이었습니다. 이는 현재 표준이 된 규제 절차의 선례를 마련한 것이었습니다. 규정의 개

발 과정에서 요구된 사항들은 다음과 같습니다:

- 전국적인 오염물질 발생 자료 생성
- 인체 노출 분석 수행
- 분석 방법의 확인 및 개발
- 규정 준수의 정의 수립
- 정량적인 위험 분석 준비
- 비용과 경제적 영향 분석 생성
- 대체 관리 수준별 비용과 편익 비교 분석 수행
- 수도 공급자들이 현실적으로 규정을 이행할 수 있는지에 대한 평가

이러한 표준을 만들기 위해서는 새로운 과학적 정책 기법과 수학적 모델을 적용할 필요가 있었으며, 이는 발암물질을 다루는 USEPA 다른 프로그램에서도 신속히 채택되었습니다.

THM 규정은 수인성 질병의 위험을 증가시키지 않도록 세심하게 설계되었습니다. 처음에는 소독 효율을 유지하면서도 THM 농도를 낮출 수 있는 역량을 갖춘 대규모 상수도시설에만 적용되었습니다. 수도 업계는 이 규정에 대해 상당한 우려를 표했지만, 기존 처리 공정을 좀 더 철저히 관리함으로써 비교적 용이하게 기준을 준수할 수 있는 것으로 나타났습니다.

이 규정은 최초로 관리된 새로운 화학물질군에 관한 것이었으며, 국제적인 주목을 받아 여러 국가에서 유사한 표준을 제정할 때 모델이 되었습니다. 또한 THM 규정은 이후 모든 소독제 및 소독 부산물, 독성학, 처리 기술 및 역학에 대한 광범위한 연구로 이어졌으며, 이후의 수돗물 과학 및 기술 발전의 토대를 마련하였습니다.

수돗물의 기타 합성 유기화합물. THM 규정이 제안된 동시에, 오염된 지표수원을 사용하는 대도시의 정수처리 시설에 입상활성탄(granular activated carbon, GAC) 여과장치를 추가로 설치하도록 요구하는 새로운 규정이 제안되었습니다. 유기 오염물질에 대한 일반적인 우려가 있었지만, 산업 오염에 취약한 지표수에서 미량 화학물질의 농도에 대한 자료는 거의 없었습니다. GAC는 수돗물에서 유기 오염물질을 일반적으로 감소시키는 기술로 알려져 있으며, 이미 일부 수도시설과 음료 산업에서 유기 화합물을 흡착하고 맛과 냄새를 제어하는 데 사용되고 있었습니다. 새 제안에 따르면, 영향을 받는 수도시설에서는 기존 모래 여과장치의 모래를 GAC로 교체해야 했습니다.

수도 산업계는 GAC 규정 제안에 강력히 반대했고, 물 관련 전문가들도 현행 관행에 대한 비용이 많이 들고 불필요한 변화라고 생각하여 공동으로 대응했습니다. 이는 결국 소송으로 이어졌고, 전국적으로 열띤 공청회와 수천 건의 공식 의견이 접수된 장기간의 의견수렴 과정을 거쳤습니다. 결국 소송은 합의로 종결되었고, USEPA는 THM 규정을 공포했지만 GAC 처리 요구사항은 진행하지 않기로 결정했습니다. 이 결정의 이유는 규정의 비용 대비 편익에 대한 우려, GAC 재생 촉진 조건(trigger)을 명확히 정의할 기술적 한계, GAC 표면에서 유기화합물의 흡착-탈착 과정에 대한 불확실성, 그리고 모래 여과층에서 GAC를 주기적으로 추출하고 재활성화의 현실적 어려움 때문입니다.

공개 의견수렴 절차는 의도한 대로 진행되었으며, 당시 이용 가능한 정보를 바탕으로 GAC 처리 요건을 제외하기로 한 결정은 올바른 선택이었다고 우리는 믿습니다. 수도 산업계는 광범위하고 복잡하며 비용이 많이 드는 이 공정을 시행할 여력이 없었으며, 특히 기본적인 처리 시설과 공정에 대한 필수 자본 투자마저 지연되고 있는 상황이었습니다.[수돗물주순환융자기금(Drinking Water State Revolving Loan Funds)은 1996년 이후에야 비로소 수도시설의 처리 공정 투자 수요를 지원할 수 있게 되었다.]

USEPA는 독성학, 처리기술 및 비용에 대한 자료를 확보할 수 있는 화학물질들을 개별 또는 그룹 단위로 규제하는 방향으로 초점을 되돌렸습니다. 최초의 VOCs에 대한 규제를 준비하는 데 필요한 정보를 수집하는 데는 수년이 걸렸으며, 이 규제는 1985년에 제안되어 1987년에 공포되었습니다(USEPA, 1987).

관심 대상인 많은 화학물질들은 고농도 동물 실험을 기반으로 잠재적인 인체 발암물질로 판단되었습니다. 이러한 화학물질들은 전통적인 “안전 수준(safe-level)” 방식이 아닌, 비역치 가설(nonthreshold hypotheses)에 근거한 비전통적인 “위험기반(risk-based)” 접근법이 요구되었습니다. 수돗물 프로그램은 이러한 문제에 대한 USEPA 및 국제적 논의의 선두에 있었으며, 발암 우려에 대한 근거 수준에 따라 화학물질의 규제 우선순위를 정할 수 있는 건강 목표(health-goal) 개념과 기능적 분류 방법론을 개발하였습니다.

USEPA는 새로운 규정을 제정하기 위한 과학적, 기술적, 경제적 근거를 마련하는 데 상당한 시간과 자원이 필요했습니다. 하지만 그 사이에 주(州) 보건부와 지역 상수도 공급자들은 규제되지 않은 오염물질이 검출되자 USEPA에 조언을 구하기 시작했습니다. 이에 1981년에 우리는 보다 신속하고 즉각적으로 대응할 수 있는 개념인 수돗물 건강주의보(Drinking Water Health Advisories)를 개발하기 시작했습니다. 이는 단기, 중기, 장기 노출 상황에서의 위험 지침을 제공하기 위한 것이었습니다. 이 지침은 매우 유용한 것으로 입증되어 다른 USEPA 프로그램에서도 즉시 채택되었으며 현재까지도 사용되고 있습니다. 이러한 위험 지침은 이후 1996년 SDWA 개정안(USEPA, 1996)에 법제화되었으며, 현재 USEPA 웹사이트에서 200종 이상의 화학물질에 대한 수돗물 건강권고 자료를 확인할 수 있습니다.

1981년에 수돗물 건강주의보가 개발되어 단기, 중기 및 장기적인 노출 상황에 대한 위험 지침을 제공하기 시작했습니다.

또한 2년 전, 기관의 농약 프로그램은 수돗물에 존재하는 350종 이상의 농약에 대한 급성 및 만성 인체 건강 기준치(Human Health Benchmarks)를 발표하였습니다. 이 지침 문서들은 지하수와 지표수에서 검출된 용매, 농약 및 기타 화학 오염물질과 관련하여 신속한 의사결정을 내리는 데 큰 도움이 되고 있습니다. 지하수 오염으로 인해 수돗물 공급이 영향을 받을 수 있다는 우려는 자원보전복구법(Resource Conservation and Recovery Act)의 엄격한 개정과, 위험한 폐기물 처리 관행을 개선하기 위한 슈퍼펀드 프로그램 창설의 계기가 되었습니다.

규제 개발 과정에서 때로는 예기치 못한 결과가 발생하기도 했습니다. 예를 들어, 1977년 전국 조사에서 오하이오강에서 사염화탄소(carbon tetrachloride)가 검출되었는데, 이 조사가 아니었으면 발견되지 않았을 물질이었습니다. 이 화학물질은 심각한 독성학적 영향을 줄 수 있으며, 수돗물 공급에서 발견되자 전국적인 언론 보도를 촉발하였습니다. USEPA 지역 직원들이 상류의 주요 화학공장의 배출 시설을 점검한 결과, 해당 시설이 허용된 배출 한도를 크게 초과한 것을 발견하였습니다. 이 점검 과정에서 같은 시설에서 발생하여 하류의 취수시설에 영향을 준 대규모 미보고 누출 사고도 발견되었습니다. 해당 배출 시설은 적절한 개선 처리 설비가 설치될 때까지 일시적으로 폐쇄되었습니다.

공공상수도(Public Water Supply, PWS) 프로그램의 이행

연방 차원의 수돗물 보호 규정(예 : 1차 수돗물 기준, 상수도 공급자의 모니터링 및 보고 의무, 대중 알림 절차)의 이행은 USEPA와 주정부 간의 협력 체계로 이루어질 것으로 기대되었습니다. 핵심 과제는 공공상수도시스템(상수도시설의 기존 개념을 넘어 다양한 방식으로 SDWA에서 정의한)이 새로운 규정을 준수하도록 하는 것이었습니다. 따라서 PWS 감독 프로그램은 USEPA 초기 활동의 주요 초점이 되었습니다.

USEPA의 PWS 시행 전략은 주정부에 일차적 집행 책임(Primacy)을 위임하도록 촉진하는 것으로, 이를 위해 USEPA 지역 담당자들과 긴밀히 협력해야 했습니다. SDWA의 중요한 특징 중 하나는 자격을 갖춘 주 프로그램에 대한 연방 보조금이었으며, 이는 새롭게 권한이 부여된 주 감독 프로그램들에 전혀 새로운 수익원을 제공했습니다. 우리는 주정부의 일차적 책임 권한을 촉진하는 데 이 보조금을 어떻게 가장 잘 사용할지와, 프로그램의 초기 몇 년 동안 발생한 여러 실행 관련 질문에 어떻게 대응할지에 중점을 두었습니다. 이러한 논의를 통해 일련의 프로그램 지침 메모가 작성되었고, 이는 국가 전반에서 실행 활동의 일관성을 높이는 데 기여했습니다.

1976년과 1977년에 미국예산관리실(Office of Management and Budget, OMB)이 지역 사무소의 새로운 프로그램 책임을 지원하기 위해 100년 분량의 추가 업무 연한(work years)을 배정함으로써 USEPA 지역 직원들의 기술 역량이 향상되었습니다. 이를 통해 지역의 수돗물 담당 직원들이 지부(branch) 수준으로 격상되어 USEPA 지역 사무소의 관리 구조 내에서 명확한 조직 단위로 자리 잡을 수 있었습니다.

이 시기에 USEPA 예산에는 공공상수도 프로그램 개발을 지원하기 위한 주정부 보조금으로 2천만 달러가 포함되었습니다. 이로 인해 기존 프로그램을 강화하기 위해 참여하기로 선택한 주에 상당한 신규 자원이 제공되었습니다. 프로그램이 시작된 지 몇 년 내에, 총 57개 주 및 영토 중에서 52개가 집행 책임을 부여받았습니다.

시행이 시작되면서, 지역별 프로그램 성과 평가는 USEPA 본부가 수행하였습니다. 이후 각 지역은 주 프로그램에 대해 유사한 평가를 실시하였습니다. 평가가 단순히 구체적인 결점의 목록을 작성하는 데 그치지 않고 학습의 기회가 되도록 새로운 실천 방식이 도입되었습니다. 이러한 접근법은 유사한 문제들이 다른 지역에서 어떻게 해결되었는지를 효과적으로 전달함으로써 프로그램의 전반적인 성과 향상에 기여하는데 성공적이었습니다.

시행 초기 10년의 성과

새로운 규정과 대규모 시설에서의 GAC 처리 요구 제안에 대한 급수 공급자들의 격렬한 반발이 가라앉자, 수도시설 관리 책임자들과 정책 입안자들은 결국 이러한 규제가 지속될 것임을 인식하고 준수에 초점을 맞추기 시작했습니다. 이에 따라 물산업은 이전보다 높은 품질의 수돗물을 제공하기 위해 신규 및 개선된 처리 기술과 제어 시스템을 도입하기 시작했습니다.

새로운 연방 규제 프로그램에 대처해야 하는 변화는 AWWA와 물 관련 전문 단체들이 회원들에게 최선의 서비스와 대표성을 제공하는 방법에 다시 집중하는 계기가 되었습니다. 그 결과, 이러한 단체들은 USEPA와 보다 효율적인 협력 관계를 형성하고 수도시설 직원들과의 소통을 확대하기 시작했습니다. 특히 AWWA는 지역적 조직 구조를 활용하여 새로운 규정과 변화하는 기술에 효과적으로 대응할 수 있도록, 수도시설 관리자와 운영자들을 적극적으로 지원하는 교육 및 훈련 프로그램을 시작하였습니다. 이 모든 노력의 공통된 목표는 수도시설들이 직면한 복잡한 도전 과제들을 해결하고, 수돗물의 품질, 고객 서비스 및 대중의 신뢰도를 향상시키는 데 도움을 주는 것이었습니다.

SDWA와 관련 규정들은 물산업이 자체 연구 프로그램인 AWWA 연구재단(현재 Water Research Foundation)을 확장하는 계기를 제공했습니다. 이 재단은 처리 기술 개선, 규제 준수, 분석 기술 향상, 그리고 수도 운영 및 관리 전반에 대한 과학적 기반을 강화하는 데 기여했습니다.

USEPA는 연구 프로젝트의 공동 재정 지원과 여러 전직 USEPA 직원들의 참여를 통해 AWWA 연구재단의 발전을 지원했습니다. 재단 설립 초기 5명의 고위 관리 중 4명(짐 맨워링, 잭 매니언, 앨런 레빈, 마티 앨런)은 USEPA 출신이었습니다. 이후 맨워링은 재단의 전무이사로 재직하였고, 잭 매니언과 또 다른 USEPA 출신인 잭 호프부어는 AWWA의 전무이사가 되었습니다.

AWWA 연구재단은 PWS 프로그램이 성공적으로 입증한 커뮤니케이션, 협력, 수도시설 커뮤니티와의 소통과 같은 다양한 접근법을 활용하였습니다. 재단의 연구 의제는 처음에는 규제 문제에 초점이 맞추어져 있었지만, 시간이 지나면서 수도 공급 운영의 모든 측면으로 확대되었습니다.

USEPA는 일반 대중에게 제공되는 수돗물의 질을 개선하는 궁극적인 목표를 달성하기 위해 이해관계자들과 협력하는 것의 중요성을 이해하고 있었습니다. SDWA와 PWS 프로그램이 가져온 간접적인 이점 중 하나는 자체 연구 프로그램의 성장과 발전에서 드러나듯이 보다 진보적인 물산업이 자리 잡게 되었다는 점입니다.

맺음말과 결론

이제 시간이 흘러 되돌아보면, SDWA 시행 초기 10년 동안 얻은 주요 교훈들을 명확히 정리할 수 있습니다.

규제 프로그램은 본질적으로 현 상황의 약점을 찾아내고, 규제 대상자에게 의무를 부과하게 되며, 이로 인해 갈등을 유발할 수밖에 없습니다. 이러한 갈등은 연방 기관과 주정부, 그리고 규제 대상자 간의 성공적인 이행을 촉진하기 위해 효과적으로 관리되어야 합니다. SDWA의 경우, 전국적인 수돗물 자원 목록화와 수돗물 수질 평가가 수행되었습니다. 이 조사들은 해결해야 할 문제의 범위를 이해하고 규제의 필요성을 검증하는 첫 단계였습니다. 이러한 조사들은 규제 프로그램 운영의 신뢰성을 구축하고, 가장 심각한 문제부터 해결하도록 우선순위를 정하는 전략적 계획을 수립할 수 있게 해주었습니다.

USEPA 본부와 지역 직원들 간의 우호적 관계는 일관된 메시지가 전달되도록 하는 데 필수적이었습니다. 당시 이해관계자들과의 적극적인 협력은 전례가 없던 것이었으며, 이후의 대외 협력 모델의 선례가 되었습니다. 이러한 협력 모델 덕분에 Stage 1 및 Stage 2 소독제/소독 부산물 규정과, 규제 협상 프로토콜 및 연방 자문위원회법(Federal Advisory Committee Act) (흔히 reg neg 및 FACA로 알려진)에 따라 세 가지 중요한 규정을 성공적으로 협상할 수 있었습니다.

프로그램의 기술 역량 구축에 초점을 맞춘 덕분에 USEPA는 대중적 신뢰를 얻고, 규제 대상집단의 불가피한 비판에도 효과적으로 대응할 수 있었습니다. 매우 제한된 예산 상황에서 USEPA는 연구소의 전문성뿐만 아니라 보조금을 가장 생산적으로 활용하여 자원을 극대화했습니다. 이 프로그램은 또한 USEPA의 법무실(Office of General Council)로부터 주요한 지원을 받았습니다.

규제 대상 공동체와의 갈등을 완전히 없애지는 못했지만, 우리는 많은 물산업 전문가들과 효과적인 대화를 촉진했다고 믿습니다. 또한 혁신적 프로그램이 시행된 최초 10년 동안 다음과 같은 분야의 발전을 독려하고 기여했다고 평가합니다:

- 이전까지 알려지지 않았던 수질 문제를 다룰 수 있는 평가 방법론 및 수질기준과 지침의 개발
- 과학에 기반한 수질기준 준수를 보장하기 위한 공공 급수 시스템에 대한 광범위

하고 정기적인 모니터링 수행

- 수도 사업자가 고객에게 수질 및 알려진 문제점, 급수 상황 및 규제 이행에 대한 정보를 지속적으로 제공하면서 높아진 대중의 수질 인식
- 지난 50년 동안 거의 변화가 없었던 수처리 공정을 획기적으로 바꾼 혁신적 신기술의 도입
- 소독 부산물, 미생물, 방사성핵종 및 VOCs의 관리를 위한 접근법 마련
- 업계와 규제 당국 간의 보다 긴밀하고 협력적인 관계 형성
- 변화가 요구되는 수도 시스템을 지원할 수 있도록 컨설팅 엔지니어링 분야의 역량 대폭 강화
- 수돗물 과학과 기술 분야에서 전문성을 가진 대학 연구자 집단이 형성 및 관련 정보의 폭발적 증가

이 기간 동안 USEPA는 1980년 산업계 전반의 기술 워크숍을 통해 하수 재이용 기술의 수돗물 적용 가능성을 탐구하는 등 기술개발에 주목하였습니다.

돌이켜볼 때, 우리는 이 시기의 프로그램 성공에 다섯 가지 요인이 기여했다고 생각합니다. 첫째, USEPA는 수돗물 기준을 설정하고, 수도 사업자 및 주정부 이행 파트너들의 활동을 감독할 명확한 법적 권한을 가지게 되었으며, 공중보건이 위협받을 때 규제를 집행할 수 있는 권한도 확보하였습니다. 둘째, 직원들이 규제와 정책을 수립할 때 기관의 이행 파트너들과 진지하게 협력하고자 하는 의지를 보였습니다. 셋째, 규제 및 주요 정책을 수립하기 위한 절차들이 널리 알려져 있어 모든 이해관계자가 의사결정 과정에 참여할 수 있었습니다. 넷째, USEPA는 필요할 경우 규제 대상자들에게 불편함을 초래할 수 있는 행동도 기꺼이 제안하였으며, 또한 공개 의견 수렴 기간의 끝에 기술적, 실무적 근거가 부족하거나 불충분한 경우 현명하게 철회하기도 하였습니다. 마지막으로, 프로그램의 성과에 대한 명확한 책임성이 마련되었으며, 이는 주내 시스템 및 주 간 경계를 넘나드는 시스템 분류에 따른 준수 정보에 근거하여 평가되었습니다.

SDWA는 수도 사업체, 주정부, 연방정부 차원에서 헌신한 물 분야 전문가들의 노력 덕분에 공중보건 보호를 증진하는 데 성공했습니다. 우리는 프로그램 시행 초기 단계에서 이루어진 공동의 노력과 그 성과를 자랑스럽게 생각합니다.

1974년 SDWA의 시행은 미국 전역에서 더 높고 일관된 수질 수준을 달성하는 데 기여했습니다. 보다 정밀한 분석 기술 덕분에 이전에는 감지되지 않았던 오염물질들

을 식별하고 규제함으로써, 이 법은 새로운 기술의 도입과 많은 수도시설들의 현대화를 촉진했습니다.

SDWA가 시행된 이래, 감시 및 탐지 기술이 개선되면서 위장 질환 발병 사례는 상당히 감소했습니다. 1980년에는 보고된 수인성 질병 발병 건수가 최고 48건이었으나, 2010년에는 수돗물 관련 발병 건수가 33건으로 감소했습니다. 이 중 29건은 공공 수도시설에서 발생했으며, 그 가운데 19건은 레지오넬라(Legionella) 감염 때문이었는데, Legionella는 1980년 당시 보고 대상 질병이 아니었습니다. 따라서 1980년과 2010년에 보고된 위장 질환 발병 건수를 비교하면, 48건이었던 최고 발생 건수가 10건으로 현저히 감소하였습니다.

SDWA가 처음 시행되던 시기에는 오늘날보다 때때로 더 적대적인 분위기였습니다. 이는 예상 가능한 일이었는데, 새롭고 낯선 규제 절차가 기존의 현상을 변화시키고 예상치 못한 큰 비용을 지불할 수 있기 때문입니다. 정부와 수도 공급자 모두 규제 절차, 물 관리, 기술 및 품질이 점차 개선되는 과정에서 일정한 학습 기간을 거쳐야 했습니다. 새로운 연방정부의 역할이 등장하면서 연방정부, 주정부, 수도 공급자, 그리고 일반 대중 간의 관계가 새롭게 형성되기 시작했습니다. 또한 다양한 관점들이 제기되었고, 이를 수렴하여 해결해야 하는 과제도 있었습니다.

오늘날에는 대부분의 핵심적인 규제 결정들이 이미 내려지고 시행되었으며, 전체적인 시스템이 제대로 작동하고 있다는 폭넓은 공감대가 형성되었습니다. 그럼에도 불구하고 항상 돌아보며 개선하고 업데이트할 필요성이 존재합니다. 예를 들어, 규제 대상 물질의 수와 종류를 점검하고, 더 이상 필요하지 않은 물질을 삭제하거나 새로운 물질을 추가하며, 최신 과학과 기술에 따라 조정을 수행하는 것입니다. 이를 위해 SDWA는 주기적으로 6년마다 재검토 절차를 통해 지속적인 규제 개선을 도모하고 있습니다.

중년에 접어든 미국수도법

J. 앨런 로버슨 ▌ 연방 관계 담당 이사, AWWA, 워싱턴 D.C.

2014년 8월호 *AWWA 저널*(106권 8호, 96~106쪽)에 처음 게재되었습니다.

40년이라는 세월과 수차례의 조문 개정 및 규제 신설을 거친 미국수도법(Safe Drinking Water Act, SDWA)은 여전히 입법 성공의 모범 사례로 남아 있습니다. 앞으로도 이 법의 규정과 절차가 시대적 요구와 보조를 잘 맞춰간다면, SDWA는 모범 입법 사례로 계속 남아있을 것입니다.

올해는 SDWA 제정 40주년으로, 수도 관계자에게 중요한 의미를 갖는 해입니다. 어떤 사람들에게는 40세가 인생의 시작입니다. 저는 SDWA보다 몇 년 먼저 태어났지만 여전히 스스로를 중년이라고 생각합니다(여기에 동의하지 않는 분들도 계시리라 생각합니다만). 40세가 되면 많은 사람들이 자신의 삶을 되돌아보고 재점검하기 시작하는데, 2014년은 수도 관계자들이 SDWA를 다시금 살펴보고 과거의 성공을 되돌아보며 미래의 도전과제를 고민할 수 있는 기회입니다.

SDWA 발전 단계의 주요 주체는 미국환경보호청(U.S. Environmental Protection Agency, USEPA), 주정부의 우선기관(primacy) 및 상수도시스템으로, 지난 40년 동안 공중 보건 보호를 강화하기 위한 연방정부 차원의 규제 개발과 시행에 매우 바빴습니다. 이 글에서는 1974년 제정안에 따른 초기 규제 개발 과정을 살펴보지는 않겠습니다. 그보다는 1974년부터 2014년까지 연방정부의 수돗물 규제에 어떤 변화가 있었는지에 초점을 맞추고자 합니다.

1975년부터 2013년까지 USEPA는 91개의 오염물질을 다루는 19개의 1차수돗물연방규정(National Primary Drinking Water Regulation)을 발표했습니다(USEPA, 2001). <표 13.1>에는 1975년부터 2013년까지 확정된 19개의 규정이 시간순으로 나열되어 있습니다. <그림 13.1>에서 볼 수 있듯이 규제 대상 오염물질의 수는 1975년 22개에서 2000년 91개로 확대되었으며, 현재도 91개로 유지되고 있습니다. 2000년 이후 새로운 오염물질에 대한 규제는 없었지만, 2013년 개정 총대장균규칙(Revised Total Coliform Rule, RTCR) (78 FR 10269)과 같이 몇몇 규칙이 개정되거나 2001년 비소 규칙(66 FR 6975), 2006년 2단계 소독부산물 규칙(Disinfection By-Products Rule, DBPR) (71 FR 388)과 같이 규칙이 강화된 바 있다는 점을 주지하기 바랍니다.

3막으로 구성된 연극

저는 이 기간(1975~2014년)의 규제 개발 과정을 1986년과 1996년의 SDWA 개정을 기준 시점으로 한 3막 구성의 연극에 비유하고자 합니다. 1막(1974~31986)은 1962년 미국공중보건국 가이드라인(US Public Health Service guidelines)을 해석하여 22개 오염물질에 대한 국가 규제기준을 설정한 1975년의 첫 국가잠정수돗물규정(National Interim Primary Drinking Water Regulation)으로부터 시작되었습니다. Kimm 등이 저술한 이번 호의 다른 논문에서는 1974년 SDWA 제정 이후 규제 개발 프로그램을 가동하는 데 있어 USEPA가 겪은 어려움을 자세히 설명하고 있으니 참고하기 바랍니다.

제가 보기에 2막(1986~1996)의 핵심사항은 USEPA가 당초 공표한 기한을 넘기면서도 꾸준히 규제 대상 오염물질을 확대하여 시작 시점에 23개였던 것을 마지막 시점에는 83개로 증가시키는 데 성공했다는 것입니다. 1986년 SDWA 개정안에 따라 USEPA는 첫 5년 동안 83개의 특정 오염물질을 규제하고, 이후 3년마다 25개의 새로운 오염물질을 추가 규제해야 하는 상황에 놓이게 되었습니다. 이 지침을 그대로 따른다면 규제 대상 오염물질의 수는 2014년에 300개를 넘어섰을 것입니다. 1996년이 되자 모두가 규제 대상 오염물질을 확대하는 이 지침이 불합리하다는 것을 인지했습니다.

이 기간 동안 규제 대상 오염물질의 수가 크게 증가한 데 큰 영향을 미친 두 개의 규정에 주목할 필요가 있습니다. 2001년의 2차 규정(Phase II Regulation)은 38개 유·무기 화학물질에 대한 국가 기준을 설정하였으며, 화학물질에 대해 통상적으로 분기별 샘플링을 실시하고 3년, 6년 또는 9년간 모니터링을 면제하는 표준 모니터링 절차를 확립했습니다. 이듬해에는 5차 규정(Phase V Regulation)을 통해 23개 유·무기 화학물질에 대한 국가 기준을 설정했습니다. 제가 보기에 이러한 기준은 비교적 따르기 쉽습니다. 수도시설에서는 절차에 맞춰 분기별로 시료를 채취하고 모든 시료의 측정농도를 평균한 다음 그 값을 기준과 비교하는 간단한 작업을 수행하면 됩니다. 2막의 기준이 요구하는 절차의 평이함은 3막에 등장하는 기준이 요구하는 절차의 복잡성과 대조됩니다.

Point

40세가 되면 많은 사람들이 자신의 삶을 되돌아보고 재점검하기 시작합니다. 2014년은 수도 관계자들이 SDWA를 다시금 살펴보고 과거의 성공을 되돌아보며 미래의 도전과제를 고민할 수 있는 기회입니다.

저는 3막(1996~2014년) 동안 미국수도협회(American Water Works Association, AWWA)의 워싱턴 DC 사무소에서 근무했는데, 규제 개발의 관점에서 볼 때 이 시기는 격변의 시기였습니다. 규제 대상물질의 수는 83개에서 91개로 8개만 증가했지만, USEPA는 이 기간 10개 국가의 규정을 제정했으며, 이는 1막과 2막 때를 합친 9개보다도 많습니다. 따라서, 규제 개발의 관점에서 3막은 매우 바쁜 시기였습니다.

또한, 이 기간에는 미생물/소독부산물(Microbial / Disinfection By-Product, M/DBP Cluster) 규정과 관련하여 세 차례 규칙 제정과 연방 자문위원회(Federal Advisory Committee, FACA)를 통한 협상 절차가 진행되었고, 총대장균규칙(Total Coilform Rule, TCR)에 대한 개정과 관련하여 한 차례의 연방 자문위원회 협상 절차를 거쳤습니다. 이런 협상 절차를 겪어보지 않으신 분들께 말씀드리자면, 협상가들 및 기술 실무 그룹과 보낸 시간은 셀 수 없을 정도로 많습니다. 그러나 이렇게 복잡한 규정에 대해 기술적, 정책적 문제를 논의하는 데에는 시간과 자원이 반드시 필요합니다. 제가 AWWA 저널에 실은 첫 논문은 1단계 소독부산물 규칙(Stage 1 DBP Rule)에 제시된 숫자들을 결정하고자 진행했던 기술적, 정책적 토론을 요약한 것입니다(Roberson 등, 1995). 가장 중요한 것은, 이러한 협상들을 통해 모든 이해당사자가 동의할 수 있는 복잡한 규정의 근간이 되는 합의가 도출되었다는 점입니다. 미국 환경청이 통상적으로 실시하는 제안-의견수렴-최종 규정개발 과정으로는 다양한 이해관계자들로부터 이러한 합의를 이끌어내는 게 불가능에 가까웠을 것입니다. 이러한 복잡한 규정을 개발하는 데 있어 협업은 필수적입니다.

국가 수돗물자문위원회(National Drinking Water Advisory Council, NDWAC) 산하의 실무 그룹들은 1996년의 SDWA 개정 이래 USEPA가 규제 조치를 취할 때 의견을 청취하는 주요 통로 중 하나가 되어 왔습니다(USEPA, 2014). 1996년 SDWA 이후 몇 년간 18개의 국가 수돗물 자문위원회 실무 그룹은 소비자 신뢰 보고서(Consumer Confidence Reports, CCRs)에서부터 소규모 상수도시스템의 규정 준수를 위한 실무자 자격 승인에 이르기까지 다양한 주제에 대해 의견을 개진했습니다. 실무 그룹의 최근 활동은 수도 시스템이 기후변화에 대비하기 위한 권고 사항을 제시하는 데 중점을 두고 있습니다(USEPA, 2011).

최근에는 납 및 구리 규칙(Lead and Copper Rule, LCR)의 장기 개정에 대한 의견을 얻기 위해 새로운 실무 그룹이 설립되었습니다. 납 및 구리 규정은 상당히 복잡한 규정으로, 납관 교체, 시료채취 지점 선정, 시료채취 절차 등 복잡한 사안들이 다루어져야 합니다. 2014년 3월 25일에서 26일에 걸쳐 납 및 구리 규정 실무 그룹의 첫 회의가 열렸는데, 여기에서는 최적화된 부식 제어 처리(Optimized Corrosion Control Treatment, OCCT)와 관련한 잠재적 개정 사항에 대해 주로 논의했습니다. 이 실무 그룹의 회의는 2015년 초까지 지속적으로 열릴 것으로 예상되며, 이후 USEPA는 개정안에 대해 내부 결정을 내릴 것입니다.

제가 보기에 3막에서 제정한 규정들에는 상대적으로 복잡한 것들이 많습니다. 비소, 라듐과 같은 오염물질은 처리하기 까다로우므로, 이온 교환, 특수 흡착제, 응집/정밀여과(coagulation/microfiltration)와 같은 고도처리가 필요합니다. 고도처리는 자본 집약적이고 일반적으로 운영과 유지관리 비용이 많이 소요됩니다. 또한, 고도처리 공정에는 높은 기술 등급의 운영인력이 필요합니다. 경우에 따라 이러한 공정에서 생성되는 잔여물을 처분하기 매우 까다로울 수 있습니다. 또한, 3막에서 제정한 규정들에는 개별 여과지 탁도계, 여과지 숙성 요건, 추가 처리 요구사항(예 : 크립토스포리디움 제어를 위한 추가처리 결정 및 수행요령) 등 복잡한 기술적 요소가 결부되어 있는 경우가 많습니다.

과거의 큰 성공

SDWA의 첫 40년은 규제 측면에서 큰 성공을 거두었습니다. 여러 면에서 우리는 미생물 오염물질로부터의 시민의 건강을 더욱 강력하게 보호하고 있습니다. 1989년 지표수 처리 규칙(Surface Water Treatment Rule, SWTR)에 따라 Giardia lamblia에 대한 제거 및 비활성화 요건과 바이러스에 대한 비활성화 요건(54 FR 27486)이 제정되었습니다. 또한, 잔류소독 요건이 SWTR에 마련되었으며, 동시에 TCR 준수 여부를 평가하기 위한 시료 채취가 진행되었습니다. TCR은 수도 시스템의 규모별 미생물 모니터링 체계를 확립했습니다(54 FR 27544). 이전에 여과지가 없었던 수백 개의 시설에 여과지가 신설되었습니다(시설의 특수성으로 인해 여전히 여과지가 설치되지 않은 곳이 존재함). 소독이 필요한 지하수에 대해서는 지하수 규칙(Groundwater Rule, GWR, 71 RFR 65573)에 따라 소독이 요구됩니다.

TCR은 두 차례 개정되었습니다. 1989년 첫 개정에서는 대장균의 농도에 따라 규정 준수 여부를 판별하던 것에서, 단순 검출 유무에 따라 준수 여부를 판별하는 것으로 변경되었습니다(54 FR 27544). 2013년 두 번째 개정에서는 총대장균 최대오염농도기준(maximum contaminant level, MCL) 규정을 삭제하고 처리기술을 통해 수돗물 공급 시스템의 잠재적 문제점을 식별하고 해결하는 방식(find-and-fix approach)으로 전환했습니다.

화학적 오염물질로부터 보호도 강화되었습니다. 2001년에는 비소 규제농도가 50μg/L에서 10μg/L로 5배 강화되었습니다(66 FR 6975). 아트라진, 글리포세이트와 같이 널리 사용되는 제초제와 질산염, 아질산염 등 농업 활동에서 유래하는 오염물질에 대한 기준이 신설되었습니다. 트리클로로에틸렌, 테트라클로로에틸렌과 같은 다양한 산업용 화학물질과 염화비닐과 같은 휘발성 유기화합물(volatile organic compounds, VOCs)에 대한 기준도 신설되었습니다. 납 및 구리 규칙에 따라 수도관의 부식 제어를 최적화함으로써 수돗물을 통해 소비자가 납에 노출되는 양을 줄였습니다.

저는 미생물 제어 규정과 소독부산물 규정(M/DBP 클러스터)을 함께 도입한 것이 공중 보건 향상에 크게 기여했다고 생각합니다. 대부분의 수도 시스템은 소독부산물을 생성하기 때문입니다. 이 규정에 있는 벤치마킹 및 프로파일링 조항은 미생물로부터 소비자를 보호하면서도 소독부산물 규정을 준수하기 위해 수처리 공정을 적절히 조정할 수 있도록 하였습니다. 위해도 기반의 규제 프레임워크에 따라 크립토스포리디움(Cryptosporidium) 수치가 높은 시스템은 추가 처리공정을 설치하거나 장기 2단계 강화 지표수 처리 규칙(Long-Term 2 Enhanced Surface Water Treatment Rule, LT2ESWTR, 71 FR 653)의 도구 상자(toolbox)에 제시된 방법 중 하나를 택할 수 있습니다.

표 13.1 1차수돗물연방규정(National Primary Drinking Water Regulations)

연도	규칙	코드
1975	국가잠정수돗물규정 (National Interim Primary Drinking Water Regulations)	40 FR 59566
1979	총 트리할로메탄(Total Trihalomethanes, TTHM)	44 FR 68624
1986	불소	51 FR 11396
1987	1단계(Phase I) 휘발성 유기화합물(Volatile Organic Chemicals, VOCs)	52 FR 25690
1989	지표수 처리 규칙(Surface Water Treatment Rule, SWTR)	54 FR 27486
1989	총대장균규칙(Total Coliform Rule, TCR)	54 FR 27544
1991	2단계(Phase II) 합성 유기화학물질 및 무기화학물질 [Synthetic Organic Chemicals (SOCs) and Inorganic Chemicals (IOCs)]	56 FR 3526
1991	비소 및 구리 규칙(Lead and Copper Rule, LCR)	56 FR 26460
1992	5단계(Phase V) SOCs 및 IOCs	57 FR 31776
1998	1단계(Stage 1) 소독부산물 규칙(Disinfection By-Products Rule)	63 FR 69389
1998	잠정 강화 지표수 처리 규칙 (Interim Enhanced Surface Water Treatment Rule, IESWTR)	63 FR 69477
2000	방사성 핵종(Radionuclides)	65 FR 76707
2001	비소(Arsenic)	66 FR 6975
2001	여과지 역세수 재활용 규칙(Filter Backwash Recycling Rule, FBRR)	66 FR 31085
2002	장기 1단계 강화 지표수 처리 규칙 (Long-Term 1 Enhanced Surface Water Treatment Rule, LT1ESWTR)	67 FR 1844
2006	2단계(Stage 2) 소독부산물 규칙	71 FR 387
2006	장기 2단계 강화 지표수 처리 규칙 (Long-Term 2 Enhanced Surface Water Treatment Rule, LT2ESWTR)	71 FR 653
2006	지하수 규칙(Groundwater Rule, GWR)	71 FR 65573
2013	개정 총대장균규칙(Revised Total Coliform Rule, RTCR)	78 FR 10269

a 각 조치에 따라 국가 핵심 수돗물 기준(National Primary Drinking Water Standards)이 설정된 오염물질 수를 괄호 안에 표기함.

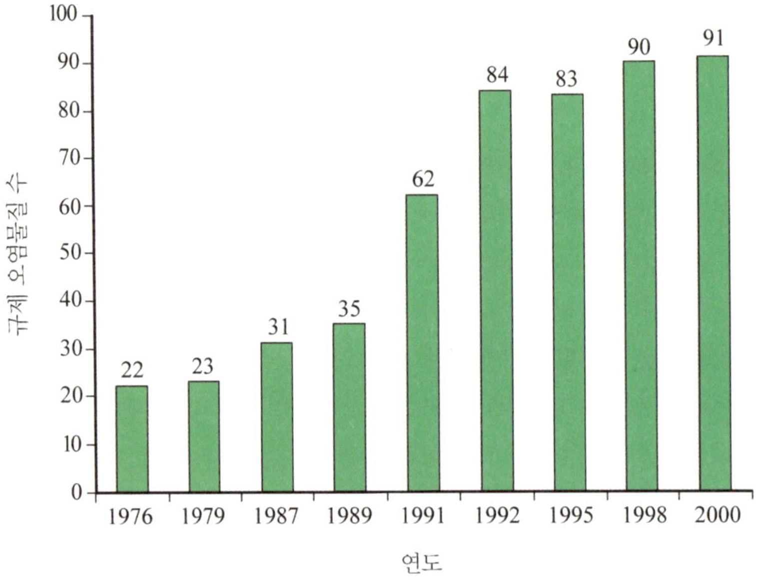

그림 13.1 규제 오염물질 수

소비자의 소독부산물 노출량은 크게 감소했으며, 대부분의 수도 시스템이 소독을 실시하고, 그에 따라 DBPs를 생성하므로, 이는 대단한 성공 사례입니다. 총 트리할로메탄(Total Trihalomethane Rule, TTHM) 규칙 제정 이전인 1975년에서 1976년 사이에 채취된 최종 처리수의 TTHM 농도 전국 평균값은 68μg/L이며, 90 백분위 수는 150μg/L였습니다(McGuire 등, 2002). 1997~1998년 정보 수집 규칙(Information Collection Rule, ICR, 61 FR 24354)에 따라 약 20년 후에 실시한 조사에서 이 값은 평균 28μg/L, 90 백분위 수 60μg/L로 약 60% 감소했습니다.

이러한 감소율은 1단계 DBPR(63 FR 69389)에 의해 소독부산물 농도가 더욱 감소하기 이전에 이미 달성한 것입니다. TTHM과 할로아세틱에시드 5종(five of the haloacetic acids, HAA5) 농도는 지표수와 지하수 모두에서 1단계 규정 전후로 감소했습니다(USEPA, 2005). 지표수 정수장 5개소의 평균 TTHM 농도는 42.3에서 35.0μg/L로 약 17% 감소하였고, 평균 HAA5 농도는 29.1에서 22.5μg/L로 약 23% 감소했습니다. 앞서 논의한 정보 수집 규칙에 의거한 TTHM 모니터링과 이 조사에서의 TTHM 모니터링에는 차이점이 있는데, 정보 수집 규칙에서는 10만 명 이상 규모의 정수장만을 대상으로 하는 반면, 이 조사에서는 소독을 실시하는 모든 정수장을 대상으로 했습니다. 지하수를 원수로 하는 정수장에서는 소독부산물 규정의 효과가 상대적으로 낮게 나타났는데, 이는 처리기술을 변경한 정수장 비율이 더 작았기 때문입니다. 그럼에도 불구하고 평균 TTHM 농도는 15.4에서 13.2μg/L로 약 14%가, 평균 HAA5 농도는 8.5에서 7.0μg/L로 약 18%가 감소했습니다. 2단계 DBPR (71 FR 387)에서는 규제농도 설정에 지역별 이동 연간 평균(locational running annual average, LRAA) 제도를 도입하여 수돗물 공급 시스템 간의 형평성을 확보했습니다.

25살 대 40살

제가 25살이던 시절에는 활기와 생기가 넘쳤습니다. 1996년 개정 이후 3년이 지난 1999년에 SDWA는 제정 25주년을 맞이했고, 수도 관계자 그룹은 활기차고 생동감이 넘쳤습니다. 1996년에서 1999년까지 수도 관계자들은 매우 바쁜 시기를 보냈고, 1996년 SDWA의 새로운 요구사항을 충족하기 위한 몇 가지 중요한 규제 조치가 완성되었습니다.

수돗물주순환융자기금(drinking water state revolving loan fund)의 조성으로 USEPA과 주정부의 우선기관을 지원하는 추가 자금을 마련했습니다. USEPA은 각 주가 운영자 인증 프로그램과 우선기관의 역량 개발 프로그램을 운영하기 위한 요건을 작성했습니다. 각 주에서는 정수장의 원수 평가 프로그램을 개발했고, 각 주 또는 수도사업자가 초기 평가를 실시했습니다.

수돗물에 대한 정보를 대중에 제공하기 위해 USEPA은 소비자 보고 규정을 마련했습니다(63 FR 44512). 수도 사업자는 연례 보고서를 작성하여 소비자에게 발송하는 데 익숙해졌습니다. 향후 규제 가능성이 있는 신규 오염물질을 발굴하기 위해 USEPA은 60개의 오염물질이 등재된 첫 번째 오염물질 후보목록(first Contaminant Candidate List. CCL1)을 1998년에 발표했습니다(63 FR 10274). 1998년 말에는 USEPA이 M/DBP 클러스터에 대한 첫 규정을 발표했는데, 이것이 1단계 DBPR (63 FR 69389)과 잠정 강화 지표수 처리 규칙(Interim Enhanced Surface Water Treatment Rule, 63 FR 69477)입니다.

40세가 되면 반응이 느려지고, 걸음걸이도 느려지며, 더 까다로워지고, 노년을 향해 나아가데 됩니다. SDWA에도 이러한 변화의 조짐이 다소 일어나고 있습니다. 수많은 조치들이 현재의 규제 개발이 단계에 있지만, 1996년의 SDWA 개정으로 신규 오염물질 발굴 프로세스가 의무화된 이래 실제로 새롭게 규제에 포함된 오염물질은 없습니다. 2011년 2월에 과염소산염에 대해 별도의 포지티브형 규제를 실시하기로 결정되었기에 향후 과염소산염이 규제에 포함될 것이라 주장하는 이들도 있습니다. 그러나 제가 보기에 과염소산염은 적어도 과거 10년간 규제 레이더망에 올라와 있었습니다. 또한, USEPA이 과염소산염 규제안 제출 마감 시점인 2013년 2월을 놓쳤다는 점도 주목해야 합니다. 과염소산염 규제안 마련은 건강 영향 모델링의 필요성 때문에 계속 지연되고 있으며, 과염소산염 규제의 비용 대비 편익에 대해 논란이 계속되고 있습니다. 미국에서 과염소산염이 아주 널리 검출되지 않는 것도 규제가 늦어지는 한 원인 중 하나입니다. 과염소산염 규제는 현재 수렁에 빠져있다 할 수도 있겠습니다.

최근 USEPA의 규제성과를 보며, 육상 트랙을 달리던 저의 모습이 떠오릅니다(그리 아름다운 그림은 아닙니다). 저는 규제를 위한 규제 개발에 찬성하지는 않습니다. 그러나 현재의 규제 개발 프로세스를 최적화함으로써, 우리 모두가 건강에 부정적인 영향이 있다고 믿으면서 시민 건강이 우려되는 수준에 근접한 수도시설에서 검출되는 신규 오염물질을 발굴하고, 국가적 차원의 규제가 큰 파급효과를 줄 수 있는 포인트가 무엇인지 찾아낼 필요가 있습니다. 이 문장이 SDWA 중 오염물질 발굴에 대해 규정한 1412(b)(1)(A)항을 재구성한 것임을 알아차린 독자가 계실지 모르겠습니다. 이 조항에서는 국가적 규제가 "위해도 저감에 유의미한 기회"를 제공하는지 여부는 미국환경보호청장 고유의 판단 영역이라는 내용도 담겨 있습니다. 법에는 이미 적절한 문구가 담겨 있습니다. 우리는 그것을 수도와 관련된 모든 이해당사자에게 적합한 방식으로 실현해야 합니다.

미래의 성공은 쉽지 않습니다

수도 관계자라면 누구나 앞서 논한 지난 40년간의 성공 스토리에 대해 자랑스럽게 생각할 것입니다. 그러나 이제 중년에 접어든 SDWA이 앞으로도 동일한 수준의 성공을 거두기는 쉽지 않을 것입니다. 저는 미래를 위해 우리가 다음 다섯 이슈에 대해 신중하게 생각해야 한다고 생각합니다.

- 자금 조달
- 규제 개발 프로세스
- 공급 시스템과 옥내 배관
- 데이터
- 준비성

자금 조달

수도 관계자 누구에게나 자원은 한정되어 있습니다.

- USEPA – 연구와 프로그램 실행
- 주의 우선기관 – 프로그램 실행
- 수도사업자 – 규제 만족과 24시간, 365일 안전한 수돗물을 생산・보급하기 위한 모든 것

수도 관계자의 자금 사정은 국가 경제에 따라 달라지며, 지난 몇 년간은 사정이 좋지 못했습니다. USEPA은 지속적으로 예산을 삭감했고, 많은 주에서 예산 삭감, 급여 삭감, 무급 휴직을 겪었습니다. 수도 사업자는 최근의 경기 침체와 1인당 사용량 감소로 수돗물 요금이 인하되고 수돗물 생산량이 감소하여 수익 확보에 어려움을 겪어야 했습니다. 지금은 경제가 조금 나아지고 있지만, 가까운 미래에 수익 면에서 과거와 같은 호황을 누리기는 어려워 보입니다.

경제 상황의 어려움으로 많은 수도사업자가 요금을 동결하거나 최소한의 요금 인상만 통과시킬 수 있었습니다. 일부 수도사업자는 꾸준히 요금을 인상하는 데 성공했지만, 과연 소비자가 장기적으로 지속적인 요금 인상을 받아들일지 모르겠습니다. 대부

분의 지역에서 하수도 요금이 수도요금 고지서에 같이 표기되는데, 영양염을 포함한 하수도 규제의 신설로 하수도 요금의 증가율은 수도요금 증가율보다 높은 경우가 많았습니다. 그러나 소비자는 수도 요금과 하수도 요금을 별개로 받아들이지 않습니다.

끝으로, 수도 시스템의 관리자와 의사결정 집단은 규제 준수를 위해 수처리에 소요되는 비용과 인프라 비용 간의 관계를 보다 완전히 이해해야 합니다. 연구에 따르면 모든 수돗물 규정의 준수를 위해 소요되는 비용은 2008년 화폐가치 기준으로 연간 약 45달러로 추산됩니다. 이는 AWWA가 추산한 국가 수도 인프라 교체 수요인 연간 약 400억 달러의 11%를 약간 넘는 금액입니다(WUC, 2012). 이 수치들은 국가 전체의 합산액이므로 여러 관정에 비소 처리장치를 설치해야 하는 지하수 시스템과 같이 특수한 지역적 상황을 반영하지 않음에 유의하기 바랍니다. 그럼에도 불구하고, 앞으로 수도 시스템 관리자와 의사결정 집단이 시급성이 높은 사안들을 놓고 어려운 선택을 해야 할 거라는 점은 자명합니다.

Point

USEPA이 통상적으로 실시하는 제안 – 의견수렴 – 최종 규제 개발 프로세스로는 다양한 이해관계자들로부터 합의를 이끌어내는 게 불가능에 가까웠을 것입니다.

규제 개발 프로세스

규제에 적합한 오염물질을 찾아내고 SDWA에서 규정하는 사항을 만족하는 것이 점점 어려워지고 있습니다. 비교적 쉬운 사안들은 앞선 세 번의 SDWA 제・개정을 통해 규제가 마련되었습니다. 1996년 개정 이래 USEPA은 잠재적 규제를 위한 새로운 오염물질을 발굴하는 출발점으로 세 번의 오염물질 후보 목록(Contaminant Candidate List, CCL) 확정 발표를 실시한 바 있습니다. USEPA은 CCL에 대한 규제 여부 결정을 두 차례 완료했으며, SDWA에서 제시하는 국가적 규제 요건인 "위해도 저감에 유의미한 기회" 제공(68 FR 42897, 73 FR 44251)이 기대되지 않는다는 이유로 20개 오염물질을 규제하지 않기로 결정했습니다. 이들 오염물질 중 일부는 미규제 오염물질 모니터링 규칙(Unregulated Contaminant Monitoring Rules, UCMRs ; Roberson과 Eaton, 2014)에 따라 검출되지 않거나 검출 빈도가 희박한 것으로 밝혀졌습니다.

규제를 하지 않기로 결정한 것은 규제를 결정하는 것만큼이나 성공적인 일입니다. 한때 이 오염물질들은 한때 잠재적으로 우려되는 면이 있었기 때문에 CCL에 오른 것입니다. 현황 자료가 필요한 경우 이 오염물질들은 UCMR에 등재되었습니다. 이후 검출 사례가 없거나 검출 빈도가 희박한 까닭에, 또는 다른 이유로 USEPA은 이 오염물질들이 SDWA의 규제 요건에 부합하지 않다고 결정한 것입니다.

규제 개발 프로세스에는 최적화가 더 필요합니다. 저는 이것을 어떻게 달성할지 명쾌한 답을 드릴 수 없지만, 더 나은 프로세스가 필요하다는 것은 분명합니다. 프로세스 개선의 결과로 기대되는 것은 향후에 발표될 CCL에는 세 번째 오염물질 후보 목록(Third Contaminant Candidate List, CCL3, 74 FR 51850)에 등재된 116개보다는 적은 수의 오염물질이 등재되는 것입니다. 이를 통해 UCMR에서 불검출 결과 또는 건강 영향과 매우 동떨어진 검출 결과만을 양산하는 것을 방지하고, 진지한 규제 검토가 필요한 오염물질의 현황 파악에 집중할 수 있습니다. 수도 관계자는 규제 개발 프로세스의 세부사항에 더 많이 관여해야 하며, 최종 결정은 미국환경보호청장의 고유 권한임을 인지해야 합니다. 언젠가 미래에 수도 관계자 중 누군가가 USEPA에 가서 "X라는 오염물질을 규제해야 하며, 이유는 다음과 같습니다"라고 말할 수 있다면 저는 정말 기쁠 것 같습니다.

국가적 규제 준수율에 개선이 필요하다는 점은 우리의 규제 프로세스에 존재하는 어두운 단면입니다. 여러 해 동안 국가적 규제 준수율은 92~94%에 그쳤는데, 이는 부끄러운 일이라고 생각합니다. 20번 중 1번 시동이 걸리지 않는 차(즉, 시동이 걸릴 확률이 95%인 차)를 누가 받아들일 수 있을까요? 수도 관계자들은 왜 이 준수율 값을 그저 받아들이고 있을까요? 많은 수도 시스템은 기술적, 재정적, 관리적 도움을 모두 필요로 하며, 수도 관계자들은 힘을 합쳐 필요한 도움을 해당 시스템에 제공하여 규제를 지킬 수 있게 해야 하겠습니다. 언젠가 수돗물 규제항목 모두를 만족하는 시설의 비율에 대한 범국가적 목표를 99%, 나아가 99.9%로 잡는 날이 오기를 기대해 봅니다.

공급 시스템과 옥내 배관

수도 관계자들은 주로 공급 시스템의 주입지점에 초점을 맞춘 규제 개발 프로세스에 많은 시간과 비용을 투자해 왔습니다. 앞으로는 공급 시스템에 대한 규칙도 필요할까요? 그럴 수도, 그렇지 않을 수도 있습니다. 현재로서는 규제가 필요한지, 규제가 실질적인 위해도 저감으로 귀결될 수 있는지 평가하기 어렵습니다. 공급 시스템에 얼마만큼의 위해 요인이 있고, 어떤 규제 조치를 취해야 SDWA에 규정한 대로 "위해도 저감에 유의미한 기회"를 제공할 수 있을지 판단하기 위해서는 더 많은 연구가 절실히 필요합니다.

공급 시스템에서 현재 규제 레이더망에 있는 두 요인은 저장 탱크와 소독제 잔류량입니다. 수도 시스템의 특성 별로 빈도 설정을 달리한 저장 탱크의 운전 및 관리계획이 필요할까요? USEPA는 저장 탱크에 대해 이해관계자와 가벼운 소통을 시작하고 있지만, 수도 사업자와 주정부의 우선기관에 과도한 부담을 주지 않으면서 위해 저감을 달성하는 적절한 규제적 또는 비규제적 방법은 무엇인지 판단하기 위해서는 더 많은 노력이 필요하다.

소독제 잔류량 유지 기준을 현재 기준인 "검출됨"에서 특정 수치로 변경해야 할까요? 루이지애나 주 보건 및 병원부(Department of Health and Hospitals)는 네글레리아 파울러리(Naegleria fowleri) 문제에 대응하기 위해 소독제 최소잔류량을 0.5 mg/L로 하는 긴급 규칙을 최근 제정했습니다. 다른 주에서도 자체적인 소독제 잔류량 유지 기준을 루이지애나 주와 유사한 방식으로 변경하는(수치는 다를 수 있음) 방안을 검토하고 있습니다. 공급 시스템이 소비자 건강 보호를 충분히 담보할 수 있으려면 소독제 잔류량 기준에 변경이 필요하지는 않은지 이제 되돌아볼 필요가 있습니다. 현재의 기준은 1989년에 제정된 것입니다.

끝으로, 옥내 배관은 그 중요성이 점점 커지고 있는 이슈인데, 가장 주요한 원인은 레지오넬라균으로 인한 질병 및 사망 사례입니다. 미국질병관리청(Centers for Disease Control and Prevention)에 따르면, 2000~2009년 동안 미국 50개 주와 컬럼비아 특별구에서 국가감염병감시시스템(National Notifiable Disease Surveillance System)을 통해 신고된 레지오넬라증 발병 건수는 22,418건에 달합니다. 이 시스템은 신고제로 운영되기 때문에 실제 발병 건수는 이보다 높을 것으로 보입니다. 발병 건수가 충분히 많다면 수도 관계자가 무언가 조치를 취해야 할 것입니다. 무슨 조치가 가능할까요?

기술적으로나 법적으로 옥내 배관은 수도사업자가 아닌 건물 소유주의 책임입니다. 통상적으로 수도사업자의 책임은 계량기 또는 커브 스톱까지입니다. 그러나 통계가 말해주는 엄중함을 고려한다면 수도사업자가 건물 소유주와 잘 소통하여 소유주가 계량기에서 수도꼭지까지 수질을 유지하는 방법을 알고 있도록 해야 합니다. 건물 소유주는 옥내에 2차 소독 장치를 설치할 때 모니터링 및 관리자격 인증이 필요하다는 점 등 관련 규제를 잘 이해하고 있어야 합니다. 옥내 배관은 건물 소유주를 포함한 수도 관계자가 해결해야 할 중요한 공중 보건 이슈입니다.

데이터

수도 관계자는 건강 영향 데이터를 포함, 여러 사항과 관련된 데이터를 필요로 합니다. 요즈음 수도 관계자는 수돗물로 유발되는 위해를 최소화하는 데 집중하고 있는 것 같습니다. 우리는 과연 SDWA의 요구사항대로 "위해도 저감에 유의미한 기회"를 제공하는 규제를 수립한다는 측면에서 최선의 과학적 역량을 발휘하고 있는 것일까요? 이 결정이 미국환경보호청장의 고유 권한임에도 말입니다. 과학적 근거에 논쟁의 여지가 있는 규제를 준수하기 위해 추가적인 처리공정이 필요한 경우, 이러한 불확실성은 수도 요금 인상을 소비자에게 이해시키기 매우 어렵게 합니다.

캘리포니아 주에서 6가 크롬은 규제 기준이 적용되면서 많은 수도 시스템에서 처리시설을 구축하는 와중에 건강 영향에 대한 논란이 끊이지 않고 있는 오염물질의 사례입니다. 캘리포니아 주가 최종 제안한 규제농도인 10μg/L가 적용될 경우 그 준수에 소요되는 비용은 연간 3～5억 달러에 달할 것으로 예상됩니다(Seidel 등, 2013). 같은 규제농도가 미국 전체에 적용될 경우 준수에 소요되는 비용은 연간 6억 달러에서 51억 달러 사이일 것으로 추정됩니다. 비용의 최대 추정값인 51억 달러는 19개의 국가 수돗물 규정을 모두 준수하는 데 필요한 비용보다도 높습니다. 건강 영향 데이터에 대한 법적 논쟁은 현재 진행 중이며, 국가적인 6가 크롬 규칙이 제정되기 위해서는 건강 영향에 대한 연구가 추가적으로 필요합니다(AWWA, 2014).

잠재적 건강 영향에만 데이터가 필요한 것은 아닙니다. 규제 개발 프로세스를 최적화하기 위해서는 오염물질 현황 데이터의 수집을 최적화하는 것이 필요합니다. UCMR에서는 신뢰성 높은 국가적 현황 데이터를 수집하기 위한 절차를 제시하고 있지만, 불검출 비율이 매우 높다는 것을 고려했을 때 모니터링에 소요되는 국가적 비용은 상당합니다. 집중도 높은 현황 조사를 실시한다면 UCMR에 오염물질을 등재하는 것보다 훨씬 저렴한 비용으로 규제에 필요한 핵심 정보를 수집할 수 있습니다. 또한, 미규제 오염물질 모니터링 시료를 채취하면서 pH, 알칼리도와 같은 일반 수질 데이터를 같이 수집한다면 규제 개발 프로세스에 필요한 핵심 정보를 얻을 수 있을 것입니다.

준비성

수도 관계자들에게 준비성은 주로 보안과 재단 대비 관점에서 필요한 사항입니다. 시스템 취약성에 대한 평가 조항이 최종 수립된 지 10년 가까이 지났지만, 상수도시스템은 물리적 보안과 사이버 보안에 대한 경계를 늦추지 않아야 합니다.

최근 웨스트버지니아 주의 찰스턴과 버지니아 주 린치버그에서 발생한 사건은 상수도시스템이 지속적으로 고려해야 하는 다양한 위협과 위험을 보여주는 두 가지 사례에 불과합니다. 이 두 사건은 지상 저장 탱크의 누수와 열차 탈선이라는 완전히 다른 원인에 의해 발생했습니다. 배관과 고속도로에서 발생하는 사고 등 다른 위협 요인도 수도 시스템의 원수 수질에 큰 영향을 미칠 수 있습니다. 기상 재난인 허리케인, 토네이도, 홍수, 우박 등으로 인한 잠재적인 영향도 무시할 수 없습니다. 산불과 들불, 인간의 실수, 기계적 오작동, 기후변화로 인한 잠재적 영향 등 발생 가능한 위협과 위험은 수없이 많습니다.

준비성은 장기적인 물 공급 계획 및 수요 예측의 중요한 요소입니다. 1992년에 에너지정책법(Energy Policy Act, PL 102-486)이 통과되고 저유량 배관 설비의 시장 보급이 증가하면서 감소한 1인당 수요량은 수도 시스템에 영향을 미치고 있습니다. 물 공급 관점에서 수도 시스템은 다양한 새로운 전략을 고려하고 있습니다. 버지니아 주의 라우던수도공사(Loundoun Water)에서는 오래된 채석장을 저수지로 사용하고 있고, 텍사스 주의 위치타 폴스에서는 물 공급의 일부를 직접 물 재이용으로 충당하고 있습니다(Loudoun Water, 2014; Star-Telegram, 2014). 남부 네바다 수도국(Southern Nevada Water Authority, SNWA)은 네바다 중부와 동부에서 남부 네바다로 지하수를 공급하기 위해 200마일 이상의 송수관로를 건설하고자 하고 있습니다(SNWA, 2014). 소비자에게 가장 가까운 고품질 수원은 이미 사용되고 있으며, 수도 시스템은 장기적인 물 공급 계획에 더 멀리 떨어진 수원과 수질이 상대적으로 낮은 수원을 고려대상으로 포함시키고 있습니다.

상수도시스템은 다양한 위협과 위험을 고려하고 시스템에 미치는 영향 또는 그 파급효과를 완화하기 위한 계획을 수립해야 합니다. 수도 시스템이 발생 가능성은 낮지만 심대한 영향을 미치는 사고에 적절히 대처하는 방법을 강구하는 일은 간단하지 않습니다. 상수도시스템에 발생 가능한 위협과 위험을 파악하고 그 발생 가능성을 낮추기 위한 대책을 수립하기 위해서는 시스템적 접근 방식이 필요합니다. 준비성은 상수도시스템의 총체적 위기관리에서 반드시 고려해야 할 사항이며, 대비해야 할 위기에는 재정적 위기를 포함해 다양한 것들이 있습니다.

> **Point**
> 1996년 개정 후 3년이 지난 1999년에 SDWA은 25주년이 되었고, 수도 관계자 그룹은 활기차고 생동감이 넘쳤습니다.

협업

SDWA가 중년에 접어든 상황에서 수도 관계자가 직면한 여러 어려움을 극복하고 시민의 건강 보호의 수준을 유지하거나 강화하기 위해서는 협업이 핵심입니다. 예산과 자원이 한정된 조건에서 규제하기에 적절한 오염물질을 결정하거나 비규제 대안을 도출하기 위해서는 협업이 필요합니다. 과거에 M/DBP 클러스터, 총대장균군 규칙 등 복잡하게 얽혀 있는 규제사항에 대한 결론을 얻는 데 협업이 주효했으며, 이러한 방식은 미래에도 작동하리라 생각합니다. SDWA의 중년이 활동적이고 행복하려면 수도 관계자들이 서로 힘을 모아야 합니다.

사사

지난 23년간 규제 개발 과정에서 저와 함께 일해 온 AWWA 자원봉사자 분들, 그리고 다른 워싱턴 D.C. 사무소 직원분들께 감사의 말씀을 전합니다. 이 분들께서는 이 논문의 작성에 많은 영감을 주셨습니다. 논문 제목에 큰 영감을 주신 마이크 맥과이어 님께 특별히 감사 말씀을 전합니다. 그는 2014년 캘리포니아-네바다 지부의 춘계 학술대회에서 SDWA의 현재를 사람의 중년에 비유해 발표하셨는데, 저는 이것이 40주년을 맞는 SDWA의 현재를 대변하는 데 매우 적절하다고 생각했습니다.

References

1. AWWA, 2014. Hexavalent Chromium: Recent Research. www.awwa.org/legislationregulation/regulations/chemical-contaminants/hexavalent-chromium.aspx#3329298-recentresearch (accessed May 13, 2014).
2. CDC (Centers for Disease Control and Prevention), 2011. [Increasing incidence of] Legionellosis – United States, 2000–2009. Morbidity and Mortality Weekly Report, 60:32.
3. Department of Health and Hospitals, 2013. DHH Issues Emergency Rule Requiring Drinking Water Systems in Louisiana to Raise the Level of Disinfectant in their Water, Increases Monitoring by 25 Percent. www.dhh.louisiana.gov/index.cfm/newsroom/detail/2906 (accessed May 13, 2014).
4. Loudoun Water, 2014. Potomac Water Supply Program. www.loudounwater.org/Residential-Customers/Potomac-Water-Supply-Program/ (accessed May 14, 2014).
5. McGuire, M.J.; McLain, J.L.; & Obolensky, A., 2002. Information Collection Rule Data Analysis. AWWA, Denver.
6. Reiling, S.J.; Roberson, J.A.; & Cromwell, J.E., 2009. Drinking Water Regulations: Estimated Cumulative Energy Use and Costs. Journal AWWA, 101:3:42.
7. Roberson, J.A. & Eaton, A., 2014. Retrospective Analysis of Mandated National Occurrence Monitoring and Regulatory Decisions. Journal AWWA, 106:3:63. http://dx.doi.org/10.5942/jawwa.2014.106.0040.
8. Roberson, J.A.; Cromwell, J.E. III; Krasner, S.W.; McGuire, M.J.; Owen, D.M.; Regli, S.; & Summers, R.S., 1995. The D/DBP Rule: Where Did the Numbers Come From? Journal AWWA, 87:10:46.
9. Seidel, C.J.; Najm, I.N.; Blute, N.K.; Corwin, C.J.; Wu, X., 2013. National and California Treatment Costs to Comply With Potential Hexavalent Chromium MCLs. Journal AWWA, 105:6:39. http://dx.doi.org/10.5942/jawwa.2014.106.0040.
10. Southern Nevada Water Authority, 2014. Groundwater Development Project. www.snwa.com/ws/future_gdp.html (accessed May 14, 2014).
11. Star-Telegram, 2014. Dry Wichita Falls to Try Drinking "Potty Water." www.star-telegram.com/2014/03/14/5650516/dry-wichita-falls-to-try-drinking.html (accessed May 14, 2014).
12. USEPA (US Environmental Protection Agency), 2014. Summary of Public Meetings. http://water.epa.gov/drink/ndwac/meetingsummaries/index.cfm#current (accessed May 1, 2014).
13. USEPA, 2011. National Drinking Water Advisory Council: Overview of Climate Ready

Water Utilities Working Group Report. http://water.epa. gov/infrastructure/watersecurity/climate/upload/NDWAC-overview-of-CRWU-10.pdf (accessed May 1, 2014).

14. USEPA, 2005. Occurrence Assessment for the Final Stage 2 Disinfectants and Disinfection By-Products Rule. EPA 815-R-05-011, December 2005. http://water.epa.gov/lawsregs/rulesregs/sdwa/stage2/upload/2006_03_17_disinfection_stage2_assesment_stage2_occurance_main.pdf (accessed May 12, 2014).
15. USEPA, 2001. Contaminants Regulated Under the Safe Drinking Water Act. http://water.epa.gov/drink/contaminants/upload/2003_05_27_contaminants_contam_timeline.pdf (accessed May 1, 2014).
16. WUC (Water Utility Council), 2012. Buried No Longer: Confronting America's Water Infrastructure Challenge. AWWA, Denver. www.awwa.org/Portals/0/files/legreg/documents/BuriedNoLonger.pdf (accessed May 12, 2014).

미국수도법 회고
: 1996년 개정 후 20년

J. 앨런 로버슨 ▌ 연방 관계 담당 이사, AWWA, 워싱턴 D.C.
미셸 M. 프레이 ▌ 대표이사, OptiQ LLC, 버지니아
2014년 8월호 *AWWA 저널*(108권 3호, 22~30쪽)에 처음 게재되었습니다.

1996년에 미국수도법(Safe Drinking Water Act, SDWA) 개정안이 통과된 이래 20년 가까운 시간 동안 어느 정도 성과가 있었지만, 당면한 어려움을 극복하고 미국 수돗물의 안전성과 신뢰성을 보장하기 위해서는 추가적인 작업이 필요합니다.

SDWA는 40여 년 전 수돗물의 광범위한 오염이 확인되면서 처음 제정되었습니다(공법 PL 93-523, 1974). 미시시피강 유역 전역에서 산업 오염물질이 발견되고 수돗물 공급 시스템에서 트리할로메탄이 검출되면서 우려가 제기되었습니다. 1972년에 미국환경보호청(U.S. Environmental Protection Agency, USEPA)이 설립되면서 SDWA는 이 새로운 기관의 핵심 이니셔티브가 되었습니다.

그러나 수돗물에 대한 지속가능한 규제 체계를 만드는 것에 대한 논쟁으로 USEPA는 한동안 새로운 수돗물 수질기준을 공표하는 데 가시적인 성과를 거두지 못했습니다. 실제로 SDWA가 제정된 1974년부터 첫 개정안이 통과된 1986년까지 USEPA가 새로 공표한 실질적인 규제조치는 인구 10,000명 이상인 수도 시스템에 총 트리할로메탄(total trihalomethanes, TTHMs)을 규제한 것 하나뿐입니다. 다른 새로운 규제조치는 미국공중보건국(U.S. Public Health Service, USPHS)에 이미 존재하는 22개의 농도기준을 SDWA에서 확정하는 것이었습니다(표 13.1).

규제의 진전이 없어 실망하던 의회는 1986년에 SDWA의 첫 개정안(PL 99-359, 1986)을 통과시켜 83개 특정 오염물질에 대한 규제 시한을 정하고 매 3년마다 25개의 새로운 오염물질을 규제하도록(소위 "규제 트레드밀") 의무화했습니다. 또한 개정안은 USEPA가 수돗물로 사용되는 지표수의 여과를 의무화했습니다. USEPA는 법정 기한을 지키지 못했고, 규제 시한을 연장하기 위해 불런연합(Bull Run Coalition)과 일련의 소송과 협상을 벌여야 했습니다. 비록 개정안의 시한을 지키지 못했지만, USEPA는 궁극적으로 83개 오염물질에 대한 규제를 모두 발표하고 지표수 처리 규칙(Surface Water Treatment Rule, SWTR, 표 13.1)에서 처음으로 처리기술 기준을 제시했습니다.

이렇게 활발하게 규제 마련되는 상황 속에서 매우 심각한 수돗물 위협에 USEPA가 대처하는 방안에 대해 초당적인 우려가 제기되었습니다. 1993년 밀워키에서는 크립토스포리디움(Cryptosporidium) 사고가 발생하면서 수돗물 수질에 대한 우려는 더욱 커졌습니다. 더욱이 이 시기에 미국에서는 에이즈 위기가 한창이었기 때문에 에이즈 환자, 노인, 암 환자 등 면역력이 약한 사람들이 크립토스포리디움에 취약한 상황이었습니다. 이 사고와 1986년 개정안의 규제 시한과 관련된 소송, USEPA가 "규제 트레드밀"에서 자유로울 수 있게 하려는 초당적 열망의 결합은 의회가 한 번 더 조치를 취하도록 촉구했고, 1996년에 SDWA 개정안이 통과되었습니다(PL 104-110, 1996).

표 13.1 SDWA 연혁

기간	SDWA의 정책 이니셔티브	규제 조치[a]
1974 ~ 1986	다른 산업 오염물질과 함께 소독부산물이 수돗물에서 광범위하게 발견되는 것을 확인함. SDWA의 제정 의도는 대중에게 안전한 수돗물을 공급하도록 규제 프로그램을 만드는 것임	• 1976 : 22건의 USPHS 오염물질 한계치를 수돗물 기준으로 전환 • 1983 : 총 트리할로메탄(4) 기준
1986 ~ 1996	규제 진전이 없음에 실망한 의회가 1986년 개정안을 통과시키고 83개 오염물질의 규제와 지표수의 효과적인 여과 및 소독 의무화에 대한 일정을 공포함	• 1987 : 1단계 휘발성 유기화합물[Phase I Volatile Organic Chemicals] (8) • 1989 : 총대장균규칙[Total Coliform Rule] (1)과 지표수 처리 규칙[Surface Water Treatment Rule] (5) • 1991 : 납 및 구리 규칙(2) • 1992 : 5단계 합성 유기 화학물질 및 무기 화학물질[Phase V Synthetic Organic Chemicals and Inorganic Chemicals] (23)
1996 ~ 현재	크립토스포리디움 사태로 의회는 모든 수도시설에 대한 소독 의무화를 포함한 더 엄격한 미생물제어 기준을 의무화함. USEPA은 연방 자문위원회법(Federal Advisory Committee Act)의 절차를 사용하여 수도 사업자로부터 처리공정과 수질 정보를 직접 수집함. 개정안에는 규제 대상 오염물질로 3개(비소, 황산염, 라돈)가 추가됨. 규제 고려 오염물질을 판별할 수 있는 프로세스를 수립하는 것에서 수돗물 수질에 대한 대중의 투명성을 높이는 것으로 개정안의 초점이 전환됨	• 1996 : 정보 수집 규칙(Information Collection Rule) • 1998 : 1단계 소독제 및 소독부산물 규칙[Stage 1 Disinfectants and Disinfection Byproducts Rule] (6) • 2000 : 방사성 핵종 규칙(5) • 2001 : 비소 규칙(1) • 2003 : 2단계 소독제 및 소독부산물 규칙[Stage 2 Disinfectants and Disinfection Byproducts Rule] (6), 장기 2단계 강화 지표수 처리 규칙[Long-Term 2 Enhanced Surface Water Treatment Rule] (2)

[a] 각 조치에 따라 1차수돗물연방기준(National Primary Drinking Water Standards)이 설정된 오염물질 수를 괄호 안에 표기함

개정안은 미생물 및 소독제/소독부산물(disinfectant/disinfection by-product, D/DBP) 문제 해결을 위한 USEPA의 구체적인 요구사항을 포함하고 있기도 하지만, 규제 프로그램 전반에 대한 장기적인 관점을 취했습니다(표 13.2). 정해진 기간에 특정 오염물질을 규제할 것을 의무화하는 대신, 의회는 USEPA가 우려되는 오염물질을 식별하고 수돗물 공급에서 그 발생 및 잠재적 건강 영향을 평가하며, 오염물질의 국가적 규제가 국민 건강 위해도를 유의미하게 저감하는지 결정하는 절차를 마련하도록 했습니다. 규제 개발 절차에서 비용-편익을 고려하는 추가적인 방안도 의무화했습니다. 이 절차에 대한 일정이 명시되었고, 기존 규정을 검토하여 수정 또는 폐지 여부를 결정하는 기간은 6년으로 정해졌습니다. 1996년의 개정안은 수자원 평가 및 보호 프로그램, 운영자 교육 및 인증, 수돗물주순환기금(Drinking Water State Revolving Fund, DWSRF) 프로그램 신설 등 주 우선기관(primacy)에 대한 조항도 포함하고 있습니다. 소비자 신뢰 보고서(Consumer Confidence Reports, CCRs) 요건 제정을 통해 정보 공개도 강조되었습니다.

표 13.2 1996년에 개정된 SDWA 조항

조항	정책 의도	이행에 대한 참고사항
오염물질 판별	• 규제를 고려할 가능성이 있는 오염물질을 판별하는 과학적 방법론 고안	USEPA이 만든 방법론은 오염물질의 우선순위를 적절히 정하지 않음. 개선이 필요하며, AWWA가 대안을 제시함.
모니터링 및 미규제 오염물질 모니터링	• 필요에 따라 규제를 고려하는 미규제 오염물질에 대해 국가적 발생 수준과 범위를 파악하기 위한 모니터링 요구	USEPA은 합리적인 모니터링 프로그램을 시행하고 있지만, 적절한 오염물질을 대상으로 하고, 분석의 민감도와 정확성을 담보할 수 있는 실험실 역량을 확보하며, 모든 모니터링 데이터가 규제 결정(6년 주기 검토)
기준 설정 및 특정 오염물질	• 모든 기존 규정의 6년 주기 검토 절차를 의무화 • 비소, 황산염, 라돈, 소독에 대한 새 기준을 모든 공공 수도시설에 의무화 • 우려되는 미생물(특히 크립토스포리디움) 및 추가적인 소독부산물에 대한 기존 기준 개정	USEPA은 새로운 규제 기준을 설정하고 비용-편익 지표를 사용해야 하는 의무를 성공적으로 충족함. 두 가지 사례(비소, 우라늄)에 대해서는 실현가능한 것보다 높은 기준을 설정함. 모니터링 자료 통합 및 접근성 향상을 위해 6년 주기 검토 프로세스의 개선이 필요함.

(계속)

조항	정책 의도	이행에 대한 참고사항
고시 및 CCRs	• 대중에게 투명성을 높이기 위해 수도 사업자가 매년 CCRs를 발행 • 규정 위반 사건에 대해 공개적으로 통지할 것을 의무화	고시와 CCRs 모두 언어 요건에 제한을 두는 바람에 그 효과가 제한됨. 주별 이행수준의 다양성으로 인해 투명성이 진정으로 달성되었는지 불확실하고 소비자의 조치가 필요할 경우 고지(예 : 끓인 물 사용에 대한 권고)가 효과적으로 이루어지는지 불확실함.
DWSRF 프로그램	• 수도 사업자가 새로운 기준을 준수하는 데 필요한 예산을 안정적으로 확보하기 위한 DWSRF의 수준 설정	일반적으로 DWSRF 프로그램은 성공적이었음. 대출 신청 절차를 보다 간소화하고 모든 주에 표준화된 관행이 적용되도록 개선이 필요함.
수자원 평가 및 보호	• 모든 수도사업자가 수자원에서 잠재적 오염원을 파악하고 적절한 보호 조치를 시행하도록 요구	수자원 평가 프로그램이 시행되었지만 평가 결과를 의미 있는 보호 조치로 전환하는 데 한계가 있었음. 평가 프로세스의 정기적인 업데이트가 필요하나, 이에 대한 규정이나 지침이 없음.
운영자 인증	• 각 주의 상수도시스템 운영자 인증 기준 수립과 필요한 교육 및 인증 프로그램 시행을 의무화	USEPA은 합리적인 지침을 마련하는 데 성공했으며, 와이오밍 주를 제외한 모든 주에서 운영자 인증 프로그램을 시행 중임. 이는 큰 성공을 거두었지만, 각 주 간 라이선스의 호환성, 교육 프로그램 수요를 충족하기 위한 자금 지원, 프로그램의 일관성 등의 측면에서 한계가 있으며, 앞으로 해결이 필요함.

훌륭하게도 USEPA는 1996년 개정 후 첫 10년 동안 거의 모든 요구사항을 달성했습니다. 17개의 실무 그룹이 국가 수돗물자문위원회(National Drinking Water Advisory Council, NDWAC)에 설립되어 의무 규제에 대한 이해당사자 의견을 수렴했습니다. 각 주의 새로운 프로그램에 대한 요구사항이 마련되었고, 주 우선기관은 이 요구사항을 이행했습니다. USEPA은 1996년부터 2006년까지 7개의 1차수돗물연방규정을 확정했으며, 2회에 걸쳐 비용－편익 분석으로 상대적으로 높은 규제농도 기준을 설정하는 권한을 사용했는데, 대상 물질은 우라늄과 비소였습니다. DWSRF 프로그램이 연방정부와 주정부 차원 모두에 만들어져 각 주와 수도 사업자에게 대출이 실행되

었으며, 대출금이 상환됨에 따라 기금이 실제로 순환하기 시작했습니다. 수도사업자는 CCRs를 개발하고 제공하는 방법을 익혔고, 최근 USEPA는 전자문서를 송부 가능한 보고서 양식으로 인정했습니다.

이제 1996년 개정안으로부터 20년 가까운 시간이 흘렀습니다. 이 회고에서는 개정안이 미국 내 수돗물의 안전성과 신뢰성을 개선하는 데 성공한 부분은 무엇이며, 미국수도협회(American Water Works Association, AWWA)는 규제 활동에 어떻게 기여했고, 수돗물 안전성 및 신뢰성 개선이라는 목표를 달성하는 데 어떤 부분에서 더 많은 노력이 필요하며, 향후에 수도 종사자가 직면할 새로운 과제는 무엇인지 알아보고자 합니다. 새로운 과제 중 상당수는 현재 진행 중인 SDWA 이행 프로그램을 수정하여 해결할 수 있지만, 그 일부는 앞으로 언젠가 있을 SDWA의 개정과 재승인 때 추가될 조항의 후보가 될 것입니다.

임무 완료?

1996년 개정의 결과를 숙고하면서 "과연 성공적이었나?"는 질문을 반드시 던질 필요가 있습니다. 이에 답하기 위해서는 먼저 성공이 무엇을 의미하는지 명확히 할 필요가 있습니다. SDWA의 궁극적인 목표는 미국의 소비자에게 안전한 수돗물을 공급하는 것입니다. 이를 통해 성공을 정의하기 위한 세 가지 요건을 유추할 수 있습니다.

- 현재 소비자에게 공급되는 수돗물은 1996년보다 더 안전해졌는지
- 1996년보다 현재 소비자들의 수돗물 접근성이 더 나아졌는지 아니면 최소한 접근성이 유지되었는지
- 수돗물의 안전성이 높아지고 적절한 소비자 접근성이 달성된 것은 1996년 개정안에 따른 규제 프로그램 때문인지

Seidel 등(2014)의 최근 연구에서는 수돗물에 있는 다양한 오염물질이 미치는 상대적 우려를 수도시설과 정책 입안자에게 알리고자 다양한 위해 요인의 평가 결과를 단일 지표로 나타내는 방법론을 개발했습니다. 상대 건강 지표(Relative Health

Indicator, RHI)는 전국 10곳의 공공 수도시설 사례연구 지역에서 수돗물 내 규제 및 미규제 오염물질을 평가하는 데 사용되었습니다. 결과를 통해 오염물질 별로 명확한 위해도 차이가 있으며, 건강 영향 및 유의미한 노출 가능성 측면에서 가장 우려가 높은 오염물질이 무엇인지 확인할 수 있습니다. 이 오염물질을 우려가 높은 순으로 나타내면 다음과 같습니다.

- 미생물
- 비소
- 특정 소독부산물(브로모디클로로메탄, 트리클로로아세틱에시드, 디클로로아세틱에시드, 디브로로클로로메탄, 클로로포름)
- 질산염
- 셀레늄
- 라듐

<그림 14.1>에는 위 물질의 국가적 발생량 및 노출에 따른 위해 수준을 기반으로 한 상대 건강 지표값이 나타나 있습니다. 미생물과 그 다음 순위의 오염물질(비소)의 위해도는 한 자릿수 차이가 나며, 미생물 및 비소와 다른 오염물질의 위해도는 여러 자릿수 차이가 납니다.

USEPA은 1996년 SDWA 개정안의 의무 규제기한에 의거해 미생물, 소독부산물, 비소를 “핵심 오염물질”로 고려하였으며, Seidel 등의 2014년 연구에서 밝힌 이 오염물질들이 위해도와 이들 오염물질의 규제가 위해 저감에 가장 크게 기여한다고 판단한 국가 정책이 서로 합치된다는 점이 흥미롭습니다. 질산염과 셀레늄은 1976년 이후 추가 수정 없이 규제되어 왔기 때문에, 1996년 개정이 수돗물 안전성에 실질적인 변화를 가져오지는 않았을 것으로 판단됩니다. 또한, 1996년 개정으로 방사성 핵종 규칙(Radionuclides Rule)이 제정되었으나, 라돈 기준이 1976년과 달라지지 않았습니다.

규칙 제정 절차의 일부로 USEPA은 규제 조치를 시행할 경우 피할 수 있는 수인성 질병의 발생 건수를 추정했습니다. 소독제/소독부산물 규칙(D/DBP Rule, DBPR)과 비소 규제의 경우 회피 가능한 질병은 암입니다(사망에 이르는 것과 이르지 않는 것 모두 포함). 이 두 규제에 따라 약 320건의 암 발생을 회피 가능하며, 이에 주로 기여하는 규제는 DBPR입니다.

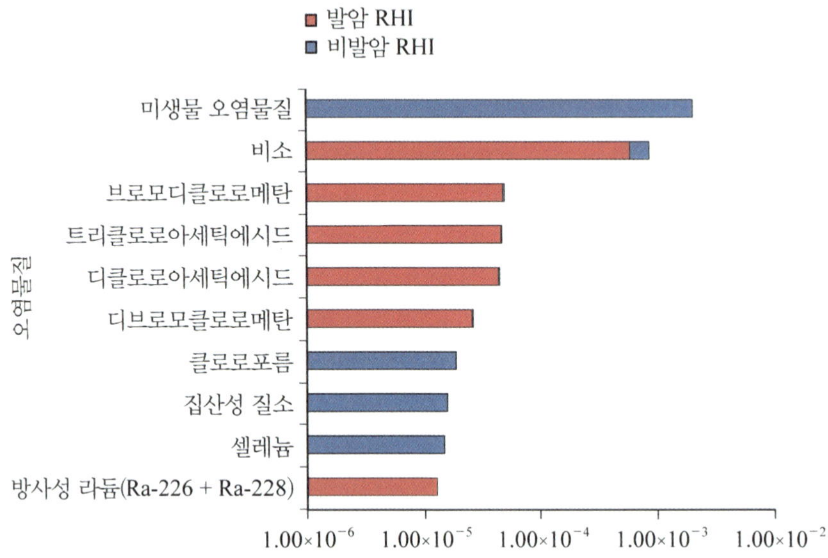

출처 : Seidel et al. 2014; ©Water Research Foundation and Drinking Water Inspectorate

그림 14.1 수돗물 내 오염물질로 인한 국가적 위해에 대한 상대 건강 지표 (Relative Health Indicator, RHI)

이러한 질병 회피로 얻는 국가적 편익은 연간 24억 달러이며, 이 규제를 이행함으로써 소요되는 총 국가 예산은 연간 2억 달러입니다(USEPA 2005a; 66 FR 6975, 2001).

수돗물 안전성을 개선하는 1996년 개정안의 임무는 미생물, 소독부산물, 비소의 규제가 수돗물로 인한 위해를 저감했다는 점에서 성공적으로 이행됐습니다.

장기 2단계 강화 지표수 처리 규칙(Long-Term 2 Enhanced Surface Water Treatment Rule, LT2ESWTR)의 경우 매년 사망에 이르지 않는 질병 170,000~336,000건과 사망 39~74건을 회피할 수 있을 것으로 평가됩니다(표 14.3). 이로 인한 국가적 편익은 연간 3.35억에서 6.45억 달러이며, 소요되는 국가 총 국가 예산은 연간 1.1억에서 1.2억 달러에 불과합니다(USEPA 2005b).

수돗물 안전성을 개선하는 1996년 개정안의 임무는 미생물, 소독부산물, 비소의 규제가 수돗물로 인한 위해를 저감했다는 점에서 성공적으로 이행됐습니다. 그러나 전국적인 규제 준수 현황을 보면 더 많은 노력이 필요하다는 것을 알 수 있습니다. 1996년부터 2011년까지 수도 시스템이 건강 기반 기준을 준수한 비율은 85.6%에서

93.2%로 증가했습니다(USEPA 2013a). 이러한 향상은 칭찬할 만하지만, 93%라는 준수율은 개선의 여지가 있음을 보여줍니다.

Point

수돗물 안전성을 개선하는 1996년 개정안의 임무는 미생물, 소독부산물, 비소의 규제가 수돗물로 인한 위해를 저감했다는 점에서 성공적으로 이행됐습니다.

표 14.3 USEPA의 1996년 SDWA 개정의 주요 규정에 따른 편익과 비용 산정값

규정	회피된 질병 발병 건수	연간 편익 (백만 달러/년)	연간 비용 (백만 달러/년)
DBPR [a]	사망에 이르거나 이르지 않은 암 : 280	2,290	80
LT2ESWTR [b]	사망에 이르지 않은 질병 : 170,000～336,000 사망에 이른 질병 : 39～74	335～645	110～120
비소 [c]	사망에 이르지 않은 암 : 7～17 사망에 이른 암 : 11～19	70～120	115

DBPR : 소독제 및 소독부산물 규칙
LT2ESWTR : 장기 2단계 강화 지표수 처리 규칙
SDWA : 미국수도법
USEPA : 미국환경보호청
[a] USEPA 2005a
[b] USEPA 2005b
[c] USEPA 2001

또한 수돗물 수질 개선을 통해 얻는 건강 증진 효과는 소비자의 물 소비 방식과 물 구매능력 변화에 영향을 받을 수 있습니다. 2001년 이래 다른 음료수 대신 생수를 선택하는 비율은 약 60% 증가했습니다(Thompson 2013). 또한 1996년 개정안이 통과된 약 20년 전에 비해 연간 평균 생수 소비량은 두 배 이상 증가했습니다(Statista 2015). 생수 소비량은 소비자 평균 일일 물 섭취량의 약 15%에 불과하지만, 이러한 추세는

수돗물 규제로 대중이 얻는 혜택을 감소시킬 수 있다는 점에서 주목할 필요가 있습니다. 미국식품의약품안전청(U.S. Food and Drug Administration, USFDA)의 생수 규정에는 생수가 수돗물 기준을 만족할 수 있도록 하는 "통과" 조항이 있지만, 모니터링 및 보고 절차가 크게 다르며, 보관 및 배송 과정에서 일어날 수 있는 차이는 고려하지 않고 있습니다.

물 구매능력 측면에서, 1996년 이래 수도 요금이 크게 증가한 것은 자명합니다. 지난 5년 동안에 한정하여 미국 내 상위 30개 도시를 대상으로 한 조사에 따르면 수도 요금이 41% 인상된 것으로 나타났습니다(Walton 2015). USA Today의 분석에 따르면 2000년부터 2012년 사이에 조사 대상 100개 도시 중 최소 1/4에서 수도 요금이 두 배 인상된 것으로 나타났습니다. 또한 같은 기간 동안 수도 요금은 34% (인플레이션 조정값) 상승한 반면, 천연가스와 전기요금은 각각 12%, 7% 증가에 그쳤습니다(Kepple 등 2012). 농촌 지역과 일부 저소득 도시 지역에서는 상하수도 서비스 제공의 경제성이 더 큰 문제로 대두되고 있습니다. 증가하는 인구에 서비스를 제공하고 기존 인프라를 교체 및 복구해야 하는 지역 공무원들은 요금 인상에 부담을 갖습니다(US Conference of Mayors 2015). 앞으로 수도 관계자가 1996년 SDWA 개정 이후를 내다볼 때, 잠재적 편익과 규제 준수에 소요되는 비용 간의 절충안을 찾는 과정에서는 공공상수도시설의 운영비용이 적정 가격을 고려해야 합니다.

AWWA는 규제 성과를 어떻게 형성(shape)했나

1986년 SDWA 개정안의 규제 의무와 기한 준수를 돕기 위해 더 집중적인 활동이 필요했고, 기존 AWWA의 조직은 그에 적합하지 않았습니다. AWWA는 상수도위원회(Water Utility Council)은 1987년에 데이터와 정보를 수집하고 규제 개발 과정에 기술 및 정책 의견을 제공하기 위해 여러 기술 자문 실무 그룹을 설립했습니다. 동시에 여러 물 관련 단체는 데이터 수집 및 분석을 위한 자금 지원과 기술 및 정책 개발을 위한 회의에 자원봉사자의 출장비를 지급하기 위해 물산업 기술활동기금(Water Industry Technical Action Fund, WITAF)을 마련했습니다. WITAF는 1996년

SDWA 개정안에 수록된 모든 규정의 틀을 마련하는 데 핵심 역할을 한 수백 개의 프로젝트를 1980년대 말부터 지원했습니다. WITAF는 처음에는 상수도시스템에 대한 평가를 통해 기금을 모았고, 1990년대 초에 이러한 평가 자금이 고갈되기 시작하자 AWWA 회원들의 회비 중 일부로 자금을 조달하는 방식으로 전환했습니다.

AWWA는 1996년 SDWA 개정에 대응하기 위해 워싱턴 D.C. 사무소의 직원을 늘리고 17개 NDWAC 실무 그룹에 자원봉사자의 참여를 확대했습니다. 규제 개발 과정에 대한 자원봉사자들의 적극적인 참여는 현재까지도 계속되고 있습니다.

지난 20년간의 규제 개발 과정을 살펴보면 AWWA가 규제를 긍정적으로 형성(shape)한 몇 가지 사례를 확인할 수 있습니다. 일반적으로 승자가 있으면 패자도 있게 마련이고, USEPA나 수돗물 소비자가 수돗물 규제 및 국민 건강 보호의 "패자"가 되기를 바라는 사람은 아무도 없기 때문에, 이것이 AWWA가 "승리"했다는 뜻은 아닙니다. 하지만 AWWA는 예산 및 제도적 제약으로 USEPA가 수집할 수 없는 데이터를 수집할 수 있는 역량을 갖추고 있으며, 이러한 역량 덕분에 지난 20년간 모든 국가 핵심 수돗물 규정이 최고의 과학적 근거에 기반하여 제정되었습니다.

다음은 지난 20년 동안 AWWA가 규정을 형성하는 데 가장 효과적으로 기여한 것들과 기여한 방법을 소개합니다.

- 납 및 구리 규칙(Lead and Copper Rule) : 당초 제안대로 수돗물에 납의 최대오염농도기준(maximum contaminant level, MCL)를 적용하지 않음.
- 비소 : MCL을 엄격한 기준보다 높게 설정할 수 있도록 재량권을 부여한 1996년 개정안의 조항을 활용함으로써 MCL을 5μg/L가 아닌 10μg/L로 할 것을 제안했으며, 수용됨.
- 우라늄 : 동일한 재량권을 사용하여 MCL을 30μg/L로 설정함
- 필터 역세척수 재활용 규칙(Filter Backwash Recycling Rule, FBRR) : 필터 역세척수의 의무 처리규정을 제정하지 않음.
- 정보 수집 규칙(Information Collection Rule, ICR) : 역대 최대 규모의 수돗물 데이터 수집을 의무화한 이 규칙의 성공적인 이행으로 미생물/소독부산물(Microbial/Disinfection By-Products, M/DBP) 규칙들을 마련하는 기반이 됨.
- LT2ESWTR : 크립토스포리디움에 대한 MCL 설정 대신 규칙 준수 도구상자(toolbox) 제도를 도입함.
- 2단계 DBPR : 총유기탄소에 MCL를 설정하지 않음. 총 TTHM과 할로아세틱

에시드 5종(HAA5)에 각각 40μg/L, 30μg/L 대신 80μg/L, 60μg/L의 지역별 이동 연간 평균(locational running annual average, LRAA) 기준을 마련하고, 단일 측정값 100μg/L 기준으로 규제하는 대신 지역별 이동 연간 평균을 합성한 운영 평가 수준을 제정함.

- 지하수 규칙(Ground Water Rule) : 모든 지하수 시스템에 적용되는 의무규칙 없음.
- 개정 총대장균규칙(Revised Total Coliform Rule, RTCR) : 총대장균의 MCL를 삭제하는 대신 1단계(Level 1) 및 2단계(Level 2)로 잠재적 문제점을 찾아 해결하는(find-and-fix) 절차를 도입함.
- 개정 총대장균규칙(당초에는 개정된 총대장균 및 공급 시스템 규칙(Revised Total Coliform and Distribution System Rule)으로 불림) : 공급 시스템에 대한 규정은 공포하지 않음.
- CCRs : 전자문서 송달을 허용함.
- 소화전 : 개정된 납 미검출 규정을 충족하지 않아도 됨.

AWWA는 늘 국가 수도정책에 관심이 있고 규제 개발 과정에 참여하고자 하는 자원봉사자를 찾고 있으며, 지식이 풍부하면서도 더 배우고자 하는 열망이 있는 자원봉사자가 필요합니다. 우리 자원봉사자에게 무엇보다 필요한 덕목은 논란의 대상이 되는 주제가 국가 전체의 모든 수도 시스템에 어떤 영향을 미칠지 한 발 물러서서 생각하는 능력입니다.

다음 큰 과제는 무엇인가

2016년(또는 그 이후)에 있을지 모르는 SDWA의 재승인에 대해서 두 가지 질문에 답할 필요가 있습니다. 국가 차원에서 해결해야 할 과제는 무엇일까요? 아니면 규정 준수율을 높이고, 인프라 유지를 위한 지자체의 예산 문제를 해결하고, 공공 수도의 가치와 안전성에 대한 대중의 신뢰를 구축하는 데 집중해야 한다는 우리의 사명이 이미 달성된 걸까요?

1996년 이후 전통적인 SDWA의 규제 개발 프로세스 범주를 벗어난 몇몇 사건으로 잠재적 영향의 범위가 불명확해지면서 수도시설의 계획 수립을 복잡하게 만들고 있습니다. 9/11 사태로 인해 2002년에는 서비스 인구 10,000 이상인 수도 시스템에 취약성 평가 및 비상 대응 계획을 수립하고자 하는 추가적인 SDWA 개정이 이루어졌습니다. 이 개정 이래 비상사태에 대비하는 것은 취약성 평가와 비상 대응 계획 수립에 대한 규제 요건을 충족하는 것을 넘어 광범위한 잠재적 자연적・인위적 위협은 물론 사이버 보안과 기후 및 강수 패턴의 변화를 포함한 모든 가능한 위험에 대응하는 방향으로 변화해 왔습니다. 최근 웨스트버지니아 주에서 발생한 4-methylcyclohexanemethanol (4-MCHM) 유출 사고와 오하이오 주 톨레도에서 “음용 금지/끓이기 금지” 명령이 내려지게 한 이리 호의 조류 과다번식은 정수장 원수에 대한 새로운 위협을 보여주는 몇 가지 사례에 불과합니다. 일반적으로 현재의 SDWA 규제 개발 프로세스는 이러한 새로운 위협에 적시 대응하도록 설계되지 않았습니다. 그러나 한 가지 분명한 것은 새로운 기준 개발과 기존 기준의 개정이 느리게 이루어진다는 점이며, 이는 좋은 일일 수도, 그렇지 않을 수도 있습니다.

1996년의 SDWA 개정안은 두 가지 규제 개발 프로세스를 의무화했습니다. 새로운 오염물질의 경우 오염물질 후보 목록(Contaminant Candidate List, CCL)이 출발점 역할을 하며, CCL에 등재된 오염물질에 대하여 그 규제가 “위해도 저감에 유의미한 기회”를 제공하는지 평가하게 됩니다. 1996년 개정 이래, USEPA가 평가에 긍정의 답을 최종적으로 내린 오염물질은 2011년의 과염소산염 1건이며, 긍정의 답을 예비적으로 내린 오염물질은 2014년 스트론튬 1건입니다. 어떤 CCL 등재 오염물질에 대해서도 아직 최종 규정이 마련되지는 않았습니다.

과염소산염은 1998년 첫 번째 CCL (CCL1)에 등재되었고, 1999년에 미규제 오염물질 모니터링 규칙 1 (Unregulated Contaminant Monitoring Rule 1)에 포함되었으며, 수돗물 경로의 노출에 따른 잠재적 건강 영향에 대해 과학적 논의가 지속되고 있습니다. 스트론튬에 대한 예비적 긍정 판정은 건강 참고치(health reference level)를 4,200 μg/L에서 1,500μg/L로 낮춘 것을 주요 근거로 하여 이루어졌습니다. 이러한 오염물질에 대한 국가 차원의 수돗물 규제가 SDWA에서 규정하는 “위해도 저감에 유의미한 기회”를 제공할 수 있는지에 대해서 논의가 계속 진행 중입니다. 6년마다 기존 수돗물 규정을 검토하고 필요할 경우 기존 규정을 개정하는 절차는 새로운 오염물질을 식별하고 필요할 경우 규제하는 절차보다는 조금 더 잘 작동하는 것으로 보입니다.

USEPA은 NDWAC 산하 실무 그룹의 권고에 따라 RTCR 최종안을 2013년에 발표했습니다. 2003년 첫 번째 6년 주기 검토에서 1989년 총 대장균군 규칙을 개정이 필요한 첫 번째 규칙으로 결정하였기 때문에, 이 개정에는 10년이 소요된 셈입니다. 이는 국가 수돗물 자문위원회 산하 실무 그룹에서 이해관계자들이 수많은 의견을 냈기 때문입니다.

USEPA가 잠재적 규제 대상이 되는 오염물질을 판별하는 프로세스에는 일관되고 잘 조율된 연구 의제가 부족합니다. USEPA는 1990년대 중반에 있었던 비소 및 M/DBPs에 대한 연구 계획 이외에는 CCL에 등재된 새로운 오염물질에 대한 효과적인 연구 계획을 수립하지 못했습니다. 환경에 존재하는 오염물질은 많으나, 분석 방법, 건강 영향, 발생 및 노출 가능성에 대한 추가 연구의 부재로 인해 USEPA는 규제 필요성에 대한 합리적인 결정을 지원하고 적절한 규제기준을 만드는 데 어려움을 겪는 것으로 보입니다.

수돗물 규제 개발의 또다른 측면은 USEPA가 운영하는 다른 프로그램에서 사용할 수 있는 많은 자원들을 이용하는 방법에 대한 것입니다.

- 농약 프로그램으로부터 인체 독성에 대한 정보를 획득할 수 있음.
- 대기 프로그램을 따르기 위해 발전소가 배출가스로부터의 수은 제거에 브롬화염을 사용함으로써 의도치 않게 발전소 하류에서의 브롬화 소독부산물 생성에 영향을 미침.
- SDWA과 별개로 다루어지거나 서로 협력 관계에 있는 법률인 미국물환경보전법(Clean Water Act, CWA)은 많은 수도시설에서 하수처리장 방류수가 수자원 수질에 미치는 영향을 저감할 수 있음.
- 통합 위해 정보 시스템(Integrated Risk Information System)에 더 많은 예산이 지원된다면 인위적 오염물질이 미치는 인체 건강 위해에 대한 정보를 USEPA에 더 신속히 제공할 수 있음.

수질에 대해 지역적 문제가 국가 차원의 문제보다 중요한가

수도 관계자가 직면하고 있는 문제를 고려하면 지역 수질 사고에 효과적으로 대응하고 관리하는 능력이 중요합니다. 미국의 상수도에서는 유출 사고가 빈번하게 발생하며, 유출량과 유출 위치에 따라 위협의 정도가 달라집니다. 이러한 유출 사고의 대부분은 수돗물에서 검출이 안 될 정도로 유출량이 적습니다. 그러나 대규모 유출 사고가 발생했을 때 수도시설은 유출의 특성에 대한 정보가 불충분한 상태에서 작업해야 하는 경우가 많습니다. 유출 사고 시 수도시설과 화학물질 생산자 및 유통업자 간의 투명성을 높이는 것이 매우 중요합니다. 유출된 화학물질에 대한 독점 정보를 공유할 수 있는 표준 절차와 조건을 확립하는 것은 다양한 유출 조건에서 수도시설이 적절하게 대응할 수 있도록 하는 데 중요합니다. 또한, 유역 내 주요 유출 사고의 영향을 받은 수도시설을 지원하려면 비상 복구 시스템, 실험 인프라, 용수 대체 공급(예 : 급수차, 가능한 경우 상수도시스템 간 교차연결)에 대한 접근성을 높이는 것이 중요합니다.

일부 주에서 발생할 수 있는 오염물질에 대해서는 국가 수돗물 기준이 필요하지 않을 수 있습니다. 만약 25개 주에서 건강 우려 수준의 오염물질이 발생했다면 당연히 국가 차원의 규제가 필요한지 심도 있게 분석해야 할 것입니다. 그러나 5~6개 주에서 발생하는 오염물질이라면 다른 접근이 필요할 수도 있습니다. 다른 주들이 국가 차원의 규제를 따르거나 그 주들의 수도 시스템이 국가적 모니터링 사업을 실시하는 부담을 주는 대신, 오염물질이 발생한 5~6개 주가 자체적인 기준을 마련하는 데 활용할 수 있는 가이드라인을 미국 환경청이 제시하는 방안이 정책적 차원에서 더 합리적일 수 있습니다.

이제 어디로 가야 하는가

전반적으로 1996년 SDWA 개정안은 수돗물과 관련된 중요한 공중보건 문제를 성공적으로 해결했습니다. 그러나 우리가 할 일이 끝난 것은 아닙니다. 1996년 개정안 이행에 있어 개선이 필요한 영역이 몇 가지 있습니다. 다음의 개선 사항은 새롭게 입법이 이루어져야 할 것은 아니지만 앞으로 수도 관계자가 중점을 두고 추진해야 할 것들입니다.

- **기존 규정 준수 강화**

  가장 최근의 자료인 2013년의 규정 준수 데이터에 따르면 전국적으로 개선이 이루어지고는 있으나 아직 추가 개선이 필요하다(USEPA 2013b). 수도 시스템 중 3%만이 심각한 규정 미준수로 판정되었는데, 이는 2012년에서 1% 감소한 것이다. 그러나 2013년에 공공상수도시스템의 25%가 건강 관련(7%) 또는 모니터링 및 보고 관련(18%) 위반을 최소 1회 저지른 것으로 확인됩니다. 미국의 모든 소비자들이 1996년 개정안에서 목표한 건강상의 혜택을 받을 수 있기 위해서는 개선이 필요하다.

- **규제 대상 오염물질 식별 방법의 개선**

  USEPA에서 CCL을 작성하는 데 사용하는 방법론에서는 유의미한 위해 저감이 가능성이 높을 것으로 예상되는 물질의 우선순위를 제공하지 않는다. 또한, CCL에 등재된 오염물질의 수가 너무 많아 USEPA가 적절한 규제 결정을 내리는 데 필요한 연구를 수행하고 정보를 수집할 자원이 모자라다. AWWA는 보다 집중도 있고 의미 있는 결과를 얻기 위한 방법론 개선 권고안을 제시한 바 있다.

- **6년 주기 검토 과정에서 우려가 없는 것으로 판정된 오염물질의 규제 폐지**

  공중 보건 보호에 역행할 가능성을 방지한다는 이유로 USEPA는 더 이상 국가 차원의 우려가 없는 오염물질(예 : 디클로로디페닐트리클로로에탄[DDT], 석면 섬유)에 대한 규제를 폐지하는 결정을 한 번도 내린 바가 없다. 이러한 규정 중 일부는 상당한 모니터링 비용 부담을 수반하며, 대중에게 수돗물에 무엇이 포함될 수 있고 포함되지 않을 수 있는지에 대해 혼란을 줄 수도 있다. 공공 건강 보호의 후퇴 우려가 없는, 유의미하지 않은 규제를 폐지하기 위한 방법을 마련하도록 노력해야 한다.

- **DWSRF를 활용하는 일관되고 간소화된 프로세스 구현**
  DWSRF의 활용성 개선은 미국 소비자들의 지나친 수도 요금 부담을 방지하고 고품질 수돗물에 대한 접근성을 유지하는 데 도움을 줄 수 있다. 대출 승인 절차의 일관성을 확보하고 수도시설이 DWSRF를 이용해 재정을 개선하도록 장려하려면 기금 신청 절차가 간소화되고 관료주의를 완화해야 한다.

앞으로 있을 SDWA의 재승인에서는 수도시설과 소비자가 직면하고 있는 역동적이고 점점 더 복잡해지는 문제를 해결하기 위한 여러 가지 정책 이니셔티브를 고려해야 합니다.

- 유역 내에 발생한 유의미한 유출 사고에 대한 고지 방법
- 수도 사업자가 연방재난관리청(Federal Emergency Management Agency, FEMA)과 협력하거나 FEMA의 소관 외 사고에 대비하여 실험실 분석, 휴대용 처리 시스템, 긴급용수의 저장, 수도 네트워크 연결 등 긴급 용수공급 체계를 마련할 수 있는 권한 부여
- 산업체에서 독점적으로 관리하는 화학물질이 환경에 유출되었을 때 이를 감지하고 적절한 정화 조치를 결정할 수 있도록 그 화학물질이 무엇인지 충분히 식별할 수 있게 하는 절차 마련
- SDWA 재승인과 현재 법안의 이행방법 변경에 필요한 정보를 제공하고, 단순한 규정 준수를 넘어 광범위한 수돗물 안전성 지표를 마련하는 작업을 시작하기 위해 필요한 자료를 수집하는 수돗물 정책 연구 실시

SDWA과 1996년의 개정은 미국 수돗물의 질을 개선하는데 성공했으나, 지속적인 노력이 앞으로 뒷받침된다면 더 큰 성공을 거둘 수 있을 것입니다. 수도 관계자의 일원으로서 지금은 매우 흥미로운 시기입니다.

사사

지난 수십 년간 연방정부의 규제 개발 프로세스에 시간과 전문지식을 제공한 수백 명의 AWWA 자원봉사자들에게 감사를 표합니다. AWWA 회원들이 낸 회비의 일부는 WITAF를 조성하는 데 사용되며, 이 기금은 AWWA의 관리 하에 건전하고 효과적인 입법 및 규제를 지원하기 위한 정보 수집 및 분석과 기타 활동을 지원하고 있습니다. 이에 AWWA 회원들에게 감사를 표합니다. 이 논문의 초안을 검토해 준 개리 린치 씨에게도 감사드립니다.

References

1. 66 FR 6975, 2001. National Primary Drinking Water Regulation; Arsenic and Clarifications to Compliance and New Source Contaminants Monitoring. www.gpo.gov/fdsys/granule/FR-2001-01-22/01-1668 (accessed Feb. 5, 2016).
2. Kepple, K.A.; Gaines, D.; Murphy, J.; Carroll, D.; McCoy, K.; St. John, O.; & McGarr ity, T., 2012. USA Today Analysis—Water Costs Gush Higher. *USA Today*, Sept. 27. www.usatoday.com/story/money/business/2012/09/27/rising-water-rates/1595651/ (accesse d Nov. 11, 2015).
3. PL (Public Law) 93-523, 1974. Safe Drinking Water Act. *88 Statue 1660.*
4. PL 99-359, 1986. Safe Drinking Water Act Amendments of 1986. *88 Statute 642.*
5. PL 104-110, 1996. Safe Drinking Water Act Amendments. *88 Statue 1613.*
6. Seidel, C.; Gosh, A.; Tang, G.; Hubbs, S.; Raucher, R.; & Crawford-Brown, D., 2014. Identifying Meaningful Opportunities for Drinking Water Health Risk Reduction in the United States. Water Research Foundation, Denver.
7. Statista, 2015. Per Capita Consumption of Bottled Water in the United States from 1999 to 2014 (in Gallons). www.statista.com/statistics/183377/per-capita-con-sumption-ofbottled-water-in-the-US-since-1999/ (accessed Nov. 11, 2015).
8. Thompson, D., 2013. How America Drinks: Water and Wine Surge, Cheap Beer and Soda Crash. *The Atlantic*, Jan. 15. www.theatlantic.com/business/archive/2013/01/howa

merica -drinkswater-and-wine-surge-cheap-beer-and-soda-crash/267153/ (accessed Nov. 11, 2015).

9. US Conference of Mayors, 2015. Struggling Local Government Finances and Decelerating Public Water Investment. www.usmayors.org/urbanwater/publicwaterinvestmentreport2015.pdf (accessed Nov. 11, 2015).
10. USEPA (US Environmental Protection Agency), 2013a. Fiscal Year 2011 Drinking Water and Ground Water Statistics. EPA Document 816-R-13-003. Office of Water, Washington.
11. USEPA, 2013b. Providing Safe Drinking Water in America: 2013 National Public Water System Compliance Report. EPA Document 305-R-15-001. Office of Enforcement and Compliance Assurance, Washington.
12. USEPA, 2005a. Economic Analysis for the Final Stage 2 Disinfectants and Disinfection Byproducts Rule. EPA Document 815-R-05-010. Office of Water, Washington.
13. USEPA, 2005b. Economic Analysis for the Final Long Term 2 Enhanced Surface Water Treatment Rule. EPA Document 815-R-06-001. Office of Water, Washington.
14. Walton, B., 2015. Price of Water 2015: Up 6 Percent in 30 Major U.S. Cities; 41 Percent Since 2010. www.circleofblue.org/waternews/2015/world/price-ofwater-2015-up-6-percent-in-30-major-u-s-cities-41-percent-rise-since-2010/ (accessed Nov. 11, 2015).

수돗물 : 역사에서 배우지 않는다면, 같은 실수를 반복할 수밖에 없습니다

2019

J. 앨런 로버슨 ▌ 전무 이사, 상수도관리자협의회, 버지니주

이 글은 2019년 3월호 *AWWA 저널*(111권 3호, 18~24쪽)에 처음 게재되었습니다.

수도 분야의 지식이 발전함에 따라, 이러한 지식을 바탕으로 미래의 수돗물 규제를 설계하는 것은 물 전문가들의 책임이 되었습니다. 이 글의 제목은 스페인 철학자 조지 산타야나(George Santayana, 1862~1952)의 말을 바탕으로 재구성한 것으로, 필자가 본문에서 말하고자 하는 핵심은, 최근 수도분야에서 나타난 여러 동향을 한 걸음 물러나 살펴보면 지금이야말로 몇 가지 중요한 변화를 모색해야 할 시점이라는 점입니다. 본 글에서는 미국의 연방 지침, 법률 및 규정을 비롯해 여러 수돗물 관련 사고들을 검토한 후, 우리가 과거로부터 어떤 교훈을 얻어야 하는지를 평가하고, 이를 바탕으로 수돗물 수질을 개선하고 공중보건 보호를 강화하기 위한 방안을 고찰하고자 합니다.

과거 미국의 수돗물 규제 조치

미국에서 최초의 수돗물 규정은 1912년에 제정되었으며, 이는 철도망이 확장됨에 따라 주 간 열차에서 승객들이 함께 사용하는 '공용컵(common cup)'의 사용을 금지하는 내용을 담고 있었습니다. 이 주제는 제가 2006년 3월 AWWA 저널에 게재한 「공용 컵에서 크립토스포리디움까지 : 규제의 진화(From Common Cup to Cryptosporidium : A Regulatory Evolution)」에서도 다룬 바 있습니다. 하지만 '공용컵'에 대한 이러한 규제 체계는, 그 컵에 담긴 물이 안전하다는 전제가 충족될 경우에만 공중보건을 보호할 수 있다는 점에서 곧 한계가 드러났습니다. 이에 따라 수돗물 수질기준을 개발하는 역할은 당시 미국재무부 산하에 있던 미국공중보건국(U.S. Public Health Service, USPHS)으로 이관되었습니다. 1914년, 재무부 장관은 「주 간 상거래에서 일반 운송업체가 공공에 공급하는 수돗물의 순도 기준(Standards for Purity of Drinking Water Supplied to the Public by Common Carriers in Interstate Commerce)」을 공포하였습니다. 이 기준은 '재무부 기준(Treasury Standards)'으로 알려진 미국 최초의 국가 차원 수돗물 수질기준이었으며, 적용 범위는 세균학적 수질에 한정되어 있었습니다.

재무부 기준 시대

재무부 기준은 주 간 운송업체에는 법적 구속력이 있었지만, 많은 주 및 지방정부들도 이를 상수도시스템에 적용하기 위한 지침으로 채택하거나, 이를 토대로 자체 규정을 제정해 관할 내 상수도시스템을 감독하는 데 활용하였습니다. 이 기준은 1925년, 1942년, 1946년, 1962년에 개정되었으며, 이는 오늘날까지 이어지고 있는 지역사회 차원의 수돗물 수질 보호를 위한 연방, 주, 지방정부 간 협력의 출발점이 되었습니다.

미국수도법의 전환과 우선집행 권한

1974년에 재정된 최초의 미국수도법(Safe Drinking Water Act, SDWA)은 단순한 지침에서 국가 차원의 법적 기준으로의 전환을 의미하며, 연방정부의 요구사항이 주정부의 수돗물 프로그램과 공식적으로 접점을 이루게 된 전환점이었습니다. 이 법은 각 주와 원주민 부족에게 연방 기준과 동등하거나 그보다 엄격한 규정을 준수할 것을 요구하였으며, 공공상수도 시스템에 대한 1차 집행 권한(primacy)을 유지하기 위해서는 감독 체계와 집행 수단을 갖추고 있어야 한다고 명시했습니다.

일부 주는 이러한 집행 책임을 카운티나 지역 보건부에 위임하기도 합니다. 현재 와이오밍 주를 제외한 모든 주는 공공수도 시스템에 대한 1차 집행 권한을 보유하고 있습니다. 새로운 규제가 제정될 경우, 각 주와 부족은 해당 규제를 시행할 수 있는 완전한 권한을 확보하기 위해 미국환경보호청(U.S. Environmental Protection Agency, USEPA)에 '우선권 패키지(primacy package)'를 제출해 검토와 승인을 받아야 합니다.

법적 구속력이 있는 기준

1974년에 제정된 SDWA 및 이후 개정안에 따라, USEPA는 필요한 연구와 분석을 수행한 후, 1차수돗물연방규정(National Primary Drinking Water Regulations, NPDWR)을 수립합니다. NPDWR은 법적 구속력이 있는 기준으로, 공공상수도시스템에 적용됩니다. SDWA에 따르면, 공공상수도 시스템은 급수 연결 지점이 최소 15개이거나, 25명 이상의 주민에게 정기적으로 급수를 제공하는 시스템으로 정의됩니다. 급수 지점이 15개 미만인 소규모 시스템과 개인 소유의 지하수 관정은 SDWA 및 NPDWR 적용 대상에서 제외되며, 이 점은 주의가 필요합니다. 다만 일부 주에서는 이들 소규모 상수도시스템에 대해 자체적인 규정을 통해 관리하고 있습니다. NPDWR

은 수돗물 내 오염물질의 농도를 제한함으로써 공중보건을 보호하는 것을 목표로 하며, 이를 위해 최대오염농도기준(maximum contaminant levels, MCL)을 설정하거나, 특정 오염물질에 대해 경제적 또는 기술적 이유로 정량 분석이 어려운 경우에는 처리 기법(treatment techniques)을 적용합니다.

의회의 개입

의회는 USEPA의 규제 개발이 진전을 보이지 않자 1986년 SDWA 개정으로 USEPA가 첫 5년 동안 83개 특정 오염물질을 규제하고 이후 3년마다 25개의 새로운 오염물질을 규제하도록 하는 "규제 트레드밀"을 도입했습니다. 1980년대 말과 1990년대 초에 USEPA가 여러 차례 규제 기한을 지키지 못하면서 이 수치는 지속 불가능한 것으로 판명되었고, 1996년 SDWA 개정안을 통해 현재 NPDWR 개발의 기반이 되는 새로운 규제 개발 프로세스가 제시되었습니다.

1996년 SDWA 개정안에 따른 규제 개발 프로세스의 출발점은 5년마다 발표되는 오염물질 후보 목록(Contaminant Candidate List, CCL)입니다. 이 목록에서 USEPA는 5개 오염물질에 대해 "규제 결정(regulatory determination)"이라고 하는 5가지 결정을 내려야 하는데, 이는 NPDWR이 "건강 위해도 저감에 유의미한 기회"를 제공할 수 있는지 여부에 대한 것입니다. 1996년 SDWA 개정에 따라 USEPA는 6년 주기로 기존의 모든 NPDWR을 검토해야 했습니다.

USEPA는 91개 오염물질에 대한 19개의 주요 NPDWR을 공포했습니다(표 15.1). 이는 광범위한 목록이며, USEPA가 소비자 신뢰 보고서(Consumer Confidence Reports, CCRs), 고시 규칙(Public Notification Rules ; 표 15.1에 표기되지 않음)과 같이 공공상수도시스템 및 주 핵심기관에 대한 추가 의무사항을 제시했다는 것도 주목할 필요가 있습니다. 요컨대, 수도 시스템과 주 규제 당국은 매일 수많은 규제 의무사항에 대응하고 있습니다.

최근 수십 년간의 미진한 활동

시간에 따른 규제 대상 오염물질 수를 통해 다른 측면을 볼 수 있습니다. 규제 대상 오염물질의 수는 1987년부터 1998년까지 31개에서 84개로 크게 증가하였지만, 그 이후에는 거의 증가하지 않았습니다. 개인적으로 봤을 때 지난 18년 동안 여러 기존 기준이 강화되었지만, 2000년에 방사성 핵종 규칙(Radionuclides Rule; 65 FR 76707)이 추가된 이후에는 규제 대상 오염물질 수가 증가하지 않았습니다. 또한, 1996년 SDWA 개정 이후 CCL을 통한 규제 결정 절차에 따라 추가 규제된 오염물질은 없습니다.

의회의 개입

의회는 USEPA의 규제 개발이 지지부진하다고 판단하여, 1986년 SDWA를 개정하고 USEPA에 일종의 '규제 트레드밀'을 도입하였습니다. 이 개정안은 USEPA가 최초 5년간 83개의 특정 오염물질을 규제하고, 이후에는 매 3년마다 25개의 신규 오염물질을 규제하도록 요구하였습니다. 그러나 이러한 규제 목표는 지나치게 과중한 것으로 드러났고, USEPA는 1980년대 후반과 1990년대 초에 여러 차례 규제 기한을 지키지 못했습니다. 이에 따라 1996년에는 SDWA가 다시 개정되어, 오늘날 NPDWR 개발의 기반이 되는 새로운 규제 개발 절차가 도입되었습니다.

1996년 개정안에 따른 규제 개발 절차는 CCL에서 출발하며, 이 목록은 5년마다 발표됩니다. USEPA는 이 목록에서 5개의 오염물질을 선정하여, 규제 결정이라 불리는 5건의 결정을 내려야 합니다. 이는 해당 오염물질에 대해 NPDWR이 공중 보건 위해를 유의미하게 줄일 수 있는 기회를 제공하는지 여부를 판단하는 과정입니다. 또한 1996년 개정안은 USEPA가 모든 기존 NPDWR을 6년 주기로 재검토할 것을 의무화하였습니다.

USEPA은 총 91개 오염물질에 대해 19개의 주요 NPDWR을 공포하였습니다(표 15.1 참조). 이는 매우 포괄적인 목록이며, USEPA가 공공상수도시스템 및 주(州) 우선집행기관(primacy agency)에 대해 추가적으로 요구하는 사항들도 있다는 점에 주목할 필요가 있습니다. 예를 들어, CCRs와 고시 규칙은 <표 15.1>에는 포함되어 있지 않지만 중요한 의무사항에 해당합니다. 요약하면, 공공상수도시스템과 각 주의 규제기관은 일상적으로 매우 다양한 규제 요구 사항에 대응하고 있다는 것입니다.

표 15.1 1차 수돗물 연방규정 (National Primary Drinking Water Regulations–NPDWRs)

연도	규 칙	코드
1975	국가잠정수돗물규정 (National Interim Primary Drinking Water Regulations)	40 FR 59566
1979	총 트리할로메탄(Total Trihalomethanes, TTHM)	44 FR 68624
1986	불소	51 FR 11396
1987	1단계(Phase I) 휘발성 유기 화학물질 (Volatile Organic Chemicals, VOCs)	52 FR 25690
1989	지표수 처리 규칙(Surface Water Treatment Rule, SWTR)	54 FR 27486
1989	총대장균규칙(Total Coliform Rule, TCR)	54 FR 27544
1991	2단계(Phase II) 합성 유기 화학물질 및 무기 화학물질 [Synthetic Organic Chemicals (SOCs) and Inorganic Chemicals (IOCs)]	56 FR 3526
1991	비소 및 구리 규칙(Lead and Copper Rule, LCR)	56 FR 26460
1992	5단계(Phase V) 합성 유기 화학물질 및 무기 화학물질	57 FR 31776
1998	1단계(Stage 1) 소독부산물 규칙(Disinfection By-Products Rule)	63 FR 69389
1998	잠정 강화 지표수 처리 규칙 (Interim Enhanced Surface Water Treatment Rule, IESWTR)	63 FR 69477
2000	방사성 핵종(Radionuclides)	65 FR 76707
2001	비소(Arsenic)	66 FR 6975
2001	필터 역세척수 재활용 규칙(Filter Backwash Recycling Rule, FBRR)	66 FR 31085
2002	장기 1단계 강화 지표수 처리 규칙 (Long-Term 1 Enhanced Surface Water Treatment Rule, LT1ESWTR)	67 FR 1844
2006	2단계(Stage 2) 소독 부산물 규칙	71 FR 387
2006	장기 2단계 강화 지표수 처리 규칙 (Long-Term 2 Enhanced Surface Water Treatment Rule, LT2ESWTR)	71 FR 653
2006	지하수 규칙(Groundwater Rule, GWR)	71 FR 65573
2013	개정 총대장균규칙(Revised Total Coliform Rule, RTCR)	78 FR 10269

최근 수십 년간의 규제 활동 정체

시간 흐름에 따른 규제 대상 오염물질 수의 변화를 살펴보면 또 다른 시각을 얻을 수 있습니다(그림 15.1 참조). 규제 대상 오염물질 수는 1987년부터 1992년 사이에 31개에서 84개로 급격히 증가했으나, 그 이후에는 새로운 항목의 추가가 거의 이루어지지 않았습니다. 개인적인 관찰로는, 지난 18년간 몇몇 기존 규제가 강화되긴 했지만, 2000년 방사성 핵종 규칙(65 FR 76707)이 도입된 이후 새로운 규제 대상 오염물질은 추가되지 않았습니다. 더욱이, 1996년 SDWA 개정 이후, CCL과 규제 결정 절차를 통해 실제로 새롭게 규제된 오염물질은 없습니다.

현재의 규제 상황을 형성한 사건들

지난 50년 동안 미국의 수돗물 분야는 다양한 집단적 도전과 구체적인 수질 사고에 직면해 왔으며, 그 과정에서 SDWA는 세 차례 개정되었고, 19개의 NPDWR, CCRs, 고시 규칙 등 여러 수돗물 관련 규정이 제정되었습니다. 또한, 다음에 소개하는 18건의 주요 사건은 오늘날의 수돗물 규제 환경을 형성하는 데 중대한 영향을 끼쳤습니다:

1. 매사추세츠 주 워번의 지하수 오염(1980년대)
2. 펜실베이니아 주 바레 인근 저수지의 지아르디아 오염(1983)
3. 조지아 주 캐롤턴의 크립토스포리디움 발생(1987)
4. 미주리 주 카불의 E. coli O157 : H7 발생(1989 ~ 1990)
5. 캘리포니아 주 힝클리의 지하수 오염(1990년대)
6. 위스콘신 주 밀워키의 크립토스포리디움 유행(1993)
7. 미주리 주 기드온의 살모넬라 감염 사례(1993)
8. 캘리포니아 주 산 호아킨 밸리의 지하수 오염(2000년대)
9. 콜로라도 주 알라모사의 살모넬라 유행(2008)
10. 펜실베이니아 주 피츠버그의 레지오넬라균 감염 사례(2011 ~ 2012)
11. 루이지애나 주에서 발생한 네글레리아 파울러리(Naegleria fowleri) 감염(2013 ~ 2014)

12. 웨스트버지니아 주 찰스턴의 화학물질 유출 사고(2014)
13. 오하이오 주 톨레도에서 발생한 조류 독소 검출(2014)
14. 버지니아 주 린치버그에서 화물 열차 탈선 사고(2014)
15. 미시간 주 플린트 납 수돗물 오염 사태(2014~2017)
16. 워싱턴 D.C. 상류 포토맥 강에 발생한 기름띠 현상(sheen) (2016)
17. 과불화화합물(per- and polyfluoroalkyl substances, PFAS)에 인한 지하수 오염 (2001~현재)
18. 오레곤 주 세일럼의 조류 독소 검출 (2018)

이 목록이 모든 수질 문제를 포괄하는 것은 아니지만, 자연적 원인과 인위적 원인이 모두 포함된 다양한 사건 사례들을 통해 수돗물 안전이 직면한 복합적인 도전들을 분명히 보여줍니다. 이 중 일부 사례는 책으로 출판되었으며, 제가 아는 한 적어도 한 편의 영화는 1995년 출간된 「*A Civil Action*」이라는 책을 바탕으로 제작되었습니다. 이러한 사건 목록만 보더라도 몇 가지 범주로 분류할 수 있으며, 다음 절에서는 이러한 사건을 계기로 SDWA의 규제 개발 절차를 통해 연방정부 차원에서 마련된 조치와, 일부는 주정부 차원에서 시행된 규제 조치들을 함께 소개하고자 합니다.

지식의 진화

앞서 제시한 18건의 사건 중 1번(매사추세츠주 워번), 5번(캘리포니아주 힝클리), 17번(과불화화합물) 사례를 함께 살펴보면 두 가지 중요한 관찰이 가능합니다. 첫째, 수돗물 오염물질이 인체 건강에 미치는 영향을 우리는 지속적으로 학습하고 있으며, 이에 따라 관련 지식이 꾸준히 진화하고 있습니다. 또한, 분석기술의 발전으로 인해 이전보다 훨씬 낮은 농도의 오염물질도 검출할 수 있게 되어, 더 많은 물질을 정량적으로 파악할 수 있게 되었습니다. 둘째, 과거에 일반적으로 사용되던 화학물질 관리 관행은 공중보건과 환경 보호 측면에서 충분하지 않았을 수 있습니다. 예를 들어, 과불화화합물의 경우, 소방 훈련 기관에서 배출된 용수는 다수의 지하수층을 오염시킨 바 있습니다.

이와 유사하게, 8번 사건(캘리포니아주 샌 호아킨 밸리)은 과거 농업 활동이 지하수에 미친 영향과 비료 사용이 어떻게 심각한 질산염 문제를 야기할 수 있는지를 보여주는 사례입니다. 실제로 1991년에 질산염 및 아질산염에 대한 MCL이 설정되었음에도 불구하고, 미국 내 여러 지역에서는 여전히 농업 활동으로 인한 질산염 기준 초과 사례가 지속적으로 발생하고 있습니다.

미생물로부터의 건강 보호. 미생물 오염물질 문제는 앞서 소개된 사건 중 8건의 근본 원인이었으며, 이는 전체 사건 중 일부에 불과한 대표적인 사례입니다. 미국질병관리청(Centers for Disease Control and Prevention, CDC)은 수돗물과 관련된 수인성 질병 발생 사례를 추적하여 격년 단위로 보고서를 발간합니다. CDC의 「2017년 수돗물 관련 수인성 질병 사고 감시 보고서 – 미국, 2013～2014 (2017 Surveillance for Waterborne Disease Outbreaks Associated With Drinking Water – United States, 2013～2014)」에 따르면, 해당 기간 동안 총 42건의 수돗물 관련 질병 사고가 보고되었으며, 이로 인해 최소 1,006건의 질환, 124건의 입원, 13명의 사망이 발생했습니다. 이 중 57%의 사고와 모든 사망 사례는 *레지오넬라균*(*Legionella*) 감염과 관련이 있었으며, 전체 질환 사례 중 69%는 화학물질, 독소, 또는 *크립토스포리디움*(*Cryptosporidium*)에 의해 발생한 것으로 밝혀진 4건의 사고에서 발생했습니다.

미생물 오염 문제에 대한 대응은 다양하게 이루어졌으며, 일부는 연방 및 주정부 차원의 규제로 이어졌습니다. 연방 차원에서는 USEPA가 미생물로부터의 건강 보호를 강화하기 위해 1989년에 지표수 처리 규칙(Surface Water Treatment Rule, SWTR)과 총대장균규칙(Total Coliform Rule)을 제정하였습니다. 이들 규칙은 *지아르디아*(*Giardia*)에 대한 제거 및 불활성화 요건과 함께, 배・급수망 내 소독제 잔류 농도 유지 요건을 의무화하였습니다. 또한, 1993년 밀워키 수질 사고(6번 사건)에 대한 대응으로, USEPA는 2002년과 2006년에 *크립토스포리디움*에 대한 위해 기반 규제 요건을 포함한 강화된 SWTR을 공포하였습니다.

잔류 소독제 규정

주정부들은 여러 수질 사고에 대응하여 자체적인 규제를 마련해 왔으며, 그중 일부는 1989년에 제정된 연방 차원의 잔류 소독제 요건이 오랫동안 개정되지 않은 점에 대한 보완 조치로 도입된 것입니다. 9번 사건을 살펴보면, 콜로라도주는 잔류 소독제 기준을 실질적으로 강화하였으며, 관련 내용은 콜로라도 공중보건환경부(Colorado Department of Public Health and Environment, CDPHE)의 「2018 잔류 소독제 안내서(2018 Quick Guide: Disinfectant Residual)」에 정리되어 있습니다. 주요 조치로는 소독 면제 제도 폐지, 교차연결 제어 규정 개정, 최종 처리수 저장 탱크에 대한 신규 규정 제정, 잔류 소독제 요건 개정 등이 포함되었습니다. 특히 개정된 기준은 모든 상수도 시스템이 배·급수망 전 구간에서 소독제 잔류 농도를 최소 0.2 mg/L 이상 유지하도록 의무화하고 있습니다. 이와 병행하여 콜로라도주는 「2018년 CDPHE 수돗물 저장 탱크 규정(2018 CDPHE Drinking Water Storage Tank Rule)」도 제정하여, 저장 탱크의 설계 및 운영 관리에 대한 별도의 기준을 마련했습니다.

10번 사건을 검토한 결과, 펜실베이니아 환경보호부(Pennsylvania Department of Environmental Protection)는 최근 「소독 요건 규칙(Disinfection Requirements Rule)」을 통해 보다 엄격한 소독 기준을 최종 확정하였습니다. 이 규칙은 개별 소독제 잔류 농도에 대한 보고 의무화, 배·급수망을 대표할 수 있도록 잔류 농도 측정 계획 갱신, 잔류 소독제 농도 최소 0.2 mg/L 이상 유지 의무화 등의 내용을 포함하고 있습니다.

아메바 대응 조치

11번 사건은 *네글레리아 파울러리*(*Naegleria fowleri*) 아메바가 루이지애나주의 서로 다른 두 개 상수도시스템에서 검출되면서 발생했습니다. 이에 따라 루이지애나주 보건 당국은 사안의 심각성을 인식하고, 이후 여러 차례 갱신된 「2018 *네글레리아 파울러리* 아메바 검출 대응 비상 규칙(2018 Emergency Rule in Response to *Naegleria fowleri* Amoeba Detections)」을 발표하였습니다. 이 비상 규칙은 두 가지 주요 목표를 가지고 있습니다. 첫째, 최종 처리수 저장 탱크와 배·급수망 전 구간에서 소독제 잔류 농도를 0.5 mg/L 이상으로 유지하여, *네글레리아 파울러리* 아메바의 생존 및 증식을 효과적으로 억제하는 것입니다. 둘째, 상수도 시스템의 규제 준수 여부를 평가하기 위한 모니터링 지점이 해당 배·급수망을 충분히 대표하도록 보장하는 것입니다.

표 15.2 2018 회계연도의 HBS 위반

인구에 따른 카테고리	CWS 수	CWS가 서비스하는 인구 수	건강 기반 기준을 위반한 CWS 수	카테고리별 HBS 위반 CWS 비율(%)	HBS을 위반한 CWS가 서비스한 인구 수
500명 이하	27,393	4,614,148	1,936	7.1	327,605
501～3,300명	13,415	19,309,630	986	7.3	1,409,603
3,301～10,000명	4,995	29,357,305	322	6.4	1,878,868
10,001～100,000명	3,894	112,269,140	207	5.3	5,950,264
100,000명 초과	435	144,894,800	29	6.7	9,709,952
계	50,132	310,445,023	3,480	6.9	

출처 : Drinking Water Protection Program Update: Key Topics, 2008
(www.epa.gov/sites/production/files/2018-12/documents/dwpd_overview_final.pdf)을 각색,
CWS – 지역 상수도시스템(Community Water System)
HBS—건강 기반 기준

조류 독소 규정

13번 사건은 2016년 오하이오주 톨레도의 상수도시스템에서 조류 독소가 검출되면서 발생했습니다. 이에 따라 오하이오 환경보호청(Ohio Environmental Protection Agency, OEPA)은 유해 조류 번식(Harmful Algal Blooms, HABs)에 대응하기 위한 자체 규정을 마련하였고, 관련 내용은 「2016년 공공상수도 유해 조류 번식 – 향후 제정될 규칙 개요(2016 Public Water System Harmful Algal Blooms – Overview of Upcoming Rules)」에 담겨 있습니다. 이 규정은 마이크로시스틴(microcystin) 대응 기준, 모니터링 요건, 지표수 기반 상수도시스템에 대한 처리 및 고시 의무 등을 포함하고 있으며, 오하이오주에서 HABs로 인한 추가적인 문제를 예방하는 데 기여하고 있습니다.

오레곤 보건국(Oregon Health Authority, OHA)도 18번 사건에 대응하여 오하이오와 유사한 절차를 밟았습니다. OHA는 2018년 여름 임시 규정을 도입하였으며, 이는 OHA 웹사이트의 「2018년 수돗물용 남조류 독소 자료(2018 Cyanotoxin Resources for Drinking Water)」에 안내된 바와 같이 현재 최종 확정 절차가 진행 중입니다. 이 두 사례는, 연방 차원의 규제가 미비하다고 판단된 특정 사건을 계기로 각 주가 자체

규제를 마련하는 경향이 증가하고 있음을 보여주는 대표적인 사례에 불과합니다.

시스템 규모

앞서 제시한 18건의 사건을 모두 살펴보면, 전통적으로 물산업에서 흔히 믿어왔던 것과는 달리, 대부분의 사건이 소규모 시스템에서만 발생한 것이 아님을 확인할 수 있습니다. <표 15.2>에 제시된 전국 건강 기반 기준 위반 사례 데이터를 보면, 위반은 모든 규모의 상수도 시스템에서 발생하고 있음을 알 수 있습니다. 통계적 검정을 실시하지는 않았지만, 시스템 규모를 5개 범주로 나누어 비교한 결과, 위반이 발생한 시스템의 비율은 규모와 관계없이 대체로 일관된 양상을 보이고 있습니다.

하류 수계에서의 문제

사건 목록을 통해 확인할 수 있는 또 하나의 중요한 사실은, 하수도 및 상수도 시스템이 상류에서 발생한 문제의 영향을 받는 최종 수용자라는 점입니다. 웨스트버지니아주 찰스턴에서 발생한 화학물질 유출 사고(12번 사건), 버지니아주 린치버그의 화물열차 탈선 사고(14번 사건), 그리고 워싱턴 D.C. 인근 포토맥강에서 발생한 기름띠(sheen) 현상(16번 사건)은 모두 하류의 상수도시스템에 영향을 미친 대표적인 사례입니다. 이와 같은 사고 유형에는 산업 및 농업 활동에 따른 지하수 오염, 산업시설에서의 지표수 유입을 통한 화학물질 유출, 그리고 영양염류 농도 증가로 인한 HABs 등이 포함됩니다. 이러한 사례들은 상수도 시스템이 상류 지역에서 발생하는 활동에 대해 거의 통제력이 없거나, 매우 제한적인 통제만 가능함을 잘 보여줍니다.

새로운 통지 요건

유출 사고와 관련하여 한 가지 희망적인 진전은 2018년 10월 23일에 제정된 「2018년 미국 수도 인프라 법(America's Water Infrastructure Act of 2018, P.L. 115-270)」입니다. 이 법의 제2편(수돗물 시스템 개선) 중 제2018조(수자원)에 따르면, 주(州) 비상 대응 위원회(State Emergency Response Commissions)는 유출 사고 발생 시 해당 주의 관련 기관에 이를 즉시 통보하고, 이어서 유출된 오염원이 영향을 미칠 수 있는 수자원을 사용하는 모든 지역 상수도시스템(community water systems, CWSs)에도 즉시 통지해야 합니다. 다만, 각 주 기관 간의 조율 체계를 마련하고, 위험에 처한 상수도시스템에 적시에 경보를 전달할 수 있는 통지 프로토콜을 체계적으로 구축하려면, 아직 상당한 준비와 기반 작업이 필요합니다.

지속적인 연구의 필요성

이 사건 목록에서 마지막으로 주목할 점은, 전반부 사건들은 약 25년간(1983~2008)에 걸쳐 발생한 반면, 후반부 사건들은 최근 10년(2008~2018) 사이에 집중적으로 발생했다는 사실입니다. 이러한 경향은, 수돗물 분야 전반(예 : 건강 영향, 분석 기술, 발생 현황, 처리 기술)에 대해 여전히 많은 연구 수요가 존재하며, 그 수요가 점차 증가하고 있음을 시사합니다. 따라서 이와 같은 수요에 효과적으로 대응하기 위해서는 규제 개발 프로세스의 최적화가 반드시 필요합니다. 또한, 수돗물 수질에 영향을 미치는 모든 사고와 사건에 대해 보다 체계적이고 철저한 연구가 요구됩니다. 이를 통해 사고의 근본 원인(예 : 단순 사고, 기계적 결함, 인적 오류, 제도적 실패)을 보다 정확히 이해하고, 복합적인 원인들이 결합되어 발생했는지 여부를 분석하며, 공중보건 향상을 위한 해결책 및 정책 가이드라인을 도출할 수 있을 것입니다.

미국의 현재 물관련 규제 과제

미국의 수돗물 부문은 현재 다음과 같은 여러 규제적 도전에 직면해 있습니다:

- 기존 규정의 미준수 사례
- 복수의 기존 규정들을 동시에 준수해야 하는 어려움
- 과불화화합물, 유해 조류 번식, *레지오넬라균* 등 미규제 오염물질
- 1991년 제정된 납 및 구리 규칙(Lead and Copper Rule, LCR) 등 업데이트가 필요한 규정
- 주(州) 단위의 운영 프로그램 관련 문제 : 대표 사례로는 주수돗물정보시스템(State Drinking Water Information System, SDWIS) 프라임의 도입이 있으며, 이는 41개 주와 5개 해외 영토에서 운영 중인 수돗물 프로그램을 위한 주요 소

프트웨어의 전면적인 업데이트 작업입니다.

- 예산 지원 지연 및 요금 책정의 어려움

이 중 일부 주요 과제에 대해서는 다음 절에서 자세히 설명하겠습니다.

규정 미준수

지난 10년간 미국에서 건강 기반 수질기준에 대한 상수도 시스템의 준수율은 92~93% 수준에서 정체되어 있습니다. 이처럼 10년 이상 준수율이 향상되지 않고 있는 상황은 문제의식을 갖고 수돗물 분야가 적극적으로 대응해야 할 신호입니다. 물론, 준수율을 높이는 데에는 다양한 구조적·제도적 어려움이 존재한다는 점은 잘 알려져 있습니다. 그러나 USEPA는 「2018~2022 회계연도 USEPA 전략 계획(Fiscal Year 2018~2022 USEPA Strategic Plan)」에서 전략 지표 SM-2를 설정하고, 2020년까지 건강 기반 수질기준을 위반한 CWS의 수를 25% 줄여 2,700개 이하로 낮추는 목표를 수립한 바 있습니다.

복수 규정의 동시 준수 문제

여러 규제를 동시에 준수해야 하는 문제는 1990년대 초, USEPA가 소독 부산물(Disinfection Byproducts, DBPs) 규제를 강화하면서도 미생물학적 안전성을 유지하려는 노력에서 비롯되었습니다. 당시의 규칙 제정 협의 절차와 연방 자문위원회 논의의 핵심은, 더 엄격해진 DBPs 기준을 충족하기 위해 소독제를 줄이더라도 미생물로부터의 보호 수준이 저하되지 않도록 하는 것이었습니다. 이렇게 출발한 2차원적 위험 균형(DBPs vs. 미생물 위험)은, 일부 상수도시스템이 DBPs 기준을 맞추기 위해 잔류 소독제를 클로라민(chloramine)으로 전환하면서 점차 다차원적(complex)으로 변화하였습니다. 이러한 변화는 LCR 위반 문제를 야기하는 경우도 있었습니다. 또한, 가뭄이나 홍수로 인한 수원 변경, 물의 화학적 조성 변화 등도 복수 규정의 동시 준수를 더욱 복잡하게 만드는 요인이 됩니다. 이러한 복합적인 준수 문제는, 2019년 중으로 제안될 예정인 LCR의 장기 개정안(Long-Term Revisions to the LCR)의 시행 기간 전반에 걸쳐 지속될 가능성이 높습니다.

수돗물 부분 예산 문제

제가 앞서 설명한 모든 과제들에 공통적으로 나타나는 문제는 연방, 주(州), 지방정부 수준에서의 예산 부족입니다. USEPA의 2017 회계연도 예산은 80.6억 달러로, 2002 회계연도 예산인 80.8억 달러와 거의 동일한 수준입니다. 관련 세부 사항은 USEPA 홈페이지에 나와 있습니다(www.epa.gov/planandbudget/budget). 또한, 공공상수도감독 프로그램(Public Water Supply Supervision, PWSS)에 대한 예산 역시 지난 10년간 사실상 동결된 상태이며, 이는 상수도관리자협의회(Association of State Drinking Water Administrators, ASDWA)가 발간한 보고서 「정체된 예산이 공중 보건에 미치는 영향(Public Health Implications of Flat Funding)」(www.asdwa.org/pwss)에서도 지적되고 있습니다. 수돗물 관련 연구 예산 역시 정체되거나 오히려 감소하는 추세이며, 우리는 건강 영향, 처리 기술의 실현 가능성, 분석 기법에 대한 더 많고 더 나은 데이터를 필요로 합니다. 특히, 충분하고 신뢰할 수 있는 과학적 데이터의 부족은 새로운 규제를 검토하고 도입하는 과정을 지연시키는 핵심적인 장애 요인으로 작용하고 있습니다.

요금 설정의 어려움

대중은 수돗물이 절대적으로 안전할 것을 기대하고 있지만, 수도 사업자는 이러한 기대에 부응하기 위한 요금 및 부과 체계 마련에 어려움을 겪고 있습니다. 설문조사 결과에 따르면 많은 소비자들이 일정 수준의 요금 인상에 동의할 의향이 있음을 보이고 있지만, 실제로 요금을 인상하는 것은 결코 쉬운 일이 아닙니다. 건강 우려 물질은 전국 곳곳에서 미량 수준으로 검출되며, 앞으로 어떤 독성 물질이나 화학물질이 공중의 관심과 새로운 규제 도입으로 이어질지 예측하기 어려운 상황입니다. 또한, 대중은 수돗물 정보에 대한 신속하고 투명한 접근을 기대하고 있으며, 이에 따라 분석 작업은 시의적절하게 완료되어야 하고, 모니터링 결과는 가능한 한 신속히 공개되어야 합니다. 한편, 건강 영향, 분석 기법, 발생 현황, 처리 기술 등에 대한 데이터가 축적되면서, 수돗물 관련 집단적 지식은 지속적으로 진화하고 있습니다. 이러한 지식을 바탕으로, 향후 수돗물 규제에 대한 정보에 입각한 정책 결정을 내리는 것은 물 전문가들의 역할입니다.

앞으로의 긴 여정

저는 수돗물의 미래를 위한 긴 여정에는 다음의 네 가지 특정 분야에서의 구체적인 고민과 지속적인 노력이 필요하다고 생각합니다.

첫째, 시의적절한 연방 차원의 규제 개발과 SDWA 규제 개발 절차의 신뢰성과 일관성 유지 사이에서 더 나은 균형을 이뤄야 합니다. 제 관점에서, 1996년 SDWA 개정 이후 신규 오염물질 규제가 전혀 제정되지 않았다는 점은 안전한 수돗물에 대한 국민의 기대에 부합하지 않는 결과라고 봅니다. 과불화화합물은 현재 이러한 대중의 기대를 대표하는 상징적 사례입니다. ASDWA의 게시물 "과불화화합물"(www.asdwa.org/pfas)에 따르면, 9개 주에서 과불화옥탄산(perfluorooctanoic acid, PFOA)과 과불화옥탄술폰산(perfluorooctanesulfonic acid, PFOS)에 대해 서로 다른 명칭(예 : "행동 기준(action levels)", "임시 대응 기준(interim response levels)", "최대 노출 지침(maximum exposure guidelines)", "물에 대한 건강기반 지침(health-based guidance for water)", "지하수 수질기준(groundwater quality standards)")으로 총 네 가지 상이한 규제 수준이 적용되고 있는 실정입니다.

각기 다른 기준과 용어 사용으로 인해, 대중은 자신이 마시는 수돗물이 과연 안전한지 확신하지 못하고 있습니다. 이대로 변화가 없다면, 불과 몇 년 안에 10개 이상의 주에서 각기 다른 수질기준이 적용되는 상황이 벌어질 수 있습니다. 그러나 이는 SDWA의 본래 목적과는 어긋납니다. 많은 주정부는 복잡한 독성학 연구 결과를 평가하고 비용-편익 분석을 수행할 전문성을 갖추지 못하고 있으며, 연방 차원의 MCL이 마련되지 않은 상황에서, 대중의 요구에 대응하기 위해 자체적인 가이드라인과 기준을 마련해야 하는 경우, 주정부는 상수도 규제 감독과 기술 지원이라는 본연의 업무에서 한정된 인력과 자원을 다른 곳에 투입할 수밖에 없습니다. 이처럼 여러 주가 유사한 비규제적 사안에 대해 각자 중복된 노력을 들이는 것은 매우 비효율적입니다.

1996년 SDWA 개정을 통해 공공 건강 보호 측면에서 상당한 진전이 있었던 만큼, 저는 현재 법률의 전면적인 재개정은 필요하지 않다고 생각합니다. 현재의 규제 개발 절차는 기본적으로 건전한 체계를 갖추고 있으며, 다만 더 효과적이고 시의적절하게 작동할 수 있도록 최적화가 필요합니다. 제가 강조하고자 하는 바는, 앞으로 의회가 특정 오염물질에 대해 불필요한 규제를 추가하거나, 1986년 SDWA 개정 당시처럼 지속 가능하지 않은 규제 일정을 다시 도입하는 과거 방식으로 회귀해서는 안 된다는 점입니다.

둘째, 우리는 현재의 기준 위반 건수를 줄이기 위해 집단적으로, 그리고 각자 개별적으로 노력해야 하며, 동시에 향후 규제 개발 절차도 최적화해야 합니다. 예를 들어, 건강 기반 기준을 위반한 CWS의 수를 2020년까지 2,700개로 줄이겠다는 USEPA의 새로운 전략지표(SM-2)를 달성하기 위해 우리는 어떤 방식으로 협력할 수 있을까요? 이 목표는 분명 의미 있는 도전 과제이지만, <표 15.2>에서 보이듯 건강 기준 위반은 모든 규모의 상수도시스템에서 발생하고 있어 쉽게 달성하기는 어렵습니다. 사실, 건강 기반 기준 위반을 줄이는 일은 수년간 주정부의 최우선 과제였으며, 그렇다면 이제 우리가 목표 달성을 위해 새롭게 활용할 수 있는 도구나 접근법은 무엇일까요?

셋째, 우리는 물산업이 직면한 문제를 해결하기 위해 더 자주, 그리고 더 혁신적인 방식으로 협력해야 합니다. 과거에는 USEPA가 이해관계자 그룹, 협상을 통한 규칙 제정 절차, 연방 자문위원회, 국가 수돗물자문위원회(National Drinking Water Advisory Council) 산하 실무 그룹 등을 통해 규제 방향을 이끌었습니다. 하지만 오늘날의 빠듯한 예산과 정치적 환경을 고려할 때, 이러한 절차들이 예전처럼 실질적으로 작동하리라고 기대하긴 어렵습니다. 앞으로 의미 있는 변화를 만들기 위해서는 다른 조직들이 주도적인 역할을 맡아 다양한 방식의 협력을 촉진하는 것이 필요합니다.

마지막으로, 상수도시스템은 매일 안전한 수돗물을 공급하는 대중과의 연결을 강화해야 합니다. 상수도시스템은 정기적으로 고지서를 발송하고 여러 방식으로 대중과 소통하고 있습니다. 하지만 대중과 진정한 소통을 이루려면, 상수도시스템이 수행하고 있는 일에 대한 투명하고 적극적인 설명과 대화의 장이 필요합니다.

물 분야는 변화할 수 있는 기회를 맞고 있지만, 그 변화는 간단하거나 쉬운 일은 아닙니다. 그러나 지금의 방식을 고수하는 것만으로는 충분하지 않으며, 지금이야말로 개선을 실천해야 할 때입니다. 대중은 현상 유지에 만족하지 않습니다.

2020

물의 미래를 위해 지금 행동해야 합니다

J. 앨런 로버슨 ▌ 전무 이사, 상수도관리자협의회, 버지니아주
웬디 윌크스 ▌ 규제 및 입법 담당 관리자, 상수도관리자협의회, 버지니아주
AWWA 저널 2020년 11월호(112권 11호, 52~63쪽)에 게재되었습니다.

물 분야는 노후 인프라의 교체와 요금의 적정성 유지라는 과제를 포함하여 수많은 도전에 직면해 있습니다. 미국에서는 많은 상수도 시스템이 기존 규정을 준수하는 데 어려움을 겪고 있으며, 2018년 기준으로 공공상수도시스템의 약 30%가 최소 한차례 이상 미국수도법(Safe Drinking Water Act, SDWA)을 위반한 것으로 나타났습니다(USEPA 2020a). 연방 및 주정부의 규제 기관들은 제한된 예산과 점점 확대되는 프로그램 요건으로 인해 어려움을 겪고 있고, 베이비붐 세대의 은퇴로 인해 인력 부족 문제도 심화되고 있습니다. 한편, 대중은 더욱 높은 수질을 요구하고 있으며, 과거 어느 때보다도 많은 물 관련 정보와 의견에 – 그 정확성과 무관하게 – 즉각적으로 접근할 수 있는 시대에 살고 있습니다.

미국 물 분야는 현재 그 미래를 결정짓는 중요한 분기점에 있습니다. 과거에는 전국적인 규제가 수질 개선을 이끄는 주요 동력원이었지만, SDWA가 요구하는 규제 수립 절차는 시간이 오래 걸리는 과정입니다. 앞으로의 입법과 규제 방향을 창의적으로 모색하기 위해, 미국의 수돗물 규제가 어떻게 발전해 왔는지 되짚어보는 것은 매우 유익합니다. 다음 섹션에서는 미국 수돗물 규제의 발전 과정을 다섯 개의 시기로 구분하여 설명하겠습니다(그림 16.1).

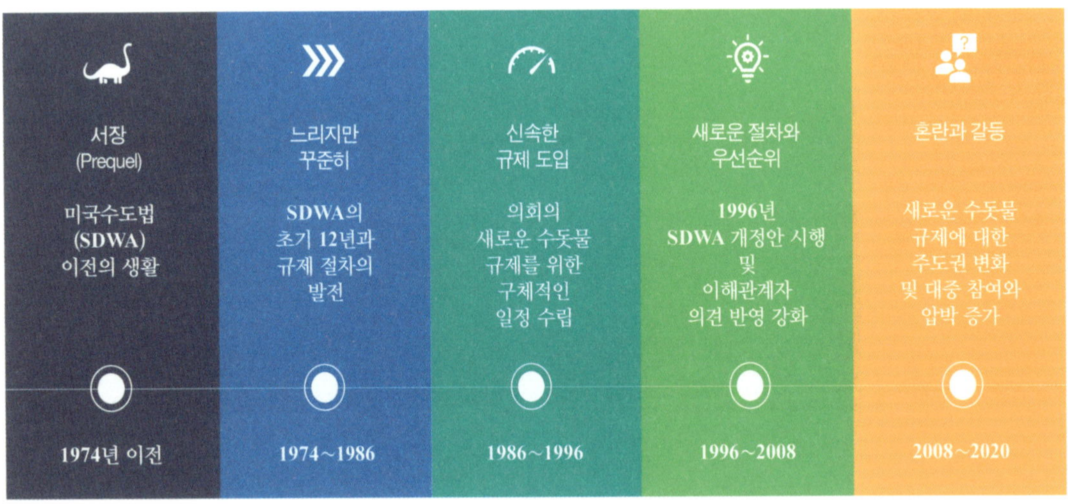

그림 16.1 수돗물 규제의 다섯 시대

서장(序章, 1974년 이전) : SDWA 제정 이전

전염병의 주간(interstate) 상거래 및 기타 감염 경로를 통한 확산을 방지하기 위한 최초의 규제는 1893년 주간 검역법(Interstate Quarantine Act)을 통해 도입되었습니다(US Statutes 1893). 이 법은 언뜻 보기에는 수돗물과 직접적인 관련이 없어 보일 수 있으나, 1912년 이 법률의 권한에 따라 기차나 유람선 등 주간 교통수단에서 공용컵(체인에 연결된 국자 또는 컵을 여러 사람이 공동으로 사용하는 형태)의 사용이 금지되면서, 사실상 미국에서의 최초 수돗물 규제가 수립되었습니다(Roberson 2006). 이후 1960년대와 1970년대 초반에는 환경운동의 성장에 힘입어 주요한 연방 환경 법안들이 잇달아 제정되었습니다(그림 16.2).

그림 16.2 미국의 주요 환경 법안 : 1963~1974

1974년 12월, 최초의 SDWA가 제정되었으며(PL 93-523; SDWA, 1974), 이법은 미국의 수돗물 관리를 총괄하는 핵심 연방법으로 자리 잡았습니다. 이 법은 1970년에 설립된 미국환경보호청(U.S. Environmental Protection Agency, USEPA)이 시행 주체이며, 모든 공공상수도시스템을 대상으로 안전한 수돗물 공급을 보장하는 것을 목적으로 합니다.

느리지만 꾸준히(1974~1986)
: SDWA 초기 시행과 규제 체계의 발전

SDWA의 핵심은 USEPA와 각 주정부 간의 협력에 있습니다. 이 법은 USEPA가 연구를 수행하고, 국가 차원의 규정을 제정하며, 주정부에 자금을 제공하면, 주정부는 이를 바탕으로 규정을 시행하고 집행하는 구조로 설계되었습니다. 각 주는 USEPA의 규정보다 최소한 동등하거나 더 엄격한 주 차원의 기준을 채택하여 1차 집행 권한(우선권, primacy)을 유지합니다. USEPA의 규정을 의무적으로 수용하도록 한 것은 과거 미국공중보건국(U.S. Public Health Service, USPHS) 지침 시대와 비교해 매우 큰 변화였습니다. 현재 49개 주가 SDWA에 따라 우선권을 보유하고 있습니다. 미국 의회는 공공상수도감독 프로그램(Public Water Supply Supervision) 예산 배정을 통해 USEPA를 거쳐 주정부에 규제 시행을 위한 자금을 지원합니다. 또한, 각 주는 일반 예산, 수수료, 수돗물주순환기금(Drinking Water State Revolving Fund, DWSRF)의 일부 배정 등을 통해 자체 프로그램을 운영합니다.

표준 설정 절차

1974년에 제정된 SDWA는 오늘날까지도 USEPA가 1차수돗물연방규정(national primary drinking water regulations, NPDWR)을 수립할 때 사용하는 표준 설정 절차의 기초를 마련하였습니다. 이 절차는 먼저 USEPA가 법적 구속력은 없지만 건강에 기반한 목표값인 최대오염농도기준목표(maximum contaminant level goal, MCLG)를 설정하는 것으로 시작됩니다. 이후 이 목표값을 바탕으로 처리 가능한 최적 기술과 실행 비용을 고려하여 법적으로 집행 가능한 최대오염농도기준(maximum contaminant level, MCL)을 도출합니다. 만약 MCL을 적용하는 것이 기술적 또는 경제적으로 불가능한 경우, USEPA는 처리 기법(treatment technique)을 개발합니다. 이 처리 기법은 '해당 오염물질을 공중 보건에 위협이 되지 않는 수준으로 측정할 수 있는 신뢰성 있는 방법이 경제적·기술적으로 존재하지 않을 경우' 사용됩니다(USEPA 2020b). 예를 들어, 지표수 처리 규칙(Surface Water Treatment Rule, SWTR)은 소독 및 여과에 대한 처리 기법을 규정하고 있습니다.

USEPA가 MCLG와 MCL 또는 처리 기법을 개발하기 위해서는 상당한 양의 연구

가 수반되며, 다음과 같은 질문들에 대한 해답이 필요합니다:

- 분석 방법(Analytical Methods)
  해당 물질을 수돗물에서 측정할 수 있는가? 측정할 수 있다면 어느 농도 수준까지 정확하게 측정 가능한가?
- 발생 현황(Occurrence)
  이 물질은 자연수나 수돗물에서 실제로 검출되는가? 수돗물 수원이나 정수처리된 물, 수돗물에서도 검출되는가? 어떤 농도로 얼마나 자주 검출되는가?
- 건강 영향(Health Effects)
  해당 물질은 인체에 유해한가? 반려동물이나 유아, 면역 저하자 같은 민감 집단에도 해로운가? 어느 농도에서 건강에 유해한가?
- 처리 가능성(Treatment)
  이 물질을 수돗물에서 어떻게 제거할 수 있는가? 제거가 가능한가?
- 비용-편익 분석
  이 물질을 제거하는 데 드는 비용은 정당화될 수 있는가? 비용 대비 충분한 건강 보호 효과(편익)을 기대할 수 있는가?

규정 개발

최종 NPDWR을 개발하는 과정은 수년에 걸쳐 진행됩니다. USEPA가 명확한 목적과 속도를 갖고 추진하더라도 최소 5년이 소요되며, 대부분의 경우에는 10년 이상 걸립니다. NPDWR은 여러 차례의 검토와 수정을 거치게 되며(그림 16.3). 그 주요 절차는 다음과 같습니다:

- 제안 규정에 대한 기관 간 검토 – 규정이 연방 관보(Federal Register)에 게재되기 전, USEPA 내부 검토를 거친 후 미국예산관리실(Office of Management and Budget, OMB) 산하 미국정보 및 규제 사무국(Office of Information and Regulatory Affairs, OIRA)과 다른 연방 기관의 검토를 다시 거친다.
- 제안된 규정의 공표 – 제안된 규정은 연방 관보에 공표되며, 이에 대한 공개 의견 수렴 기간이 열린다. 개인, 기관, 기업 및 규제 대상자 등이 USEPA에 의견을 제출할 수 있으며, 의견 수렴 기간은 일반적으로 30일에서 90일 사이이다.

Point

대부분의 주 프로그램은 규제 대상 오염물질과 미규제 대상 오염물질 관리 사이에서 자원 부족 문제에 직면해 있으며, 기존의 핵심 프로그램 운영에 사용되는 자원을 새로운 문제 해결을 위해 전환하라는 요구가 점점 커지고 있습니다.

그림 16.3 USEPA의 규제로 가는 길(USEPA – 미국환경보호청)

- 검토, 응답 및 수정 – USEPA는 공공 의견을 바탕으로 응답 문서를 작성하고, 필요한 경우 규정을 수정한다. 이후, 내부 검토 및 승인을 거친 후, 해당 문서를 OMB-OIRA로 보내 재검토를 받는다.
- 최종 규칙 – 최종 규칙은 연방관보(Federal Register)에 게시되고 미국연방법전(United States Code)에 편입된다. 이 시점부터 각 주정부가 해당 규정을 채택하는 과정이 시작되며, 이 과정은 연방 차원의 확정보다 더 오랜 시간이 걸릴 수 있다. 이후, 각 상수도시스템은 실제로 해당 규정을 이행해야 한다.

USEPA가 설립된 초기 및 SDWA 초창기에는 세 건의 새로운 규정을 최종 확정하였으며, <표 16.1>은 시대별 NPDWR 제정 연혁을 요약하고 있습니다. 현재 미국에는 약 150,000개의 공공상수도시스템(public water systems, PWSs)이 있으며, 이는 매년 최소 60일 이상 최소 25명(또는 15개의 연결 지점)에 물을 공급하는 규제 대상 시스템입니다.

표 16.1 1차수돗물연방규정

시대	연도	규칙	참조	규제 대상 오염물질 수
서장	1974년 이전	NA	NA	0
느리지만 꾸준히	1975	국가잠정수돗물규정	40 FR 59566	22
	1979	총 트리할로메탄	44 FR 68624	23
	1986	불소	51 FR 11396	23
신속한 규제 도입	1987	1단계 휘발성 유기 화학물질(VOCs)	52 FR 25690	31
	1989	SWTR	54 FR 27486	35
	1989	총대장균규칙	54 FR 27544	35
	1991	2단계 합성 유기 화학물질(SOCs) 및 무기 화학물질(IOCs)	56 FR 3526	61
	1991	납 및 구리 규칙	56 FR 26460	62
	1992	5단계 합성 유기 화학물질 및 무기 화학물질	57 FR 31776	83
새로운 우선순위 및 절차	1998	1단계 소독 부산물 규칙(DBPR)	63 FR 69389	89
	1998	잠정 강화 지표수 처리 규칙	63 FR 69477	90
	2000	방사성 핵종	65 FR 76707	91
	2001	비소	66 FR 6975	91
	2001	필터 역세척수 재활용 규칙	66 FR 31085	91
	2002	장기 1단계 강화 지표수 처리 규칙	67 FR 1844	91
	2006	2단계 DBPR	71 FR 387	91
	2006	지하수 규칙	71 FR 653	91
혼란과 갈등	2013	개정 총대장균규칙	78 FR 10269	91

이처럼 미국의 수돗물 관리가 분산된 구조를 가지면서 다음과 같은 문제가 발생하고 있습니다. 전체 공공상수도시스템의 약 80%를 차지하는 소규모 시스템은 인구의 단 8%만을 공급하고 있으며, 반면 전체 시스템의 1%도 되지 않는 450개 대형 수도시설은 미국 인구의 46%에 물을 공급하고 있습니다. 이러한 소규모 시스템들은 기술적, 재정적, 관리 역량이 부족하여 장기적인 운영에 어려움을 겪는 경우가 많습니다. 여기에 더해, 약 1,500만 가구는 여전히 지역 차원에서만 제한적으로 규제되는 개인 우물에 의존하고 있어 추가적인 규제 공백이 존재합니다.

신속한 규제 도입(1986~1996)
: 새로운 수돗물 규제를 위한 의회의 구체적인 일정 수립

1980년대 중반, 의회는 USEPA가 연방 수돗물 기준 마련에서 기대만큼 성과를 내지 못한다는 인식에 따라 큰 불만을 품게 되었습니다. 당시 규제 대상 오염물질은 고작 23종에 불과했습니다. 이에 따라 1986년 SDWA 개정안을 통해 신규 기준 마련을 위한 구체적이고 엄격한 법정 일정이 수립되었습니다. 개정안에 따르면, 도입 초기 3년간 83개 오염물질을 규제 대상으로 지정하고, 이후에는 매 3년마다 추가로 25개 오염물질을 규제하도록 의무화하였습니다. 이 계획에 따르면 2020년까지 규제 대상 오염물질 수는 총 333개에 이를 예정이었습니다. 실제로 1987년부터 1992년까지 6년 동안 USEPA는 6건의 새로운 규제를 발표해 규제 대상 오염물질을 23개에서 83개로 늘렸습니다(표 16.1 참조). 이는 수량적으로 큰 진전이었지만, 1980년대 말과 1990년대 초에 걸쳐 물 분야 전체에서는 1986년 개정안에 대한 불만이 고조되었습니다. 지나치게 빡빡한 일정으로 인해 USEPA은 기한을 맞추지 못해 수차례 소송에 휘말렸고, 결국 법원을 통해 규제 일정이 재협상되기에 이르렀습니다. 이렇게 지연되고 변경되는 일정은 주정부와 상수도 시스템의 예산 편성, 인력 배치, 시설 투자 계획에 큰 혼란을 초래했습니다.

또한 가장 심각한 수돗물 위해 요소를 USEPA가 제대로 해결하지 못하고 있다는 우려가 커지면서, 일부 전문가 집단에서는 보다 효과적인 규제 접근 방식을 논의하기 시작했습니다. 여기에는 가장 중요한 오염물질을 우선 규제하는 방법과 공중보건 비용을 어떻게 적절히 분담할 것인지에 대한 논의가 포함되었습니다. 결국 1990년대 초반부터 SDWA를 다시 개정하여 USEPA가 규제 트레드밀(regulatory treadmill)에서 벗어나 제한된 자원을 더 효과적으로 집중할 수 있도록 해야 한다는 압박이 거세졌고, 이에 따라 의회는 1996년 SDWA 개정안을 통과시켰습니다(PL 104-208).

새로운 우선순위와 절차(1996~2008)
: 이해관계자 의견 반영과 참여 중심의 1996년 개정안 시행

1996년 SDWA 개정안은 전면적인 재승인으로, 오염물질을 어떻게 선정할 것인지, 그리고 적절한 연구 기간을 고려하여 MCL을 어떻게 설정할 것인지에 중점을 둔 새로운 표준 설정 절차를 법적으로 확립했습니다.

이 개정안에서는 황산염, 라돈, 비소, 미생물 및 소독제/소독부산물 클러스터 등 우선순위 오염물질에 대한 규제 일정이 명시되었습니다. 또한, 역량 개발(capacity development) 등 새로운 주(州) 차원의 프로그램이 의무화되었고, 연례 수질보고서인 소비자 신뢰 보고서(Consumer Confidence Reports, CCRs) 발행을 포함한 공개 정보 프로그램이 도입되었으며, 고시 요건도 대폭 개정되었습니다.

표준 설정 절차의 변화

1996년 개정안은 특히 모든 규제 개발 절차를 5년 주기로 수행하도록 명시하며, 표준 설정 절차를 대폭 정비하였습니다(그림 16.4 참조):

- 오염물질 후보 목록(Contaminant Candidate List, CCL)을 주기적으로 공표해야 한다. 이는 규제 우선순위를 가늠할 수 있는 잠재적 우려 오염물질의 출발점 역할을 한다.
- 미규제 오염물질 모니터링 규칙(Unregulated Contaminant Monitoring Rule, UCMR)에 따라 국가 단위의 강력한 발생 데이터를 수집하여 추가 의사결정에

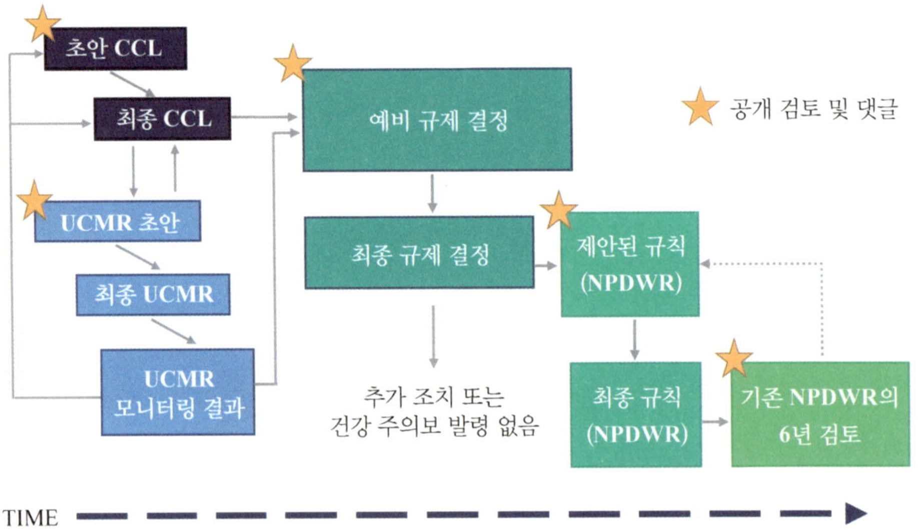

CCL – 오염물질 후보 목록
NPDWR – 1차수돗물연방규정
UCMR – 미규제 오염물질 모니터링 규칙

그림 16.4 새로운 표준 설정 절차

활용한다.

- USEPA는 최소 5개 오염물질에 대해 규제 결정(Regulatory determination, RegDet)을 내려야 한다.
  - 즉, 규제를 실시할지, 규제를 하지 않을지, 지침을 발행할지, 추가 연구가 필요한지를 결정하며, 이 모든 결정은 법적으로 요구된 5개의 오염물질에 대한 공식 '규제 결정'으로 간주된다.
  - 규제를 실시하기로 결정하면, 24개월 이내에 규제 제안서를 제출하고, 제안서 제출 후 18개월 이내에 최종 규제를 확정해야 한다. 필요 시, USEPA 관리자는 최종 규제 시한을 연장 요청할 수 있다.

규제 결정

USEPA의 RegDet은 표준 설정 절차에서 가장 어려운 단계 중 하나로 꼽힙니다. 1996년 SDWA 개정안은 USEPA가 규제의 필요성을 판단할 때 적용해야 하는 세 가

지 기준을 명시하고 있으며, 규제를 추진하기 위해서는 반드시 다음 조건을 모두 충족해야 합니다:

- 해당 오염물질이 사람의 건강에 해로운 영향을 미칠 가능성이 있음
- 해당 오염물질이 공공상수도시스템에서 자주 검출되거나, 공중보건에 위협이 될 만한 수준으로 발생할 가능성이 높음.
- USEPA 관리자의 단독 판단에 따라, 해당 오염물질에 대한 규제가 공공상수도 시스템 이용자에게 실질적인 건강 위해도 감소 효과를 제공할 수 있음.

이러한 법적 문구는 USEPA 관리자에게 상당한 재량권을 부여합니다. 예컨대, “해로운 영향을 미칠 수 있음”, “발생 가능성이 높음”, “실질적인 건강 위해도 감소 기회 제공”과 같은 표현은 어떤 상황에서 국가 차원의 규제를 새로 수립해야 하는지, 또는 규제를 하지 않아야 하는지에 대한 논쟁의 여지를 남깁니다. 즉, 규제 결정은 과학적 근거, 정책적 판단, 그리고 관리자의 전문적 판단이 복합적으로 작용하는 과정입니다. 이 시기(그리고 현재까지도) USEPA는 이러한 표준 설정 절차를 계속해서 주기적으로 수행해 왔습니다(표 16.2 참조). 비록 새로운 오염물질이 공식적으로 추가 규제되지는 않았으나, 여전히 상당한 규모의 규제 관리 활동이 지속적으로 이루어졌다는 점은 주목할 만합니다.

Point

규제의 복잡성과 비용은 감소하지 않을 것이며, 안전한 수돗물에 대한 대중의 기대 수준도 낮아지지 않을 것입니다.

이해관계자 참여

1996년 SDWA 개정안에서 우선 규제 대상 오염물질과 기타 규제 일정이 법으로 명시되면서, 이해관계자 참여는 1990년대 말부터 USEPA의 표준 운영 절차로 자리잡게 되었습니다. USEPA는 이러한 이해관계자 참여를 위해 두 가지 주요 방식을 활용했습니다:

(1) 국가 수돗물자문위원회(National Drinking Water Advisory Committee, NDWAC) 산하 실무 그룹 운영

(2) 협상을 통한 규칙 제정 절차(RegNegs) 및 연방 자문위원회(Federal Advisory Committees, FACs) 운영

NDWAC는 1974년 SDWA에 따라 설립된 연방 자문기구로, USEPA에 정책 자문과 권고를 제공합니다. 이 위원회는 상수도 시스템, 주정부 우선기관, 공중보건 당국, 환경 보호 단체 등 다양한 이해관계자 집단을 대표합니다. 1996년 개정안 이후, USEPA는 이 위원회 산하에 여러 실무 그룹을 구성하여 이해관계자 의견을 광범위하게 반영할 수 있는 구조를 마련했습니다. 대표적인 논의 주제로는 CCRs, DWSRFs, 운영자 인증, 역량 개발 프로그램, 의료 서비스 제공자 대상 홍보・지원, 비소 규제 등이 있었습니다. 또한 RegNegs와 FACs는 이해관계자 간 원칙적 합의를 이끌어내어, 제안된 규제안에 대한 사회적 공감대를 형성하는 중요한 메커니즘으로 활용되었습니다. 이러한 접근 방식은 해당 시기 여러 규제 마련 과정에서 효과적으로 작동하였음을 <표 16.1>이 보여줍니다.

혼란과 갈등(2008~2020)
: 대중 참여 및 압박 증가와 리더십의 변화

현재 진행 중인 상황에 대해 명확한 시각을 갖는 것은 쉽지 않기 때문에, 현재의 수돗물 규제 시대를 정의하는 일은 가장 어려운 작업 중 하나일 것입니다. 우리가 여전히 이 혼란과 갈등의 시대에 머물러 있는지, 아니면 새로운 시대의 초입에 들어서고 있는지조차 판단하기가 쉽지 않습니다.

수돗물 규제의 다섯 번째 시대는 연방정부에서 주정부로의 리더십 전환, 혼란과 일관성 결여, 대중의 참여 및 압박 증가 등으로 특징지어집니다. 이 시기는 2008년 최종 지하수 규칙(Ground Water Rule)의 공포와 총대장균규칙 배수 시스템 자문위원회(Total Coliform Rule Distribution System Advisory Committee)의 공식 종료로부터 본격적으로 시작되었습니다. 2000년대 후반부터 2010년대 초반까지, USEPA은 1996년 SDWA 개정안에서 정한 절차를 충실히 따르며 규제 관리 업무를 수행해 왔습니다

(표 16.2 참조).

표 16.2 1996년 이후 SDWA 규제 역사

규제 조치	첫째	둘째	셋째	넷째
CCL	1998	2005	2009	2016
	60개 오염물질	51개 오염물질	116개 오염물질	109개 오염물질
UCMR	1999	2007	2012	2016
	26개 오염물질	25개 오염물질	30가지 오염물질	30가지 오염물질
RegDet	2003	2008	2016	예비 2020
	9 - 규제되지 않음	11 - 규제되지 않음	4 - 규제되지 않음 1 - 더 많은 연구 필요	2 - 규제 6 - 규제되지 않음

CCL : 오염물질 후보 목록　　RegDet : 규제 결정
SDWA : 미국수도법　　UCMR : 미규제 오염물질 모니터링 규칙

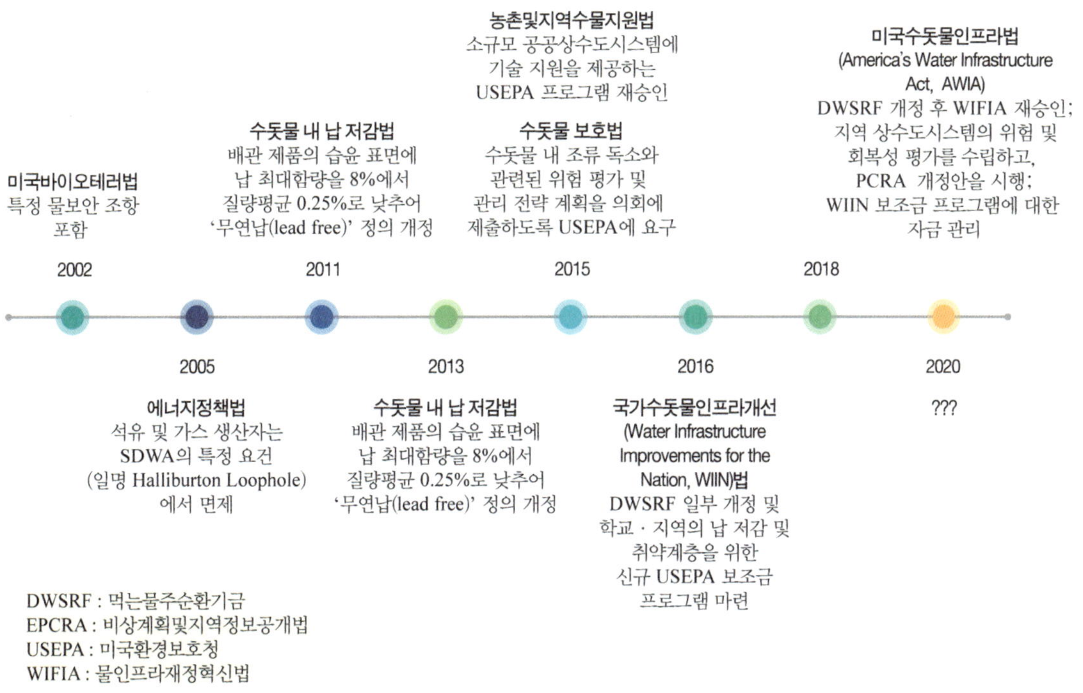

그림 16.5 1996년 SDWA 개정 이후 수돗물 관련 규제

더욱 놀라운 점은 2002년 이후 의회에서 최소 8개의 주요 수도 관련 법률이 통과되었음에도 불구하고, 1996년 개정안에서 마련된 규제 절차에 사실상 큰 변화가 없었다는 것입니다(그림 16.5 참조). 이러한 사실은 자칫 1996년 SDWA 개정안이 거의 완벽한 입법 틀로서, 수돗물 규제 체계를 훌륭히 설계해 두었다고 해석될 수도 있습니다. 그러나 이 시대를 뒤흔든 대규모 수돗물 오염 사건들은 그 해석에 강한 의문을 제기하고 있습니다.

주요 사건

2008년 이후 발생한 주요 사건들은 오랜 기간 잠재되어 있던 문제가 최근 들어 전국적 관심을 받으며 본격적으로 수면 위로 떠오른 것들입니다. 이 시대는 특히 소셜 미디어와 실시간 정보 공유의 힘이 본격적으로 작동하기 시작한 첫 시기로, 이러한 변화는 수돗물 분야를 이미 바꿔 놓았고 앞으로도 계속해서 변화를 촉진할 것입니다.

플린트 납 수돗물 사태 (Flint Lead Crisis)

가장 악명 높은 사례는 플린트 납 수돗물 사태입니다. 2014년 미시간 주 플린트 시는 기존의 디트로이트 정수 처리수를 플린트 강으로 수원을 변경하였으나, 상수도 시스템에 부식 억제제(corrosion inhibitors)를 적용하지 않았습니다. 이로 인해 10만 명이 넘는 주민들이 납이라는 규제된 신경독소에 고농도로 노출되는 심각한 사태가 발생했습니다. 이 사건은 그 규모와 언론의 집중 조명으로 인해 미국 역사상 가장 큰 공중보건 및 환경 정의 문제 중 하나로 기록될 것입니다.

톨레도 시아노톡신 (Toledo Cyanotoxin) 사건

미국에서 발생한 가장 큰 규모의 유해 조류 번성 사건도 2014년에 발생했습니다. 오하이오 주 톨레도 시는 정수 처리된 수돗물에서 시아노톡신인 마이크로시스틴(microcystin)이 검출되자 '음용 금지 및 끓이지 말라(Do Not Drink / Do Not Boil)'라는 긴급 명령을 발령했습니다. 이 톨레도 사건은 미국 역사상 시아노톡신 관련 명령으로는 최대 규모로, 주말 동안 약 50만 명의 주민들이 안전한 수돗물을 공급받지 못하는 상황이 벌어졌습니다. 이 사건을 계기로 수돗물 내 시아노톡신 관리의 중요성이 다시 한 번 부각되었으며, 의회는 USEPA에 수돗물 내 조류 독소의 위해성 평가와 관리 전략 계획을 수립할 것을 지시했습니다.

PFAS

이 시대를 대표하는 또 하나의 상징적 오염물질은 과불화화합물(Per- and Polyfluoroalkyl Substances, PFAS)입니다. PFAS은 수천 종에 달하는 잠재적 독성 화학물질군으로, 20여 년 전 웨스트버지니아 주 파커스버그에서 과불화옥탄산(Perfluo-rooctanoic Acid, PFOA) 오염 문제가 심각해지면서 본격적으로 사회적 주목을 받기 시작했습니다. USEPA은 2013년부터 2015년까지 수행한 제3차 UCMR에서 PFOA, 과불화옥탄설폰산(Perfluorooctanesu- lfonic Acid, PFOS), 과불화노나노산(PFNA), 과불화헥산설폰산(PFHxS), 과불화헵탄산(PFHpA), 과불화부탄설폰산(PFBS) 등 총 6종의 PFAS을 모니터링 대상으로 포함하였습니다. PFAS은 특히 소방 훈련용 발포 소화액 등 다양한 출처에서 광범위한 오염 사례가 확인되면서 국가적 관심사로 부각되었고, 2016년 USEPA은 PFOA 및 PFOS에 대해 자발적 건강주의보(health advisory, HA)를 발표하며 총 농도가 70 ng/L 이상일 경우 인체에 위험할 수 있다"고 경고했습니다(81 FR 33250). 이후 수백 건의 PFAS 관련 법안이 연방 의회와 주 의회에 발의되었으며, PFAS 오염을 주제로 한 할리우드 영화 *다크 워터스*(*Dark Waters*)도 제작되어 대중의 인식을 크게 확산시켰습니다. 이러한 관심과 분석 기술의 발전, 과학적 지식의 축적은 대중의 관심과 주정부의 적극적 대응으로 이어지고 있습니다.

레지오넬라균(*Legionella*)의 재유행

최근 들어 레지오넬라증(Legionnaires' disease) 발병 사례가 급격히 증가하고 있으며, 건물 배관 내 *레지오넬라균*(*Legionella*) 검출 빈도도 함께 높아지고 있습니다. 레지오넬라균은 1976년 필라델피아에서 대규모 발병 사례가 발생한 뒤 처음 발견되었으며, 치명적인 폐렴을 유발할 수 있는 박테리아로 알려져 있습니다(미국질병관리청, 2018). 수돗물 내 *레지오넬라균*은 SDWA 규정상 MCLG가 0으로 설정되어 있으며, SWTR 및 지하수 규칙(Ground Water Rule)에 따른 소독 처리 기법으로 관리됩니다. 그러나 이 균은 건물 내부 배관과 냉각탑 등에서 쉽게 증식할 수 있어, 현장 관리 차원에서 여전히 큰 도전 과제입니다. 플린트 납 수돗물 사태와 같은 시기인 2014~2015년에는 미시간 주 플린트의 한 병원에서 87건의 레지오넬라증 발병 사례가 보고되기도 했습니다(Zahran 외, 2018). 이에 대응하여, 2017년 메디케어 및 메디케이드

서비스 센터(Center for Medicare and Medicaid Services)는 병원과 장기 요양시설에서 *레지오넬라균* 감염 위험을 줄이기 위해 물 관리 계획 수립을 의무화하는 지침을 발표하였으며, 이로 인해 해당 분야에서 수질 관리 계획 수립과 점검이 활발히 추진되고 있습니다. 또한 코로나바이러스감염증-19 (COVID-19) 팬데믹으로 인해 장기간 사용이 중단되거나 물 사용량이 적은 건물에서 수질 저하와 *레지오넬라균* 증식 우려가 높아지고 있습니다(USEPA, 2020c).

대중의 압박

이 네 가지 주요 사건은 연방정부의 명확하고 신속한 대응 부족 속에서, 대중의 압박이 주정부의 적극적인 대응을 촉진하는 새로운 수돗물 규제 패러다임을 형성하는 계기가 되었습니다. 지역의 선출직 공무원과 주 의회 의원들은 이러한 문제가 지역사회에서 위기로 발전하기 전에 또는 발생 직후에 주민들의 강력한 요구에 따라 즉각 조치를 취해야 하는 상황에 놓여 있습니다. 연방정부의 역할 축소로 인한 공백을 메우기 위해, 주정부는 PFAS, 납 등 주요 수돗물 오염물질에 대해 주 차원의 기준을 의무화하는 법안을 잇달아 추진하고 있습니다.

현재 대중은 정부가 안전한 수돗물을 안정적으로 공급할 수 있다는 신뢰를 과거만큼 갖지 않고 있습니다. 연방 차원에서는 USEPA가 이러한 새로운 문제를 해결하기 위해 1996년 SDWA 절차에 따라 새로운 오염물질 기준을 설정하지 않았으며, 의회 또한 USEPA의 진전을 강제하기 위한 실질적 법 개정을 시행하지 않았습니다. 주정부 차원에서는 거의 모든 주 프로그램이 규제 대상 오염물질과 미규제 오염물질 사이에서 한정된 자원을 분산 사용해야 하는 어려움에 직면해 있으며, 전통적으로 핵심 프로그램 운영에 사용되던 예산과 인력을 새로운 문제 해결로 전환하라는 요구가 증가하고 있습니다. 지역 상수도 시스템도 비슷한 자원 제약으로 인해 저렴한 요금을 유지하면서도 선제적 대응을 해야 하는 이중 부담을 안고 있습니다. 여기에 지속되는 COVID-19 팬데믹은 주와 지방정부의 예산 문제를 더욱 악화시키고 있습니다.

Point

상수도시스템이 정수 처리 및 송수에 소요되는 모든 비용을 충분히 반영한 요금을 부과하고, 동시에 지역 사회의 모든 구성원이 그 물을 안전하고 안정적으로 이용할 수 있을 때, 이를 성공이라 할 수 있습니다.

규제의 복잡성과 이에 따른 비용은 앞으로도 결코 줄어들지 않을 것이며, 안전한 수돗물에 대한 대중의 기대 또한 낮아지지 않을 것입니다. 검출 한계가 점점 낮아짐에 따라 과거에는 확인할 수 없었던 오염물질까지 새롭게 검출되고 있으며, 새로운 건강 영향 정보가 제공됨에 따라 소비자는 우려되는 오염물질이 전혀 검출되지 않기를 기대하지만, 최적가용기법(best available technology, BAT)과 현실적인 비용을 고려할 때 상수도 시스템이 이를 완벽히 충족시키는 것은 사실상 불가능합니다. 또한 오늘날의 정보 공유 환경은 과거와 본질적으로 다릅니다. 대중은 방대한 데이터와 정보를 즉시 확인할 수 있고, 이로 인해 수돗물에 대한 불안감이 커지고 있습니다. 반면, 정부가 공중보건을 신속하고 효과적으로 보호하지 못한 일부 사례는 수돗물과 이를 관리·규제하는 기관에 대한 신뢰를 더욱 떨어뜨렸습니다. 따라서, 상수도시스템과 이를 감독하는 정부 기관은 변화된 정보 환경에 적극적으로 적응하여 미국 수돗물에 대한 대중의 신뢰를 다시 구축해야 할 시점입니다.

미래(2020년과 그 이후)
: 공중보건을 위해 더 잘 할 수 있습니다

지난 10여 년간 연방 차원의 오염물질 규제는 크게 둔화되었으며, 현재 많은 주가 독자적인 수돗물 기준을 새로 설정하거나 이를 검토 중입니다. 일부 주는 이번에 처음으로 자체 기준을 도입하고 있습니다. 1912년 공용컵 사용 금지 이후 지난 108년간 미국연방수돗물규제는 수많은 도전을 받아왔고, 물 분야는 때로는 법적 의무를 통해, 때로는 자발적 노력을 통해 이에 대응해 왔습니다.

이제는 대담하고 새로운 조치가 반드시 필요한 시점입니다. 현 상태를 그대로 유지하는 것은 여러 이유로 더 이상 선택지가 될 수 없으며, 우리는 더 나은 방향으로 나아갈 수 있고, 반드시 그렇게 해야 합니다. 그 배경은 다음과 같습니다:

- 물 분야는 수년간 지속적인 예산 부족에 시달려 왔고, 그 결과 유틸리티의 유지보수가 지연되고, 정부 프로그램의 인력도 부족한 상태이다.

- 숙련된 전문가들이 은퇴하면서 축적된 기관의 전문 지식이 사라질 위험이 있으며, 동시에 새로운 인재를 유치하는 것은 더욱 어려워지고 있다.
- 임금 정체와 수요 감소로 유틸리티 수익은 줄어드는 반면, 요금 인상은 쉽지 않아 경제성 문제와 취약계층 부담이 더욱 커지고 있다.
- 매년 새로운 잠재적 오염물질이 시장에 등장하지만, 이를 규제하기 위한 절차는 여전히 지연되고 있으며, 새로운 정보에 대한 대응도 신속하지 못하다.
- 대중의 기대치는 매우 높고, 정보와 의견은 과거보다 훨씬 빠르게 공유된다.
- 정부와 언론에 대한 신뢰도는 사상 최저 수준으로 떨어졌다.

다음 섹션에서는 이러한 문제를 해결하기 위한 다양한 아이디어를 제시합니다. 대부분은 기존의 길이 아닌 새로운 길을 개척해야 하는 방안입니다. 이러한 혁신적 해결책들을 함께 모색하며, 물 분야 전문가들은 우리 산업이 나아갈 최적의 협력과 조정 방안을 고민하고 논의해야 할 시점입니다.

규제 접근 방식

SDWA는 기존의 기본 틀은 유지하면서도 규제 개발 절차를 보다 정교하고 효율적으로 다듬을 수 있는 여지가 충분합니다. 이를 위해 다음과 같은 전략적 접근을 고려할 수 있습니다:

- **오염물질후보목록(Contaminant Candidate List, CCL) 단축**

  예를 들어, 연구 역량을 보다 집중적으로 활용할 수 있도록 CCL을 단축하는 방안을 검토할 필요가 있습니다. 즉, 국가별 발생 데이터에서 검출 사례가 전혀 없거나 1~2건에 불과한 오염물질에 대해서는 RegDet을 통해 향후 CCL에서 제외하는 방식입니다. 2015년에 발표된 규제 연구(Roberson 외, 2015)에 따르면, 이러한 기준으로 CCL에서 더 이상 고려할 필요가 없는 오염물질은 총 55개로 확인된 바 있다.

- **건강주의보(Health Advisory, HA) 재검토**

  USEPA는 HA의 목적과 필요성을 전면 재검토해야 한다. 최근에 발표된 PFAS 및 시아노톡신(cyanotoxins) 관련 신규 HAs(망간에 대한 기존 주의보 포함)는 물 분야에서 상당한 혼란과 불확실성을 초래하고 있다. 예컨대, 측정값이 권고치 이상일 경우 어떻게 대응해야 할지, 고시나 추가 처리시설 설치가 필수인지, 연방 기준이 부재한 상황에서 주 규제기관이 어떻게 강제할 수 있는지 등 실무적 난제가 지속되고 있다. 현재와 같은 사실상의 표준(de facto standard) 역할은 중단하고, 필요하다면 이를 공식적인 연방 규제로 격상하거나, 그렇지 않다면 활용을 중지해야 할 시점이다.

- **미국수도법(Safe Drinking Water Act, SDWA) 재승인**

  미래의 안전한 수돗물을 위해 세 번째로 중요한 방안은 SDWA의 전면 재승인 및 현대화이다. 1996년 개정 이후 벌써 24년이 지났으며, 규제 개발 절차는 과학적 무결성을 유지하면서도 보다 신속하게 작동할 수 있도록 개선되어야 한다. 이를 위해서는 USEPA가 신뢰할 수 있는 규제 개발을 뒷받침할 충분한 연구 수행 역량과 재정적 지원을 확보하는 것이 필수적이다.

- **'원워터(One Water)' 법령 개발**

  보다 근본적이고 광범위한 변화 방안으로는 SDWA과 미국물환경보전법(Clean Water Act, CWA)을 하나로 통합하는 원워터(One Water) 법령을 새로 마련하는 것을 제안할 수 있다. 수돗물, 폐수, 우수는 본질적으로 상호 연결되어 있음에도 불구하고, 지금까지는 별도의 정부 부처와 제도 아래에서 각기 다른 규제로 분리 관리되어 왔다. 미국의 물 관련 법 체계를 전면 개편하여 모든 물 관리를 하나의 통합 법률로 운영한다면, 통합물관리(integrated water management)를 가로막는 제도적 장벽을 제거하고, 우수유출수관리(stormwater management) 및 물재이용(water reuse) 같은 프로그램을 더욱 체계적이고 효율적으로 추진할 수 있는 기반이 마련될 것이다.

물론 이러한 입법적 대안은 현재 의회의 정당 간 대립 상황과 더불어, 물 분야 전문가 및 이해관계자 간에 존재하는 다양한 의견 차이 때문에 실현이 쉽지 않을 수도 있습니다. 그럼에도 불구하고, 원워터(One Water) 또는 토탈워터관리(total-water) 접근 방식이 제공하는 운영 효율성과 자원 관리의 시너지 효과는 지금과 같은 시대에 반드시 주목해야 할 가치가 있습니다.

미규제 접근 방식

규제는 혁신과 변화를 촉진할 수 있는 수단이 될 수 있지만, SDWA는 본래 효과적이고 지속 가능한 상수도시스템을 구축하기 위한 청사진은 아닙니다. 이 법은 어디까지나 수질 관리에 초점을 둔 최소 기준을 제시할 뿐이며, 상수도시스템이 그 기준만 맞춘다고 해서 운영적으로 성공이 보장되지는 않습니다. 따라서 물 분야는 규제 이외의 방안으로도 미국의 수돗물 공급 상황을 개선할 수 있으며, 일부는 이미 실천되고 있습니다.

- **시스템 통합 추진**

  전국에 산재한 15만 개 이상의 상수도시스템을 통합 또는 광역화하는 데 실질적이고 공동의 노력이 필요하다. 상수도 구조를 개편하면 규모의 경제를 실현할 수 있고, 규제 기관의 부담을 줄이며, 모니터링 효율성을 높이고, 결국에는 규정 준수율과 서비스 품질을 동시에 향상시킬 수 있다.

- **규정 준수 강화**

  1990년대에는 보건 기반 기준 준수율이 79%에서 90% 이상으로 상승했으나, 그 이후 지난 20년간 사실상 제자리걸음을 하고 있다. 이를 다시 끌어올리기 위한 실질적 대책이 필요하다.

- **경제적 부담 완화**

  물 서비스의 총 원가회수(full-cost pricing)를 실현하기 위해서는 일부 가정이 수도요금을 감당하기 어렵다는 현실을 인식해야 한다. 지역·주·연방 차원에서 고객 지원 프로그램을 신설하거나 확대해 소득에 따른 격차를 줄이면, 정수·송수에 드는 모든 비용을 충당하면서도 누구나 안전한 물을 사용할 수 있다. 요금을 현실화하면서도 누구도 물 사용에서 소외되지 않도록 하는 것, 이것이 바로 성공의 기준이다.

- **인력 지속성 확보**

  베이비붐 세대의 은퇴로 인해 물 분야 전반에 걸쳐 인력 공백이 우려된다. 숙련된 엔지니어, 운영자, 고객 응대 담당자, 규제 담당자, 과학자 등 핵심 인력의 안정적인 공급과 양성을 보장하는 것은 장기적인 관점에서 반드시 필요하다.

- **수도 인프라에 대한 연방정부의 투자**

  많은 상수도시스템의 노후 인프라 문제는 단순한 요금 인상만으로는 해결할 수 없다. 주순환기금(State Revolving Fund)이 인프라 개선을 지원하고 있으나, 1970년대 수준에 버금가는 대규모 연방 투자가 절실하다. 이를 통해 시스템을 현대화하고, 앞으로의 새로운 규제 요건을 충족하며, 앞서 언급한 시스템 통합도 실현할 수 있습니다. 이를 위해 물 분야 전체가 하나의 목소리와 비전을 가지고 의회에 요구해야 하며, 이는 현 시점에서 최우선 과제이다.

- **상수도시스템 및 정부의 혁신 촉진**

  놀라운 기술 발전 덕분에 물 분야는 큰 변화를 맞고 있지만, 상수도 운영자들은 안전한 운영을 위해 새로운 기술 도입에 신중할 수밖에 없다. 그러나 기술은 오늘날의 많은 과제를 해결할 중요한 열쇠이다. 특히 소규모, 농촌, 취약 지역에 혁신적 해법을 확산시키려면 비전과 인센티브, 인내심이 필요합니다. 동시에 상수도시스템을 감독하는 정부 기관의 디지털 혁신도 필수이다. 데이터 관리・분석, 원격 모니터링, 디지털 플랫폼을 활용해 규제를 효율화하고, 상수도시스템과 더 투명하게 소통함으로써 궁극적으로 공중보건 보호 수준을 끌어올릴 수 있다.

- **지역 소통 및 참여 강화**

  수돗물에서 새로운 오염물질이 검출되면 건강 위험에 대한 설명이 기술 발전 속도를 따라가지 못하는 경우가 많다. 따라서 상수도시스템은 지역사회에서 신뢰할 수 있는 정보 제공자가 되어야 하며, 주민들과의 소통을 강화해야 한다.

오늘의 과제를 해결하기 위해 법 개정이나 규제 강화만을 기다려서는 안 됩니다. 우리는 이미 목표 수준에서 뒤처져 있으며, 그 격차는 갈수록 벌어지고 있습니다. 미래의 입법이 개선을 촉진할 수도 있겠지만, 그 가능성에 공중보건을 전적으로 의존해서는 안 됩니다. 물 분야 전문가로서 우리는 더 나은 물의 미래를 위해 지금 할 수 있는 모든 노력을 다해야 할 책임이 있습니다.

References

1. CDC (Centers for Disease Control and Prevention). 2018. Legionnaires' Disease, Pontiac Fever Fast Facts. www.cdc.gov/legionella/fastfacts.html
2. Roberson JA. 2006. J AWWA. 98:3:198. https://doi.org/10.1002/j.1551-8833.2006.tb07616 Roberson JA, Adams C, Bench R, et al. 2015. J AWWA. 107:10:E509. https://doi.org/10.5942/jawwa.2015.107.0127
3. US Statutes. 1893. Interstate Quarantine Act of 1893 Chapter 114, U.S. Statutes at Large, 27, Feb. 15, 1893:449.
4. USEPA (US Environmental Protection Agency). 2020a. Analyze Trends: Drinking Water Dashboard. USEPA Enforcement and Compliance History Online (ECHO). https://bit.ly/33yzrKB
5. USEPA. 2020b. How EPA Regulates Drinking Water Contaminants. https://bit.ly/34fCeJf USEPA. 2020c. Maintaining or Restoring Water Quality in Buildings With Low or No Use. https://bit.ly/2Dly0EW
6. Zahran S, McElmurry SP, Kilgore PE, et al. 2018. P Natl Acad Sci USA. 115:8:E1730. https://doi.org/10.1073/pnas.1718679115

2021

국가별 수돗물 규제 절차 비교

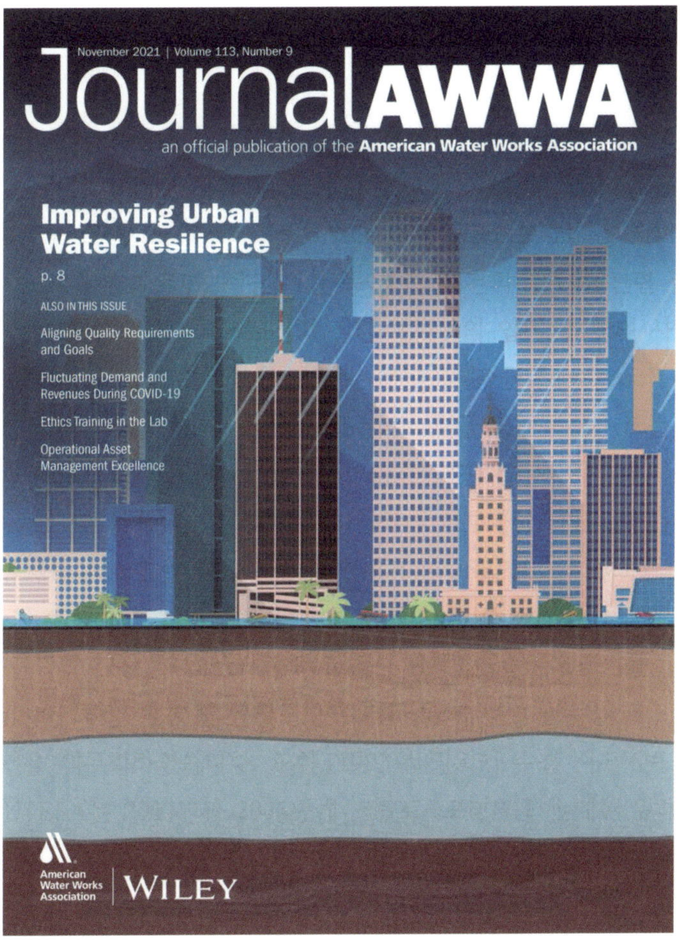

더글러스 크로포드-브라운 ▮ 노스캐롤라이나 대학교 명예 교수
로버트 라우처 ▮ 물 경제 및 기획 담당 이사, 콜로라도주 라우처 LLC
아담 카펜터 ▮ 에너지 및 환경 정책 담당 매니저, AWWA, 워싱턴 D.C.
AWWA 저널 2021년 11월호(113권 9호, 60~69쪽)에 게재되었습니다.

미국환경보호청(U.S. Environmental Protection Agency, USEPA)의 미국수도법(Safe Drinking Water Act, SDWA)은 20여 년 전에 제정되어 시행되었으며, 이후 여러 차례 보완과 해석을 통해 발전해 왔습니다. 그럼에도 불구하고, 연방 차원의 규제를 효과적이고 효율적으로 개선・갱신하는 데에는 다음과 같은 난제가 상존합니다:

- 우려되는 신규 오염물질을 신속히 식별하기 어려움
- 최신 과학적 연구 성과를 규제 기준 설정이나 개정에 적시에 반영하지 못함
- 상수도시스템 간의 상호 연결성, 상류・하류 영향, 다중 관할권 문제를 충분히 다루지 못함
- 새로운 기준 수립과 기존 기준의 실효적 이행・감독의 어려움

특히, 특정 오염물질이 언론이나 정치권의 주목을 받을 경우, 규제 과정은 법적 분쟁과 외부 압력에 노출되기 쉽습니다. 다양한 이해관계자와 가치관이 얽힌 상황에서 이런 문제는 어느 규제 시스템에도 존재할 수 있지만, 일부는 SDWA의 구조적 특성과 운영 방식에서 비롯됩니다.

이러한 한계를 극복하고자, 우리는 지난 수십 년간의 시행 경험에서 교훈을 찾고, 미국과 유사한 선진국들이 어떻게 안전한 수돗물을 관리하고 있는지 살펴보았습니다. 이를 위해 USEPA의 규제 절차를 호주, 캐나다, 프랑스, 일본, 스위스, 영국과 비교・분석하여 효과적인 수돗물 규제의 모범사례를 도출했습니다. 각국의 수돗물 수질 규제 시스템에 대한 요약은 별도의 자료로 정리되어 다운로드할 수 있습니다.

이번 평가는 다음의 핵심 질문에 초점을 맞추었습니다. 각국의 규제 절차가 공중보건을 보호하기 위해 적절한 오염물질을 적정 수준으로 규제하고 있는가? 지역 상황에 맞춘 유연성을 확보하면서도 규제를 적시에, 효과적이고 효율적으로 시행하고 있는가? 수질 규제를 마련하고 운영할 때 고려해야 할 다양한 요소들을 포괄적으로 반영하고 있는가?

이를 위해 우리는 체계적이고 근거 기반의 평가 방법론을 개발하여, 7개국의 정책 구조를 정의하고, 평가 속성을 설정한 뒤, 각 속성별로 성과를 점수화하여 비교했습니다. 본 방법론의 목적은 국가별로 우열을 가리는 것이 아니라, 속성별 우수 사례(best practice)를 찾아내고, 국가별 차이가 발생하는 이유와 그 시사점을 이해하는 데 있습니다.

규제 시스템 평가

이번 평가에서는 다음의 8가지 핵심 속성(attribute)을 기준으로 각국의 규제 시스템을 분석하였습니다.

- 적시성 : 규제 시스템의 단계별 절차를 정의된 일정 내에 적절히 수립하고 완료하는 능력
- 위험 우선순위 초점 : 공중보건에 가장 큰 영향을 미치는 오염물질과 개입 지점을 효과적으로 선정하고 관리하는 능력
- 누적 위해성 고려 : 오염물질 집단 또는 혼합물의 누적 위해성을 평가하고, 이를 줄이기 위한 규제 기준 설정과 집행 자원 배분
- 표적 집행 : 사회적 자원을 가장 효과적으로 배분하여 수질 개선과 공중보건 보호에 기여할 수 있도록 오염물질과 노출 경로를 중심으로 집행 전략을 설계하는 능력
- 유연성 : 수질 확보와 공중보건 보호를 달성하기 위해 다양한 방식을 선택할 수 있는 제도적 융통성
- 이해관계자 역할 : 규제 시스템에 적합하며 이를 지원할 충분한 자원을 갖춘 이해관계자 역할과 참여 구조
- 과학 기술 반영 : 최신 과학과 기술 발전이 규제 과정에 적절히 반영되는 정도
- 수원 보호 : 정수 처리 요건과 최종 수질기준을 보완하는 수원 보호 정책의 실효성

이러한 평가 기준을 바탕으로 정책 평가와 적응적 관리(adaptive management)의 원칙을 반영한 규제 절차의 개념 모델을 개발하였으며, <그림 17.1>은 각 단계별 정의와 필수 작업을 제시합니다. 7개국 간에는 (1) 규제 시스템 개발과 집행 과정에서 수행하는 작업, (2) 단계별 작업의 수행 순서, (3) 용어의 정의와 사용 방식에서 차이가 존재합니다. 또한, 규제 특징은 시간이 흐름에 따라 또는 개별 규제별로 달라질 수 있으므로, <그림 17.1>은 특정 국가의 절차를 직접 모사한 것이 아니라 규제 시스템의 기본 원리를 구성적으로 정리한 도식으로 이해해야 합니다.

1. 우려되는 오염물질 식별

- 이 작업에는 (1) 비규제 대상 오염물질 및 그룹을 식별하고, (2) 공중보건에 큰 위험을 초래하며, (3) 해당 위험을 줄일 수 있는 가장 효과적인 방법을 파악하는 과정을 포함합니다. 이후, 오염물질 및 그룹을 우선순위에 따라 분류하여 2단계로 넘깁니다. 이를 위해서는 필요한 평가를 수행하기 위한 과학 및 기술 연구의 지원과 이해관계자의 참여가 적절히 제공되어야 합니다.

2. 규제 프레임워크 초안 수립

- 이 작업에는 (1) 건강 또는 기술 기반 목표 설정, (2) 후보 위험 관리 옵션 식별 및 평가, (3) 후보 정책 수단 식별 및 평가, (4) 시행 프로토콜 식별 및 평가, (5) 규제 프레임워크 초안에 대한 전문가 및 이해 관계자 검토, (6) 위험 관리 옵션의 예상치 못한 부작용 평가, (7) 출처, 처리, 유통, 재산에 이르기까지 위험 감소를 위한 역할 및 책임 배분, (8) (예상되는) 효과, 효율성, 비용–편익을 바탕으로 필요 시 규제 프레임워크 초안 수정 후 공포하는 과정을 포함합니다.

3. 프레임워크 공포 및 시행

- 이 작업에는 이행의 각 구성 요소에 대한 일정 정의, 관련된 모든 당사자의 역할과 책임에 대한 명확한 의사소통, 영향을 받는 당사자를 위한 이행 지침 제공, 다른 법령과의 조정, 보고 및 관리 지표 명시, 이행 과정에서의 장점과 우려사항을 이해하기 위한 이해관계자 참여 및 문제 해결, 영향을 받는 모든 당사자에게 필요한 자원 제공 등을 포함한 정책 실행 계획의 개발 및 적용이 포함됩니다.

4. 프레임워크의 성능평가

- 이 작업은 2단계에서 적용한 것과 동일한 원칙을 사용합니다. 차이점은 2단계에서는 예상되거나 추정되는 효과, 효율성 및 비용–편익을 평가하는 반면, 여기서는 이러한 지표에 대한 실제 성과를 평가한다는 것입니다. 따라서 평가를 수행하는 데 필요한 데이터 수집 과정 및 절차를 개발하는 사전 작업이 필요하며, 전문가의 검토와 이해관계자의 의견이 필요합니다.

5. 적절한 수정

- 3단계에서 구현된 기존 프레임워크가 효과적으로 작동하는 지 평가하고, 재개발을 위해 1단계로 돌아가야 할 정도로 중요한 한계가 있는 지, 또는 일부 조정을 통해 개선이 가능한 지 판단합니다. 이 역시 전문가의 검토와 이해관계자의 의견이 필요합니다.

그림 17.1 규제 프로세스 평가를 위한 적응형 관리 프레임워크

<그림 17.1>에 제시된 단계들은 적응적 관리 체계에서는 특정 순서로 진행되지만, 각 단계 내 작업의 구체적 수행 순서는 국가별로 상이할 수 있습니다. 본 평가는 모든 작업 요소를 포함하여 국가별 규제 시스템을 비교・분석하였습니다.

특히 7개국 간 구조, 시기, 용어의 차이는 두 번째 단계인 규제 프레임워크 초안 수립 단계에서 뚜렷하게 나타납니다. 이에 따라 본 연구에서는 미국 시스템과 혼동을 피하기 위해 국가별 용어 대신 일반화된 규제 프레임워크 구성 요소를 사용하고, 필요한 경우 국가별 정의와 용어를 함께 명시하였습니다. 이번 평가는 국제 정책 평가 커뮤니티의 권고사항을 가장 충실히 반영한 유럽연합(EU)의 정책평가부서(Policy Assessment Unit)의 절차를 기본 참조 모델로 삼았습니다. 규제 프레임워크의 일반 구성 요소는 다음과 같습니다:

- 건강 기반 목표
  실현 가능성과 무관하게, 규제나 정책 수단이 달성하고자 하는 공중보건 위험 수준은 무엇인가? 핵심 질문은 이 목표가 달성되면 공중보건이 충분히 보호되는가이다.
- 기술 기반 목표
  건강 기반 목표가 부재할 경우, 허용 가능한 위험 수준을 달성하기 위해 특정 기술을 지정한다. 핵심 질문은 이 기술을 적용하면 추가로 공중보건을 향상시킬 수 있는가이다.
- 위험 관리 옵션
  위험을 줄이기 위한 수단(기술 또는 관리 방안)을 제시하며, 핵심 질문은 이 옵션이 적용되면 목표 달성이 가능한가이다.
- 정책 수단
  위험 관리 옵션의 채택을 촉진하는 구체적 수단 (강제 기준, 지침, 정보 제공 등)을 제시하며, 핵심 질문은 이 정책 수단이 실행되면 위험관리 옵션의 적절한 채택을 촉진할 수 있는가이다.
- 정책 실행 계획
  시행 일정, 관련 기관의 역할 및 책임, 자원 확보를 규정하며, 핵심 질문은 모든 이해관계자가 계획대로 역할을 수행할 수 있도록 충분히 개발되고 자원이 마련되어 있는가이다.

기술 기반 규제의 경우에는 기술 기반 목표와 위험 관리 옵션이 동일한 의미로 사용될 수 있습니다. 본문에서는 '규제 프레임워크'를 위의 다섯 가지 요소와 그에 수반되는 연구·법적 구조 전체를 아우르는 포괄 개념으로 사용합니다.

7개국은 이 평가 요소들을 도입하고 평가하는 순서가 다르기 때문에, 정책 고착(policy lock-in)과 경로 의존성(path dependency) 문제를 피하기 위해 과업의 순서까지 분석에 포함했습니다. 특정 요소가 처음 선택되면 그 다음 단계에서 가능한 선택지가 좁아질 수 있기 때문입니다.

마지막으로, 모든 국가에 대해 8개 속성별 성과를 Low (하위 1/3), Medium (중간 1/3), High [상위 1/3, '도약 단계(aspirant)' 포함]로 등급화하여 상대적인 위치를 평가하였습니다.

국가별 비교

앞서 설명한 8가지 규제 시스템 속성(그림 17.2 참조)을 기준으로 각 국가의 규제 절차를 면밀히 검토한 뒤 비교 분석을 진행했습니다. 또한 EU의 물관리 기본지침(Water Framework Directive) 및 수돗물 수질지침(Drinking Water Directive)을 포함한 규제 구조도 함께 분석하여 비교의 폭을 넓혔습니다. 본 비교는 관련 법령의 문언뿐만 아니라, 동료 심사를 거친 학술 문헌 및 회색 문헌(grey literature) 등 보조 자료를 함께 활용하여 근거성을 높였습니다. 특정 국가의 규제 절차가 바람직한 모범 사례로 평가되는 이유는 그 국가만의 고유한 제도적·사회적·환경적 특성과 밀접한 관련이 있습니다. 대표적으로 다음과 같은 국가별 특성이 중요한 배경 요소로 작용합니다:

- 해당국가의 유역 개수
- 수돗물 공급 기관의 규모, 거버넌스 구조 및 재정 모델
- 공중 보건 체계의 발전 역사
- 수원 수질에 영향을 미치는 기관/규제 간 협력 및 연계 방식

적시성

추후 정의되는 규제 시스템의 각 단계를
적절한 시기에 수립하고 완료하는 적시성

적절한 초점

공중보건에 가장 큰 위험을 미치는 오염물질과
주요 개입 지점에 대한 적절한 초점

누적 위험

오염물질 그룹 및/또는 혼합물의 누적 위험을 평가하고,
이를 감소시키기 위한 규제 제한과 집행 자원 설정

표적 집행

오염물질과 노출 경로에 따라 사회적 자원을 효과적으로 배분하여
수질 개선과 공중보건 보호에 기여하는 표적 집행

유연성

수질 보장 및 공중보건 보호를 위한
다양한 체계를 마련하는 유연성

이해관계자 역학

규제 시스템에 적합하며, 시험 가능한,
적절한 자원을 갖춘 이해관계자의 역할

과학 기술 발전

규제 절차에 반영된 최신 과학 및 기술 발전

원수 보호

수질 개선 및 공중보건 보호를 위한 기반으로
정수 처리 요건 및 기준을 보완한 원수 보호

그림 17.2 평가에 사용되는 8가지 규제 속성

적시성

이 속성을 평가할 때는 두 가지를 고려합니다: (1) <그림 17.1>에 제시된 규제 절차의 처음 세 단계를 오염물질이 얼마나 빠르게 통과할 수 있는지, (2) 각 단계별 개별 작업이 적시에, 그리고 올바른 순서로 수행되어 규제 프레임워크 내에서 효과적인 역

할을 하는지 여부입니다. 이 과정에서 정책 락인 효과(policy lock-in)는 중요한 요소입니다. 순서가 어긋나면 이후 절차가 덜 효과적인 경로로 진행될 수 있기 때문입니다.

미국은 <그림 17.1>에 나타난 1~3단계에 대한 공식적인 일정 정의가 가장 체계적으로 마련되어 있는 국가입니다. 다만, 2단계 내의 세부 작업에 대한 구체적인 일정은 명확하지 않은 편입니다. 반면, 다른 국가들은 관련 법령에 일정이 명시적으로 규정되어 있지 않습니다. 그럼에도 불구하고, 표준·지침 개발과 규제 시행에 소요되는 시간은 실질적으로 미국과 비슷하며, 일부 신종 오염물질의 경우 세계보건기구(World Health Organization, WHO) 지침이 발표되면 EU 국가들이 미국보다 더 신속하게 대응하는 경향이 있습니다. 미국은 처리 기술 및 집행 프로토콜을 개선하여 기존 규제 프레임워크를 개정·시행하는 속도는 다른 국가들보다 빠른 편입니다.

특히 2단계 작업의 적시성에 대한 국가 간 비교는 복잡한 문제입니다. EU 국가들, 캐나다, 호주는 WHO 지침을 규제 절차의 출발점으로 활용하며, 일본도 이를 부분적으로 반영해 규제 절차를 시작합니다. 이에 반해 미국은 WHO 지침을 직접 채택하기보다는 최대오염농도기준목표(maximum contaminant level goal, MCLG)나 최대오염농도기준(maximum contaminant level, MCL)과 같은 규제 목표를 수립하기 위해 상세한 연구와 평가 절차를 따릅니다. 이 과정은 시간이 걸리지만, WHO 지침을 직접 활용하는 국가들보다는 상대적으로 짧게 걸리는 경우가 많습니다.

적절한 초점

7개국 모두 <그림 17.1>에 제시된 규제 절차의 2단계와 3단계를 진행할 때 가장 우려되는 오염물질에 초점을 맞출 수 있는 체계를 보유하고 있습니다. 미국은 오염물질 후보 목록(Contaminant Candidate List, CCL)과 그에 따른 규제 결정(regulatory determination, RegDet)을 활용하여 가장 높은 위해성을 가진 오염물질을 우선적으로 고려하는 가장 체계적이고 구체적인 프로세스를 운영하고 있습니다. 그러나 미국의 경우 과학적·기술적 판단 이외의 외부 정치·사회적 영향으로 인해 이러한 체계가 항상 효과적으로 실행되지는 못했습니다.

한편, 유럽 국가, 캐나다, 호주는 WHO 의 지침에 크게 의존하면서 규제 초점을 맞추고 있으며, EU 국가들은 퍼클로레이트(perchlorate)와 같은 특정 오염물질에 대해서는 EU 차원의 공동 대응을 통해 별도로 집중 관리하고 있습니다.

누적 및 총 위험

7개국 모두 미생물, 할로아세트산, 소독 부산물의 하위 그룹 등 관련 오염물질 그룹을 규제 프레임워크에 포함하는 방식 외에는 누적 위험(cumulative risk) 또는 총허용위험한계(risk cup) 개념을 완전하게 적용하는 나라는 없습니다. 오염물질 그룹을 중심으로 규제를 설정하는 국가들은 기준 수립과 시행 프로토콜 마련에 있어 서로 비슷한 수준의 노력을 기울이고 있습니다. 다수 국가에서는 이러한 그룹 기반 접근이 공중보건 보호를 더욱 견고하게 하고, 비용 효율성과 유연성을 높여준다고 평가하고 있습니다.

미국은 위해 상수(Hazard Quotient)보다 여러 오염물질에 대한 동시 노출을 고려한 유해 지수(Hazard Index) 계산을 활용하는 것이 특징입니다. 그러나 이는 대체로 (1) 대기질 관련 결정, (2) 동일한 작용 기전(common mode or mechanism)을 가진 오염물질의 기준 설정, (3) 규제 시행 단계, 에 더 많이 사용되며, 기준 설정 그 자체에는 폭넓게 적용되지 못하고 있습니다.

EU는 물을 식품의 하위 범주로 간주함으로써 총 위험 평가(aggregate risk assessment)를 직접 적용할 수 있도록 하고 있습니다. 다만, 이 방식은 서로 다른 오염물질 간의 누적 영향을 평가하기보다는 다양한 노출 경로별 기여도를 고려하는 데 중점을 둡니다. 미국에서도 <그림 17.1>의 2단계에서 상대적 출처 기여(relative source contribution) 개념으로 이 접근을 일부 반영하고 있으며, 이번 평가 대상 국가들도 모두 유사한 절차를 그 단계에서 수행하고 있습니다. 그러나 SDWA 구조에서는 수돗물이 전체 노출 기여도가 낮을수록 오히려 더 큰 규제 책임을 부과 받는 역설적 상황이 발생하기도 합니다.

결과적으로, 누적 및 총 위험 속성에서 특별히 도약 단계(aspirant)인 국가는 없습니다. 미국을 포함한 7개국 모두 일정 범위 내에서 누적 및 총 위험 평가 절차를 운영하지만, 어느 국가도 이를 공식 의무화하여 서로 다른 오염물질 간 규제 균형을 맞추도록 강제하고 있지는 않습니다.

표적 규제 및 시행

7개국 모두 가장 우려되는 오염물질에 대한 규제 기준 설정 및 시행을 위해 자원을 배분하는 절차를 보유하고 있습니다. 캐나다와 호주는 일반적으로 법적 기준(standard)이 아닌 지침(guideline)을 충족하도록 설계되어 있기 때문에 규제 집행에서 가장 높은 유연성을 보입니다. EU는 사전예방원칙(precautionary principle)의 비례 원칙(proportionality criterion)에 따라 규제 자원이 모든 절차 단계에 걸쳐 효율적으로 할당되어야 함을 강조합니다. 미국은 CCL을 통해 기준 설정을 위한 선별 절차를 가장 체계적으로 운영하지만, 이는 표적 시행 절차가 아니라 기준 설정의 일부이며, 기준이 마련되어야만 시행이 가능합니다.

캐나다와 호주의 유연한 절차는 지역별 상황에 따라 규제 강도나 오염물질 수준이 달라질 수 있는 장점과 동시에 일관성 저하라는 한계를 가집니다. 반면, 미국과 EU는 연방 또는 연합 차원의 동일 기준 적용 원칙(equal application of standards)을 더 엄격하게 유지하고 있습니다. 다만, 각 주(미국)와 각 국가(EU)는 국가·연합 기준보다 더 엄격한 자체 기준을 설정하고 시행할 권한이 있습니다.

모든 국가에서 정책 고착(policy lock-in)이나 경로 의존성(path dependency) 문제가 <그림 17.1>의 2단계와 3단계에서 공통적으로 발생합니다. 일단 어떤 오염물질이 2단계에 포함되면, (1) 후속 정보로 위험성이 낮다고 판명되거나, (2) 공중보건 개선 효과가 미미하거나, (3) 다른 오염물질에 비해 비용 대비 효율성이 낮다고 하더라도, 규제 후보에서 제거되는 경우는 거의 없습니다.

이상적으로는 규제 및 시행 타겟팅이 1단계와 2단계 모두에 반영되어야 하며, 경제적 효율성(economic efficiency) 지표가 잠재 위험 감소 전략이 공중보건 보호에 타당한 투자 가치가 있는지 판단하는 핵심 수단으로 작용해야 합니다. 그러나 SDWA은 유틸리티나 가정이 기준을 준수할 재정적 여력(fiscal wherewithal)이 있는지 여부를 소규모 시스템에만 한정적으로 고려하고 있습니다. 이로 인해 경제적 타당성과 지불능력(ability to pay) 요소를 충분히 반영하지 못해 규제 실행의 현실성과 형평성이 약화됩니다. 실제로 이번에 비교한 모든 국가의 근거법에는 1단계와 2단계에서 비용, 비용 효율성, 경제적 부담 가능성(affordability)을 포함하도록 법적 의무를 명시한 경우는 없으나, 실무에서는 이를 일부 고려하고 있습니다.

이 속성에서 특별히 도약 단계(aspirant)인 국가로 평가된 곳은 없습니다. 미국은 규제 대상 소규모 시스템의 비율이 높아 개별 고객당 위험 감소 비용이 과도하게 높아지는 구조적 문제가 특히 두드러졌습니다. 이를 해결하려면: 소규모 상수도시스템의 통합(consolidation)을 물리적으로 혹은 공동 운영·관리로 촉진하고, 초소형 커뮤니티 상수도시스템의 신규 설립을 제한해야 합니다. 이는 SDWA 도입 초기에도 기대되었던 방향이지만, 현실적으로는 재정·기술·관리 역량 지원이 함께 제공되지 않으면 효과적인 파트너십이나 통합은 어렵습니다.

Point

미국과 유사한 국가들이 어떻게 안전한 수돗물을 공급 방식을 참고하면, 지난 수십 년의 교훈을 얻을 수 있습니다.

유연성

캐나다와 호주는 유역 단위에서 다양한 수질 보호 방식을 조합하여 선택할 수 있도록 하는 유연한 체계가 가장 잘 발달되어 있습니다. EU 국가들도 (1) 수돗물을 '식품' 범주에 포함시켜 집합적 위험 평가가 보다 중요한 역할을 하도록 하고, (2) 수원, 처리 시설, 최종 음용 지점에 이르기까지 접점을 명확히 관리하는 등 미국보다 수질 보호를 위한 더 다양한 도구를 갖추고 있어 유연성이 높습니다.

미국과 일본도 보호 방식을 선택할 수 있는 유연성을 보유하고 있으나, 이를 이해관계자에게 효과적으로 전달하는 데는 한계가 있습니다. 그 결과, 특정 오염물질에 대해 어떤 보호 수단이 실제로 적용되었는지 명확하지 않아, 많은 이해관계자들이 '공중보건 보호'를 단순히 '모니터링, 보고 및 처리'와 동일시하는 (잘못된) 인식을 갖게 됩니다. EU 국가들은 다양한 오염물질에 적용되는 상이한 보호 방식의 의미를 소비자가 이해할 수 있도록 커뮤니케이션 전략을 지속적으로 개선하며 이러한 한계를 보완하고 있습니다.

미국을 제외한 평가 대상 7개국은 기본적으로 WHO의 물안전계획(Water Safety Plan, Bartram et al. 2009) 또는 최근 물연구재단(Water Research Foundation)의 상수원 위험관리 프로젝트(Raucher et al. 2020)에서 제시한 유사한 프레임워크를 채택하고 있습니다. 이러한 프레임워크는 '상수원에서 수도꼭지까지(source to tap)' 유해요소중점관리기준(Hazard Analysis and Critical Control Points, HACCP) 접근법을 채택하여, 단일 수질기준에 의존하는 좁은 접근을 보완합니다. 미국은 주정부의 상수원 평가 프로그램이 이러한 기능을 일부 수행하고 있습니다.

유연성 측면에서 핵심 쟁점은 이해관계자가 규제 프레임워크의 2단계와 3단계에서 다양한 보호 수단이 어떻게 적용되는지 어느 정도 인식하고 있는가 입니다. 수도 공급업체가 화합물별로 처리·모니터링 결과 및 규제 기준 준수 여부를 공지하면, 소비자들은 명세서에 없는 오염물질이 규제 프레임워크에 의해 보호되지 않는다고 오해할 수 있습니다. 사실상 특정 시스템에서 모니터링이나 처리가 이루어지지 않는 것은 (1)

수자원이 이미 규제 기준을 충족하거나, (2) 과거 모니터링으로 규제 우려 수준 이하임이 입증되었거나, (3) 처리 방법으로 노출 수준이 규제 우려 수준(미미 수준) 이하로 낮아졌기 때문일 수 있습니다.

EU는 '상수원에서 수도꼭지까지' 접근 방식을 통한 공중보건 보호에 관한 대국민 소통을 적극 강화하고 있으며, 이는 수도 공급업체나 하위 정부 기관의 직접 소통을 보완하는 역할을 합니다. 수도 공급업체와 하위 정부 기관은 EU의 성명을 참조하여 다양한 보호 수단이 개별 오염물질의 처리, 모니터링 및 보고 의사결정에 어떻게 반영될 수 있는지 설명할 수 있습니다. 미국의 연례 소비자 신뢰 보고서(Consumer Confidence Report)가 이러한 기능을 부분적으로 수행하고 있습니다.

이해관계자 역할

캐나다와 호주는 지역 단위의 수자원 보호 프로그램에서 이해관계자의 참여를 가장 잘 체계화한 국가들로 평가됩니다. 그러나 이러한 참여 구조를 형성하고 유지하기 위해서는 오랜 기간에 걸친 지속적이고 집중적인 노력이 필요했습니다. 다만, 이러한 강점이 초기 지침 개발 단계까지 완전히 확장되지는 못했습니다.

미국은 행정절차법(Administrative Procedures Act)에 따라 이해관계자가 규제 검토 과정에 참여하도록 법적으로 규정하고 있습니다. 유럽 국가들은 주로 유역 단위와 상수원 보호 차원에서 이해관계자 참여를 조직하며, '사회적 파트너(social partners)'라는 개념을 반영하고 있으나, 과학 자문위원회를 제외하면 표준 개발 단계에서 이해관계자의 역할이 크게 두드러지지 않습니다. 일본은 본 항목에서 상대적으로 낮은 수준으로 평가됩니다.

조사 대상 7개국의 지방정부와 수도 공급 기관은 상수원에서 수도꼭지까지(source-to-tap)의 통합적 관리를 위한 연구, 방법론, 데이터 개발 등 국가 차원의 지원이 충분하지 않다고 지적했습니다. 경제협력개발기구(Organisation for Economic Cooperation and Development, OECD)는 규제 준수 프로그램의 효과적 운영을 저해하는 요인을 분석하며, 국가 규제 기관이 다음 세 가지 요소를 고려해야 한다고 제안했습니다:

- 대상 집단이 규제 내용을 충분히 인지하고 이해하고 있는 정도
- 대상 집단이 자발적으로 규제를 준수할 의지가 있는지
- 대상 집단이 실질적으로 규제를 준수할 능력

OECD는 또한, 규제가 발표되면 대상 집단이 이를 이해하고 준수할 것이라는 전제를 많은 국가가 갖고 있지만, 최근 복잡하고 기술적인 신규 규제가 빠르게 늘어나면서 이러한 전제가 현실과 맞지 않을 수 있다고 지적합니다. 특히 소규모 사업자에게는 복잡한 규제를 소화하고 준수하는 것이 과도한 부담이 될 수 있으며, 이는 규제 기관과 규제 체계에 대한 신뢰를 약화시킬 수 있습니다. 따라서 정부는 시민과 기업이 규제 시스템을 긍정적으로 인식하도록 장기적인 관심과 노력이 필요합니다(OECD 2000).

이번 비교 분석에서 확인된 핵심 시사점은, 7개국 모두 다음 네 가지 분야에서 상당한 개선 여지가 있다는 점입니다:

- 하위 국가 기관의 역할과 책임을 명확히 정의할 것
- 이들이 규제 집행 업무를 수행하는 데 필요한 방법론과 데이터를 제공할 것
- 이 업무를 지속할 수 있는 충분한 재정적 지원을 보장할 것
- 상수원에서 수도꼭지까지의 프로그램 등에서 자발적 행동이 중요한 특정 소비자층과 이해관계자를 대상으로 한 맞춤형 소통 수단과 콘텐츠를 공동으로 개발할 것

이 속성에서는 캐나다와 호주가 상대적으로 도약 단계에 해당하지만, 이는 지역 단위 규제 집행에서 이해관계자 관계 형성을 위해 상당한 자원을 투입해온 결과입니다. 미국은 규제 프레임워크 2단계에서 이해관계자 참여를 법적으로 포함하고 있다는 점에서 긍정적으로 평가되지만, 이해관계자가 단순히 의견을 제출하는 데 그치지 않고 초안 평가 및 규제 설계 단계에서 실질적인 역할을 수행할 수 있도록 그 범위와 깊이를 확장할 필요가 있습니다.

과학 발전

분석 대상인 7개국 모두 최신 과학 연구 성과를 기반으로 새로운 규제 프레임워크를 수립하고 기존 규제를 개정할 수 있는 절차를 갖추고 있습니다. 특히 이번에 검토된 유럽 국가들은 사전예방원칙(precautionary principle)에 따라 새로운 과학적 데이터가 도출되면 현행 기준을 재검토하고 개정할 수 있도록 명시하고 있습니다. 다만, <그림 17.1>의 1단계와 2단계에 해당하는 초기 절차는 WHO 권고를 출발점으로 삼고 있기 때문에 국가 차원의 독자적인 과학 연구와 평가의 필요성과 범위는 상대적으로 축소됩니다. 캐나다, 호주, 일본은 관련 일정이 명확히 규정되어 있지 않지만, 이는

이들 국가가 과학적 발전을 규제 절차 초기 단계에 반영하지 않는다는 의미가 아니라 단지 이를 수행하는 명확한 타임라인이 존재하지 않음을 의미합니다.

미국은 과학자문패널을 통해 과학적 근거를 생성하고 이를 규제에 통합하는 체계가 가장 잘 정비되어 있습니다. 대표적인 자문체계로 국가 수돗물자문위원회(National Drinking Water Advisory Council)가 있으며, 명확한 사명과 역할을 수행하고 있습니다. 과학 발전은 CCL (그림 17.1의 1단계), 규제 결정(2단계), 기존 기준의 주기적 검토(4단계)를 통해 체계적으로 반영됩니다.

새로운 연구성과와 융합 과학(cross-issue science)의 중요성이 커짐에 따라, USEPA 연구개발국(Office of Research and Development)은 전략적 연구 실행 계획(Strategic Research Action Plan, USEPA 2020)을 통해 연구 체계를 재편하고 있으며, 이를 뒷받침하기 위해 아래의 7개 조직을 신설·개편했습니다:

- 과학정보관리실(Office of Science Information Management)
- 미국과학자문, 정책 및 참여실
  (Office of Science Advisor, Policy and Engagement)
- 환경 측정 및 모델링 센터
  (Center for Environmental Measurement and Modeling)
- 전산 독성 및 노출평가 센터
  (Center for Computational Toxicology and Exposure)
- 공중보건 및 환경 평가 센터
  (Center for Public Health and Environmental Assessment)
- 환경 솔루션 및 비상 대응 센터
  (Center for Environmental Solutions and Emergency Response)

특히 이들 센터 중 4곳은 대기질 등 한 분야에서 개발된 연구 성과가 수돗물 등 다른 분야에서도 활용될 수 있도록 분야 간 융합 연구(cross-issue initiatives)를 적극 추진할 예정입니다.

그러나 미국의 현행 시스템은 아직 다음과 같은 분야에 대한 과학적 근거 기반이 충분하지 않습니다:

- 수자원 보호를 가장 엄격하게 평가할 수 있는 방법
- 수자원 보호가 처리 필요성을 얼마나 줄이는지에 대한 정량적 근거

- 물 재이용의 확대가 수자원 보호에 미치는 영향
- 주 단위에서 수자원 보호를 평가하고 실행하는 데 필요한 구체적 수단

이러한 한계는 안전하고 지속 가능한 수자원 프로그램(Safe and Sustainable Water Resources program)을 통해 보완할 수 있으며, 이를 위해서는 행정적·재정적 지원이 뒷받침되어야 주정부가 이 결과를 현장에 효과적으로 적용할 수 있습니다.

한편, 미국은 종종 연방법전(US Code) 제42조 300g-1(b)(9)에 규정된 역진 방지(anti-backsliding) 원칙을 적용합니다. 이는 과학적 발전으로 기준을 완화하는 것이 가능하더라도 "각 개정은 인체 건강 보호 수준을 유지하거나 더 강화해야 한다"는 문구를 엄격히 해석할 경우 완화된 기준으로의 개정이 제한될 수 있음을 의미합니다. 이에 비해 EU 국가들은 사전예방원칙에 따라 기준은 과학적 평가가 새로운 기준이 타당하다고 판단될 때까지 현행 수준을 유지하며, 개정 시 기준이 더 엄격해지거나 완화될지에 대한 사전 규정이나 기대치는 두지 않는 것이 일반적입니다. 캐나다와 호주도 이와 유사한 접근을 일부 채택하고 있습니다.

이러한 맥락을 종합할 때, 미국은 이 속성에서 도약 단계 국가로 평가되었지만, 여전히 개선의 여지가 큽니다. 특히 EU에서 적용하는 것과 같은 사전예방원칙에 대한 보다 유연하고 포괄적인 해석을 채택함으로써 이를 보완할 수 있을 것입니다.

수자원 보호

미국은 수돗물 안전 관리와 수자원 보호 간의 연계성이 가장 약한 국가로 평가됩니다. 이는 주로 미국물환경보전법(Clean Water Act, CWA)과 SDWA 간의 책임과 권한이 제도적으로 분리되어 있기 때문입니다. 이에 비해 유럽 국가들은 물관리기본지침(Water Framework Directive)에 따라 수자원 보호를 보다 적극적으로 통합하고 있으며, 이 속성에서는 미국보다 높은 수준으로 평가됩니다. EU의 수자원 보호 규제 절차는 수돗물 안전 보장을 위한 보완적 수단으로 기능하며, 고품질의 수돗물을 보다 효과적이고 비용 효율적으로 공급할 수 있게 합니다. 다만, 이를 위해 규제 기관, 수도 공급자, 그리고 유역 내 배출원 간의 긴밀한 협력과 다층적인 규제 체계가 필요하다는 과제가 뒤따릅니다.

호주와 캐나다는 수자원 보호를 수돗물 안전의 핵심 전략으로 간주하고, 오염을 차단하는 1차 방어선으로서 대규모 프로그램을 운영하고 있습니다. 두 국가 모두 위험 관리 옵션의 선택과 실행을 개별 유역 단위에서 수행하며, 이러한 접근은 대부분 국가

차원의 강제 기준을 설정하기보다는 가이드라인(지침) 중심으로 실현됩니다.

호주, 캐나다, EU 국가들은 이러한 협력적 규제 구조 구축을 위해 상당한 자원을 투자해 왔으며, 미국도 체서피크만(Chesapeake Bay), 노즈강(Neuse River Basin) 등 일부 유역에서 영양염류 부하 저감 및 수자원 확보를 위한 유사한 시도를 하고 있으나, 그 적용 범위는 제한적입니다. 이러한 배경을 고려할 때, 캐나다・호주와 미국의 중간적 접근 방식을 보이는 EU 국가들이 이 속성에서는 도약 단계(aspirant) 국가로 평가됩니다.

호주와 캐나다의 사례는 유역 단위를 규제 조치의 핵심 축으로 삼을 경우, 다수의 이해관계자가 참여하는 강력한 거버넌스 시스템을 구축하고 유지하기 위해 상당한 행정적・기술적 노력이 필요하다는 점을 잘 보여줍니다. 미국(National Academies, 2019)과 EU (Bergsma et al., 2018)에서 제시된 행정적 과제 검토에 따르면, 이러한 시스템 운영의 가장 큰 장애 요인은 규제 체계의 분절화(SDWA와 CWA의 구조적 분리 포함)와 과학적으로 타당한 유역 모델과 데이터베이스를 구축・활용할 수 있는 기반의 부족으로 요약됩니다. 이는 본 보고서의 과학 발전(Scientific Advances) 항목에서 지적된 내용과도 맥락을 같이합니다.

국제 규제 환경 살펴보기

이번 분석에 따르면, 미국의 수돗물 규제 절차는 평가된 8개 속성 중 약 1/3 지표에서 다른 6개국보다 높은 점수를 받았고, 또 다른 1/3에서는 중간 수준, 나머지 1/3(특히 수자원 보호 영역)에서는 상대적으로 낮은 점수를 기록했습니다. SDWA 자체가 근본적으로 잘못된 것은 아니지만, 이번에 비교한 다른 국가들의 경험－특히 법령의 시행 방식－을 참고하여 제도를 보완한다면, 미국은 8개 평가 속성 모두에서 도약 단계 국가(aspirant nation)로 자리매김할 수 있을 것입니다.

흥미로운 점은, 이번에 분석한 국가들 중 <그림 17.1>의 4단계와 5단계(규제 평가 및 수정 단계)에 대해 명확하고 체계적이며 법제화된 절차를 갖춘 국가는 거의 없다는 사실입니다. 7개국 모두 시간이 지남에 따라 규제 프로그램을 재검토하고 일부 개정은 수행하고 있지만, 성공적인 적응 관리(adaptive management)를 위해 핵심이 되는 마지막 두 단계－특히 현장성과를 반영한 데이터베이스 구축－에는 여전히 충분한 노력이 기울여지지 않고 있습니다. 이는 전 세계 규제·정치 시스템의 공통된 한계로, 제도적 절차의 의도된 효과에 초점이 맞춰지고 실제 현장성과에 대한 관심은 부족한 경우가 많다는 점을 보여줍니다. 이러한 점을 감안할 때, EU는 적응 관리 원칙에 가장 가까운 형태로 규제 체계를 운영하고 있으며, 수돗물 부문에 한정되지는 않지만 기존 규제의 실질적 성과를 반영하기 위해 주기적 검토 절차를 점진적으로 도입하고 있습니다.

추가 정보

추가 정보는 Journal AWWA에 게재된 원본 출판물과 함께 온라인에서 확인할 수 있습니다.

References

1. Bartram J, Corrales L, Davison A, et al. 2009. *Water Safety Plan Manual: Step-by-Step Risk Management for Drinking Water Suppliers*. World Health Organization, Geneva; International Water Association, London.
2. Bergsma E, Van Alphen H, Bruggeman A, et al. 2018. IntechOpen. https://doi.org/10.5772/ intechopen.74401
3. Deere D, Davison A. 2008. A HACCP Approach to Manage Water Safety for Large Basins. In *Effective Cross-Border Monitoring Systems for Waterborne Microbial Pathogens: A Plan for Action*. JB Rose, E Dreelin, editors. IWA Publishing, London.
4. National Academies (The National Academies of Science, Engineering, and Medicine). 2019. Challenges for Large River Basin Management in the United States. Joint Meeting of the Board on Earth Sciences and Resources and the Water Science and Technology Board, November 20, Washington.
5. OECD (Organisation for Economic Co-operation and Development). 2000. *Reducing the Risk of Policy Failure: Challenges for Regulatory Compliance*. OECD, Paris.
6. Raucher R, Bartram J, Setty K, et al. 2020. *A Risk Management Framework for Managing Source Water Risks in the United States*. Project 4748. The Water Research Foundation, Denver.
7. USEPA (US Environmental Protection Agency). 2020. EPA's Office of Research and Development Reorganizes to Better Support EPA's Mission. April 8.

2022

미국물환경보전법 50주년 : 미국수도법의 필수적인 파트너

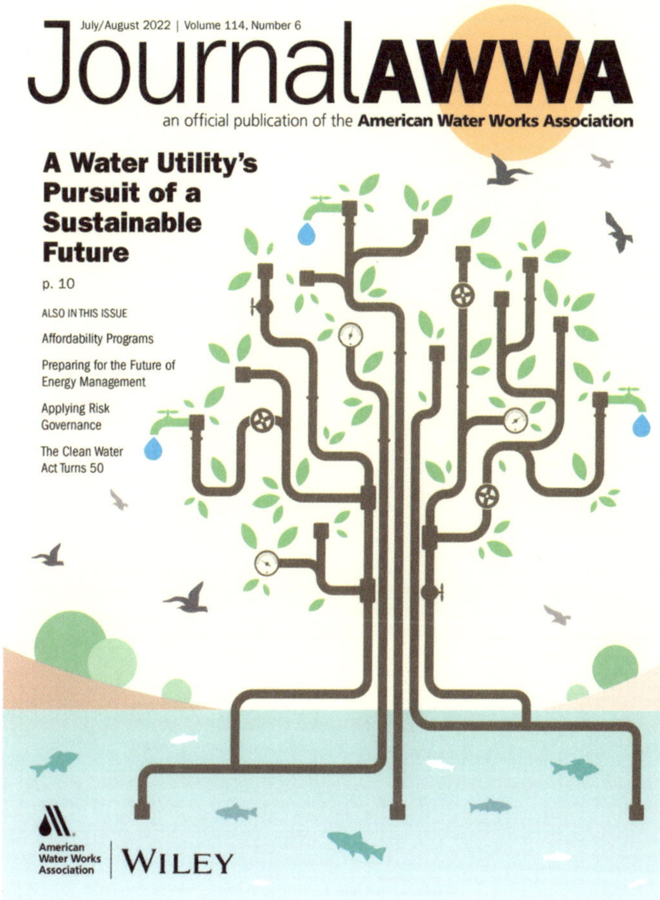

트레이시 메한 3세 ▮ AWWA 정부 업무 담당 전무이사, 워싱턴 D.C.
AWWA 저널 2022년 7/8월호(114권 6호, 56~63쪽)에 게재되었습니다.

1972년, 미국이 베트남 전쟁을 치르고 있던 시기, 연방 의회는 연방 수질오염관리법 개정안(Federal Water Pollution Control Act Amendments)을 통과시켰습니다. 이는 오늘날 미국물환경보전법(Clean Water Act, CWA)으로 잘 알려져 있으며, 법의 목적은 "국가 수역의 화학적 · 물리적 · 생물학적 무결성을 회복하고 유지하는 것" [33 USC §1251(a)]이었습니다. 올해 2022년은 CWA 제정 50주년이 되는 해로, 미국수도협회(American Water Works Association, AWWA)는 이를 기념하고 있습니다.

리처드 닉슨 대통령은 당시 법안이 포함한 "급격한 물가 상승과 과중한 세금 부담", 그리고 "2백 40억 달러에 달하는 엄청난 예산 파괴 효과"를 이유로 거부권을 행사했으나, 의회는 이를 무효화했습니다. 상원은 52대 12로, 하원은 압도적인 247대 23으로 거부권을 무효화했으며, 이는 미국 연방 정치에서 찾아보기 힘든 광범위한 합의의 사례로 평가됩니다(Estrin 2011).

CWA는 이전의 연방 수질 관련 법령들을 집대성한 것이며, 주정부가 주도적으로 집행하도록 설계되었으나, 연방 차원의 실질적 집행은 처음부터 고려되지 않아 초창기 성과에는 한계가 있었습니다(Revesz et al. 2019). 이 시기를 상징하는 대표적인 사례로는 오하이오주의 불타는 쿠야호가 강(Cuyahoga River)과 "죽은 호수"로 불렸던 이리 호(Lake Erie)가 있으며, 이는 Dr. Seuss가 「로렉스(The Lorax)」(1971) 초판에서 다음과 같이 풍자적으로 묘사하기도 했습니다:

> " 허밍피쉬가 콧노래 부르던 연못이 더럽혀졌네!
> 이제 그들은 더 이상 콧노래를 부를 수 없고, 아가미는 모두 막혀버렸네.
> 이제 그들을 보내야겠어. 오, 그들의 미래는 암울하네.
> 지느러미로 걸어 다니며 지치도록 방황하겠지.
> 깨끗한 물을 찾아서 말이야.
> 이리 호수도 사정이 다르지 않다지? "

이후 CWA로 수질이 개선되면서 Dr. Seuss는 1980년대 개정판에서 이 마지막 줄을 삭제했습니다(Salzman & Thompson 2019).

미국수도법(Safe Drinking Water Act, SDWA)보다 2년 먼저 제정된 CWA는 국가오염물질배출허가제도(National Permit Discharge Elimination System, NPDES)를 도입하여, 허가받지 않은 모든 점오염원에서 "항해 가능한 수역", 즉 영해를 포함한 미국 수역으로의 모든 오염물질 배출을 금지하도록 규정하고 있습니다[33 USC

§1362(7)]. NPDES 허가에는 연방 방류 제한 또는 지침, 기술 기반 표준, 그리고 기술 기반 표준만으로는 해당 수질기준을 충족할 수 없는 경우 적용되는 추가 수질 기반 표준이 포함됩니다. 기술 기반 표준은 특정 수계의 수질과 무관하게 의무 기술을 통해 오염을 제어하도록 의무화되었으며, 이는 경제학자들에게는 비효율적으로 보일 수 있으나 환경보호 관점에서는 긍정적으로 평가됩니다.

공공 폐수 처리시설에는 유기 탄소와 부유 물질 제거를 위한 2차 처리가 의무화되었으며, 산업 점오염원에는 업종별 기술 기반 방류 지침이 설정되었습니다. 최초 30개 산업만 해도 360개의 산업 하위 카테고리가 설정될 정도로 세분화되어 시행된 것으로 평가됩니다(Harrington 2003).

1972년에도 중요했으며 현재는 더욱 시급한 이유로, CWA는 수돗물의 수자원 보호에 있어 필수적인 법령으로 평가됩니다. AWWA는 ANSI / AWWA G300과 같은 유틸리티 관리 표준을 통해 수자원 보호의 중요성을 지속적으로 강조하고 있습니다. 이러한 관점에서 CWA는 미국농업법(Farm Bill), 미국독성물질관리법(Toxic Substances Control Act, TSCA), 종합환경대응보상책임법(Comprehensive Environmental Response, Compensation and Liability Act)(or 슈퍼펀드), 자원보존복구법(Resource Conservation and Recovery Act, RCRA ; 특히 지하수 포함)과 함께 수돗물 안전을 뒷받침하는 핵심 연방 법령으로 평가됩니다.

과거의 엔지니어링 개념

CWA는 향후 50년 동안 전략적인 수자원 보호를 강화하고 SDWA의 목표를 보다 효과적으로 달성하는 데 중요한 역할을 할 수 있는 것으로 평가되지만, 이를 이해하기 위해서는 역사적 배경을 간략히 살펴볼 필요가 있는 것으로 보입니다(그림 18.1 참고). 미국에서 수로를 복원하고 보호하려는 노력은 19세기 말~20세기 초 시카고가 수인성 질병으로 인한 심각한 공중보건 위기에 직면하면서 본격적으로 시작된 것으로 평가됩니다. 1900년 무렵 시카고시는 시카고 강 남쪽 지류의 흐름을 미시간호에서 멀어지게 하여 오염된 물을 30마일 길이의 시카고 위생 및 선박 운하를 통해 데스플레인스 강, 일리노이 강, 미시시피 강을 거쳐 멕시코만으로 흘러 보내도록 설계하였습니

Sept. 3, 1892

시카고에서 발생한 치명적인 수인성 질병 문제를 해결하기 위해
땅을 파서 운하를 건설하여 시카고 강의 흐름을 미시간호에서 돌리고,
데스 플레인스 강, 일리노이 강, 미시시피 강을 거쳐 멕시코만으로
하수와 산업 폐기물을 배출했습니다.

1900 Office of the Illinois Secretary of State

January 1900

시카고 강의 복개 공사가 완료되었습니다.
세인트루이스 시 당국은 시카고의 하수가 세인트루이스로 유입될 것을 우려하여,
미주리 주에서 미국 대법원에 제소장을 제출합니다.

Jan. 2, 1906

미주리 주 대 일리노이 주(200 U.S 496) 사건에서 미주리 주는
일리노이 주와 시카고 위생 지구가 인공 수로를 통해 하수를 배출하는 것을
막아야 한다는 소송을 제기했습니다.

1906

업튼 싱클레어는 시카고 강의 지류인 오염된 '버블리 크릭'을 비롯한
시카고 가축사육장의 끔찍한 상황을 묘사한 〈정글〉을 출간합니다.

Everett Collection/Shutterstock.com

1922

하버드 대학교는 하버드 공중보건대학원을 설립합니다.
설립자인 윌리엄 세지윅은
'모든 하천은 충분한 시간이 주어진다면 … 일정량의 하수를 받아도 스스로 정화됩니다'
라고 말했습니다. 엔지니어들과 의사들 사이에 이념적 논쟁이 이어졌습니다.

A_Lesik/Shutterstock.com

Nov. 1, 1965

맥클린은 앨런 애드먼즈의 글, '위대한 호수의 죽음'을 출판합니다.
'이리호는 죽었다'는 1960년대에 흔히 쓰이는 문구입니다.

June 22, 1969

오하이오 주의 오염된 쿠야호가 강에서 기름 유출로 인한 화재가 발생했습니다.

1969 EPA

January 1970

미국 환경 보호청이 설립되었습니다.

1971

수스 박사가 생태학 경고서인 '로락스'를 출간합니다.

1972

리처드 닉슨 대통령이 연방 수질 오염 관리법 개정안(CWA)에 거부권을 행사합니다.
의회가 거부권을 무효화하고 CWA가 법으로 제정됩니다.

Artist_R/Shutterstock.com

그림 18.1 미국물환경보전법 시행 이전의 태도와 상황

다. 이 공학적 조치는 시카고의 치명적인 전염병 발생을 종식시킨 것으로 평가되지만 (Doyle 2018), 그 대가로 하류 지역에는 심각한 환경적 피해가 발생한 것으로 분석됩니다.

당시 도시와 산업 오염은 규제 없이 방치되어 있었으며, 업튼 싱클레어의 소설 「정글」(1906)은 이를 상징적으로 보여주는 대표적인 기록으로 평가됩니다. 소설에는 다음과 같은 묘사가 포함되어 있습니다:

> "버블리 크릭(Bubbly Creek)"은 시카고 강의 지류로, 야드의 남쪽 경계를 이루며 대규모 육가공 공장에서 나오는 모든 배수가 이곳으로 흘러들어 실제로는 폭 100~200피트의 거대한 열린 하수도로 기능하였던 것으로 묘사됩니다. 일부 지류는 막혀 있어 오물이 고여 있었고, 기름과 화학물질은 각종 화학반응을 거쳐 물이 끓는 듯한 모습이 연출되었습니다. 수면은 마치 거대한 물고기나 심해 괴생물이 움직이는 것처럼 흔들렸고, 이산화탄소 기포가 터지며 큰 고리가 만들어지기도 하였습니다. 일부 오물은 굳어져 마치 용암층처럼 보였고, 닭이 그 위를 걸어 다니며 먹이를 찾았으며, 부주의한 행인이 그 위를 걷다 사라지는 사고도 빈번하게 발생하였습니다. 표면에 불이 붙어 소방대가 출동해 불을 끄는 일도 반복되었고, 어떤 이방인이 이를 모아 돼지기름을 만들려 하자 업자들이 이를 금지하고 스스로 수거해 사용하기도 하였습니다. 둑에는 털이 두껍게 쌓여 있었고, 이를 모아 세척해 사용하는 모습도 나타났던 것으로 기록됩니다.

하지만 놀랍게도, 당시 일부 전문가들은 강이 스스로 정화될 수 있다고 믿고 있었기 때문에, 오염물질을 강에 배출하는 것을 과학적으로 정당화하려고 했던 것으로 평가됩니다(Doyle 2018). 여과와 염소 소독 같은 새로운 처리 기술과 결합하면 자연 자정작용이 충분하다고 보았으며, 이는 폐수 배출자가 직접 처리할 책임을 줄일 수 있다는 논리로 이어졌습니다.

하버드 공중보건대학원의 설립자 윌리엄 T. 세지윅(1855~1921)은 "충분한 시간, 즉 충분한 길이가 주어진다면 하천은 일정량의 하수를 스스로 정화할 수 있다"고 믿었으며(Doyle 2018), 이를 근거로 당시 엔지니어들은 하천을 "사회를 위한 대형 하수도"로 삼아 미처리 폐수를 직접 방류하는 것을 정당화하였습니다(Doyle 2018).

그러나 이러한 시각은 의사와 공중보건 전문가들에게는 받아들여지지 않았으며, 위생학자 · 위생 엔지니어와 의사 · 공중보건 당국 간에 심각한 이념적 갈등을 불러온 것으로 평가됩니다. 논쟁은 도시가 폐수 처리와 수질 개선을 위해 얼마를 부담해야 하는지로 이어졌으며, 상류와 하류 간 이해관계 충돌로 확산되면서 "누가 비용을 부담할 것인가"라는 핵심 문제로 귀결되었습니다.

당시 엔지니어들은 비용 효율성을 내세워 의료계를 "감상주의자"라고 비판하였으며, 결국 엔지니어들의 논리가 우세하여 20세기 초 미국에서는 수집된 폐수의 약 90%가 아무런 처리 없이 강과 호수로 방류된 것으로 평가됩니다(Doyle 2018). 이러한 사고방식은 현재 CWA가 확립한 오염 예방, 수자원 보호, 오염자 부담 원칙 등 현대적 환경 규제 개념과는 본질적으로 상충되는 것으로 평가됩니다.

보조금 및 대출 – 단순한 규제를 넘어

원래 CWA는 공공 처리시설이나 폐수 처리시설의 2차 처리 설비를 지원하기 위해 대규모 건설 보조금 프로그램(Construction Grants Program)을 수립한 것으로 평가됩니다. 이 프로그램은 이후 주순환융자기금(State Revolving Loan Fund, SRF)으로 전환되었으며, 2021년까지 총 1,530억 달러가 지원된 것으로 집계됩니다(EPA 2022). 이러한 연방 차원의 자금 지원은 당시로서는 전례가 없었으며, 오직 폐수 처리만을 대상으로 했던 것이 특징입니다.

이 관대한 보조금 프로그램은 수돗물 공급시설이 SDWA를 준수하도록 돕기 위해 설계된 것은 아니었던 것으로 평가됩니다. 그 결과 폐수 분야와 수돗물 분야는 보조금과 대출, 총원가가격책정에 대한 인식과 접근 방식이 다르게 발전된 것으로 분석됩니다. 미국에는 수돗물 공급시설을 위한 별도의 보조금 프로그램은 존재하지 않으며, 현재 운영 중인 SDWA의 SRF는 CWA 보조금 프로그램이 시작된 지 약 25년 후인 1996년에 도입되었고, 대부분 대출 형태로 지원이 제공됩니다.

Rouse (2007)는 이러한 상황을 "보조금 사고방식"으로 설명한 바 있습니다:

> 예를 들어, 미국에서는 연방정부가 환경 기준을 설정하고 주정부가 이를 규제하지만, 그 기준을 실질적으로 충족시킬 책임은 각 도시가 부담하는 구조로 운영됩니다. 그 결과 많은 도시들이 자체 비용 조달보다는 연방 자금에 의존하여 새로운 규제를 이행하거나 노후 인프라를 교체하려는 경향을 보이는 것으로 평가됩니다. 이러한 태도는 초기 2차 처리 설비 도입 시 연방 자금이 대규모로 투입되면서 형성된 보조금 인식이 영향을 미친

것으로 분석됩니다. 이 자금 지원 정책을 변경하려면 수도 요금을 상당 폭 인상해야 하는데, 현재 요금이 낮은 상황에서는 가구 평균 소득 대비 비용 부담이 높지 않더라도 정치적 반발을 우려할 수밖에 없습니다.

그럼에도 불구하고 CWA의 대규모 건설 보조금 프로그램과 규제 조치 덕분에 2차 이상(강화된) 처리를 받는 공공처리시설의 서비스를 이용하는 미국 인구는 1968년 8,500만 명에서 1996년 1억 6,480만 명으로 약 두 배 가까이 증가한 것으로 보고됩니다(Stoddard et al. 2002). 비용 부담은 적지 않았지만, 막대한 투자는 대중의 지지를 받았고, 비용 효율성이 다소 떨어졌더라도 수질 오염 저감 효과는 뚜렷했던 것으로 평가됩니다.

건설 보조금 프로그램(Construction Grants Program) 종료 이후에도 CWA은 의회가 1987년에 제정한 CWA SRF 프로그램을 통해 자금 지원 기능을 계속 수행하고 있는 것으로 평가됩니다. 의회의 예산에 따라 미국환경보호청(U.S. Environmental Protection Agency, USEPA)은 주정부에 보조금을 제공하고, 주정부는 20%의 매칭을 부담하여 저금리 대출과 일부 원금 탕감이 가능하도록 하고 있습니다. 이 자금과 레버리지 펀드를 합치면 총 1,330억 달러 이상의 프로젝트 자금이 지원된 것으로 집계됩니다. SRF 대출의 평균 이자율은 1.5% 수준으로, 시장 금리(4.0%)보다 낮습니다(Cook et al. 2020).

그러나 CWA의 SRF은 주로 점오염원 배출 저감을 목표로 사용되고 있으며, 실제로 수질 저하의 80%는 비점오염원에서 발생하는 것으로 보고됩니다. 그럼에도 불구하고 자금의 5% 미만만이 비점오염원 문제를 해결하는 데 쓰였습니다. 주정부들은 이러한 목적으로 SRF을 활용하는 데 소극적이지만, USEPA는 미규제 유출 문제를 해결한 일부 주의 사례를 모범으로 삼아 다른 주들이 이를 벤치마킹하도록 권고하고 있습니다. USEPA은 최근 모범 사례와 사례 연구를 반영한 새로운 가이드를 발표하여 규제보다는 추가 자원을 제공하는 방식으로 이 문제를 다루도록 지원하고 있습니다(USEPA 2021).

물론 연방 자금을 지원받는 데는 'Buy American' 조항과 데이비스–베이컨(Davis–Bacon) 임금 보장과 같은 연방 조건이 따르기 때문에 차입자에게는 부담 요인이 될 수 있습니다. 그러나 부채 상환이라는 재정 규율 덕분에 연방 납세자의 자금이 투명하게 운영되고, 수용가 참여가 이루어지며, 자금이 시간이 지나도 순환·재활용될 수 있도록 하는 효과가 있습니다. 최근 인프라 투자 및 일자리법(Infrastructure Investment and Jobs Act)에서도 대출과 보조금이 혼합된 인프라 지원 구조가 포함되었듯, 대출과 보조금의 역할에 대한 논의는 앞으로도 계속될 것으로 전망됩니다.

CWA 조항

원래 수질기준은 주에서 정하고 USEPA가 지속적으로 감독하며, 해당 수역의 용도를 지정하도록 하고 있습니다. 이러한 용도에는 CWA 수돗물 공급, 수영, 어류 서식지 보호 등이 포함되며, 예를 들어 특정 농약의 원수 최대 허용 농도나 건강한 송어 서식지 유지를 위한 용존산소 농도와 같은 수치적·서술적 기준이 설정됩니다(Cook et al. 2020).

CWA는 이러한 목표를 야심차게 제시하고 있으나, 실제로는 점오염원 배출 외에는 실질적인 규제 권한이 없습니다. 농업 우수 유출, 수리 구조물 변경, 대기 침적, 서식지 변화 등과 같은 비점오염원 오염에 대해서는 직접적 규제 권한이 없는 것으로 평가됩니다. 비점오염원은 법률상 명시적으로 정의되어 있지 않지만, USC §1362(14)에서 "점오염원"은 "식별 가능하고 제한적이며 개별적인 운반"으로 정의되며 "농업 우수 배출과 관개 농업에서 발생하는 역류는 포함되지 않는다"고 규정하고 있습니다. 다만, 대규모 가축 사육장은 점오염원으로 간주되어 일반 허가 요건이 적용됩니다.

도시 및 상업 지역의 우수는 CWA에 의해 규제되지만, 이는 사전 예방보다는 사후 처리 방식으로 문제를 다루는 것이 일반적입니다. 또한 CWA는 농업 유출수, 토지 이용, 구역 설정, 건축법에 대한 권한을 가지지 않으며, USEPA는 필요에 따라 '친환경 인프라(green infrastructure)' 도입을 권장하고 있는 상황입니다. 불투수면 문제는 장기적으로 해결해야 할 과제로, 이를 위해서는 지방정부나 시민사회 등과의 파트너십이 필수적입니다.

CWA는 할 수 있는 영역에서는 강력한 성과를 내고 있습니다. 2019년 기준으로 약 6,600개의 주요 점오염원(유량 1 mgd 이상)과 79만 2,000개의 지방정부 및 산업 점오염원이 개별 또는 일반 허가 대상입니다. 그러나 하천과 강의 수질이 기준을 충족하지 못하는 경우의 약 80%는 비점오염원 때문인 것으로 보고됩니다(Cook et al. 2020).

이러한 상황을 개선하기 위해 의회는 1987년 §319 (33 USC §1329)를 도입하여 주정부가 "비점오염원 관리 프로그램"을 시행하도록 규정했습니다. 예산은 적지만, 미국농업법(Farm Bill) 자금 등 다른 재원을 연계해 각 유역에서 효과적인 파트너십을 만드는 촉매 역할을 해왔습니다. 살즈만과 톰슨(2019)에 따르면 다음과 같이 설명됩니다:

> "그러나 의회는 USEPA에 비점오염원에 대한 통제 방안을 직접 지정하거나 어떤 주에 강제로 관리 계획을 적용할 권한을 부여하지 않았다. 이는 의도적이었다. 개정안을 발의한 조지 미첼 상원의원[D-MA]에 따르면, 319조는 주정부가 비점오염원을 반드시 통제하도록 요구하지 않는다. '주에서 비점오염원 통제 프로그램을 원하지 않으면 그것으로 끝이다.' "

AWWA는 농업에서 발생하는 수돗물 수원 오염을 줄이기 위해 현재 미국농업법의 보전 항목에 더 많은 자금이 투입되도록 상당한 시간과 노력을 기울여 온 것으로 평가됩니다. 이는 규제되지 않은 농업 유출수를 해결하기 위한 전략적 수자원 보호의 대표적 사례입니다.

재산권 침해 논란은 있지만, CWA의 §404 (33 USC §1344)는 "준설 및 매립" 활동을 규제하여 습지를 보호하고, 결과적으로 중요한 지역의 수자원을 보호하는 핵심 수단으로 기능하고 있습니다. 습지는 다양한 유출 오염물질로부터 수로와 수돗물을 보호하는 필터 또는 완충지대 역할을 합니다. 살즈만과 톰슨(2019)은 다음과 같이 언급했습니다:

> "연구에 따르면 습지는 유출수에서 인의 약 80%와 질소의 90%를 보유하며, 숲이 우거진 습지는 무더운 여름철 수온을 낮춰 유해 조류 발생을 억제한다... 습지는 자연 스펀지처럼 작동하여 최대 유출 시 물을 흡수한 후 시간이 지나면서 천천히 방출한다."

CWA §404와 미국농업법에 따른 보전 프로그램 간 습지 보호 기여도에 대한 논쟁이 있었지만, "습지 순손실 제로" 목표를 향한 진전은 이루어진 것으로 평가됩니다. 1972년에는 연간 약 46만 에이커의 습지가 손실된 것으로 추정되었으나, 현재는 연간 약 70,000~90,000 에이커로 줄어들었습니다(Craig 2022).

CWA는 개별 점오염원과 준설・매립 활동을 규제하는 데 있어 매우 강력한 법적 수단이지만, 유역 단위 거버넌스를 대규모로 추진하거나 필수 파트너와 협력해 실행하는 것은 여전히 다른 규제와 파트너십에 의존하고 있습니다.

폐수 및 수돗물 관리자들은 다음과 같은 다양한 이해관계자들의 협력이 필요하다고 인식하고 있습니다:

- 도로, 건축법, 개발을 관리하는 지역 공무원
- 광활한 국토를 관리하는 연방 및 주 자원 기관
- 농부, 목장주, 사유림 소유주와 협력하는 농업 생산자, 미국 농무부, 토지 보조금 대학
- 토지 이용, 구역 설정, 산림, 초원 및 생물 다양성이 중요한 지역을 효과적으로 관리하는 토지 신탁

이는 유역 거버넌스의 큰 과제이며, 안타깝게도 많은 지역사회에서 이러한 이해관계자들이 여전히 긴밀히 연결되지 못하고 있는 상황입니다.

CWA과 수원 보호

CWA과 SDWA 간의 시너지 창출을 위해 2014년 주정부-USEPA 공동 협력체가 작업그룹을 구성하여 깨끗한 물 프로그램과 수돗물 프로그램 간의 연계 기회를 발굴했으며, 이를 통해「CWA를 활용한 수돗물 수원 보호 및 유역 목표 달성 기회: 주, 주간, 지역 및 연방 수자원 프로그램 관리자를 위한 툴킷」(ASDWA et al. 2014)이 마련되었습니다. 이 가이드라인은 공공 상수원 보호를 위한 수질기준에서 지정 용도의 역할, 수치・서술 기준 설정, NPDES 허가제도, 그 외 CWA의 유용한 요소들을 다루고 있습니다.

프로그램 간 통합은 상위~중간 경영진의 강력한 하향식 의지와 지원 없이 자연스럽게 이루어지는 경우가 거의 없습니다. 이때 개입은 수단에 대해 지나치게 세세하기보다는 목적과 방향에 대해 단호하고 명확해야 효과적입니다. 목표는 명확하고 일관

되어야 하며, 프로그램 통합은 이를 지속적으로 뒷받침할 충분한 후속 실행이 반드시 뒤따라야 합니다.

특히 안전한 수돗물과 관련해서는 공중보건이 최우선 가치임을 USEPA와 각 주정부의 고위 경영진이 명확히 하고, CWA와 SDWA 프로그램 운영에 일관되게 반영해야 합니다. 1970년대 의회가 하나의 통합 법령이 아니라 별도의 개별 법령들을 제정했지만, 이는 USEPA나 주정부 관리자들이 안전한 수돗물이 국민 건강 보호에 필수적이라는 사실을 간과할 면책 사유가 될 수 없습니다. 인간 건강을 위한 분명한 가치 우선순위를 인식하고 실천해야 합니다.

이러한 정책 기조는 TSCA 등 다른 관련 프로그램에도 동일하게 적용되어야 하며, 특히 과불화화합물 대응과 관련해 USEPA가 추진 중인 '기관 전체(whole of agency)' 전략은 이를 실현하는 좋은 선례로 평가되며, 앞으로 주목하고 참고할 만한 모범 사례가 될 수 있습니다.

CWA과 배출허용기준 지침

최근 AWWA는 CWA에 따른 예비 배출허용기준 지침 프로그램 계획 15 (Mehan 2021)에 대해 의견을 제출하였습니다. 이는 AWWA가 이 법을 활용하여 수돗물 수원과 공중보건을 보호하려는 관심에서 비롯된 것입니다. 배출허용기준(Effluent Limitations Guidelines, ELGs)은 오염원을 근원에서 효과적으로 관리하여 수계 및 하류 상수원을 보호하는 동시에, 산업 배출수를 처리하는 폐수 시스템의 처리 부담과 바이오고형물 관리 부담을 줄이는 비용 효율적 수단입니다. 그러나 ELG가 실질적으로 효과를 발휘하려면 주기적인 갱신이 필수적입니다.

적시에 실행 가능한 조치를 위해서는 적시에 정확한 데이터 수집이 전제되어야 합니다. 1974년 이후 CWA 지침 프로그램은 총 59개의 ELGs을 제정했으나, 이 중 24개는 제정 이후 한 번도 개정된 적이 없습니다. 갱신된 일부 지침도 최소 20년 이상 변경되지 않은 경우가 많습니다. 현재 ELGs의 평균 "연령"은 30년을 초과합니다.

화학 산업을 비롯한 미국 경제의 역동성, 그리고 새로운 오염물질의 지속적 증가 추세를 고려할 때, 이와 같은 장기간의 미갱신 상태는 상당한 우려를 자아냅니다. AWWA는 특정한 정책 결과를 요구하지는 않지만, ELGs에 대한 철저하고 체계적인 재검토가 시급하다고 평가합니다. USEPA가 안전한 수돗물을 최우선에 두고 이 과제를 지속적으로 추진하길 바라며, 이를 적시에 완료하기 위해서는 의회의 충분한 지원과 예산이 반드시 뒷받침되어야 합니다.

CWA과 브로마이드

CWA에 따른 브로마이드 규제는 AWWA가 USEPA 수자원국에 꾸준히 조치를 촉구해 온 분야입니다. 수처리 과정에서 생성되는 소독부산물(Disinfection Byproducts, DBPs)은 인체 건강에 잠재적 위험을 미치며, 수자원 내 브로마이드 농도가 높을수록 더 독성이 강한 브롬화 DBPs이 더 많이 형성됩니다. 그러나 브로마이드는 기존 수돗물 처리 공정으로는 제거되지 않으며, 하천 내 기준치나 ELG가 별도로 마련되어 있지 않습니다.

브로마이드는 석탄 연소 시 수은 배출을 억제하기 위해 석탄에 첨가되는데, 이는 미국대기환경보전법(Clean Air Act), CWA, SDWA 간의 법적 목적이 상충되면서 전형적인 '매체 간 오염 이동(cross-media transfer)' 문제를 초래합니다. 그럼에도 불구하고 USEPA는 2015년 증기 발전 폐수 배출 가이드라인(Steam Electric Power Generating Effluent Guidelines)에서 모든 발전 시설의 브로마이드 배출을 직접 제한하지 않고, 개별 허가를 위한 현장별 분석만 권장하는 선에서 그쳤습니다(VanBriesen 외 2021). 마찬가지로, 2020년 ELG 재검토 규칙에서도 '자발적 인센티브 프로그램(voluntary incentives program)'을 선택한 시설에 한해 더 엄격한 기준을 적용하는 대신 준수 기한을 연장하는 방식을 유지했습니다(85 FR 64650).

함께 나아가기

CWA가 앞으로 SDWA를 보다 지속적이고 효과적으로 뒷받침하기 위해서는, “국가수역의 화학적, 물리적, 생물학적 무결성을 회복하고 유지한다”는 목표를 달성하는 과정에서 인간 건강의 가치를 최우선으로 하는 리더십과 이에 대한 충분한 인식이 필요합니다. 두 법은 본질적으로 상호보완적으로 설계된 만큼, 앞으로도 상호 연계하여 시너지를 발휘해야 할 것입니다.

References

1. ASDWA (Association of State Drinking Water Administrators), Association of Clean Water Administrators, Ground Water Protection Council, et al. 2014. *Opportunities to Protect Drinking Water Sources and Advance Watershed Goals Through the Clean Water Act: A Toolkit for State, Interstate, Tribal and Federal Water Program Managers*. www.asdwa. org/wp-content/uploads/2021/03/CWA-SDWA_TOOLKIT_11_10_14_FINAL.pdf
2. Cook M, Gilinsky E, Hanlon J, et al. 2020. *Water Quality: A Half Century of Progress*. EPA Alumni Association. https://www.epaalumni.org/hcp/waterquality.pdf
3. Craig RK. 2022 (5th ed.). *Environmental Law in Context: Cases and Materials*. West Academic Publishing, Saint Paul, Minn.
4. Doyle M. 2018. The Source: How Rivers Made America and America Remade Its Rivers. W.W. Norton & Company, New York.
5. EPA (US Environmental Protection Agency). 2022. Learn About the Clean Water State Revolving Fund. www.epa.gov/cwsrf/learn-about-clean-water-state-revolving-fund-cwsrf
6. EPA. 2021. *CWSRF Best Practices Guide for Financing Nonpoint Source Solutions: Building Successful Project Funding Partnerships*. EPA 841B21012. EPA, Washington.
7. EPA. 2020. Steam Electric Reconsideration Rule. Federal Register. 85:198:64650. www. govinfo.gov/content/pkg/FR-2020-10-13/pdf/2020-19542.pdf
8. Estrin DE. 2011. *Clean Water Act 101 – A Bit of Legislative History*. GreenLaw, Blog of the Pace Environmental Law Programs. https://greenlaw.blogs.pace.edu/2011/04/01/c

wa101

9. Harrington W. 2003. Regulating Industrial Water Pollution in the United States. Unpublished manuscript. Resources for the Future, Washington. www.rff.org/ publications/working-papers/regulating-industrial-water-pollution-in-the-united-states
10. Mehan DT III. 2021. Comments on Preliminary Effluent Limit Guidelines Plan 15 (Docket ID No: EPA-HQ-OW-2012-0547) to Radhika Fox, EPA. Oct. 14.
11. Revesz RL, Livermore MA, Cecot C, et al. 2019 (4th ed.). *Environmental Law and Policy*. Foundation Press, Saint Paul, Minn.
12. Rouse MJ. 2007. *Institutional Governance and Regulation of Water Services: The Essential Elements*. IWA Publishing, London. https://doi.org/10.2166/9781780401973
13. Salzman J, Thompson Jr. BH. 2019 (5th ed.). *Environmental Law and Policy*. Foundation Press, Saint Paul, Minn.
14. Stoddard A, Harcum JB, Simpson JT, et al. 2002. *Municipal Wastewater Treatment: Evaluating Improvements in National Water Quality*. John Wiley & Sons Inc., Hoboken, N.J.
15. VanBriesen JM, Carpenter AT, Good KD, et al. 2021. Journal AWWA. 113:6:48. https://doi.org/10.1002/awwa.1747

미국수도법 시행 : 수도시설을 위한 최신정보 및 안내

2023

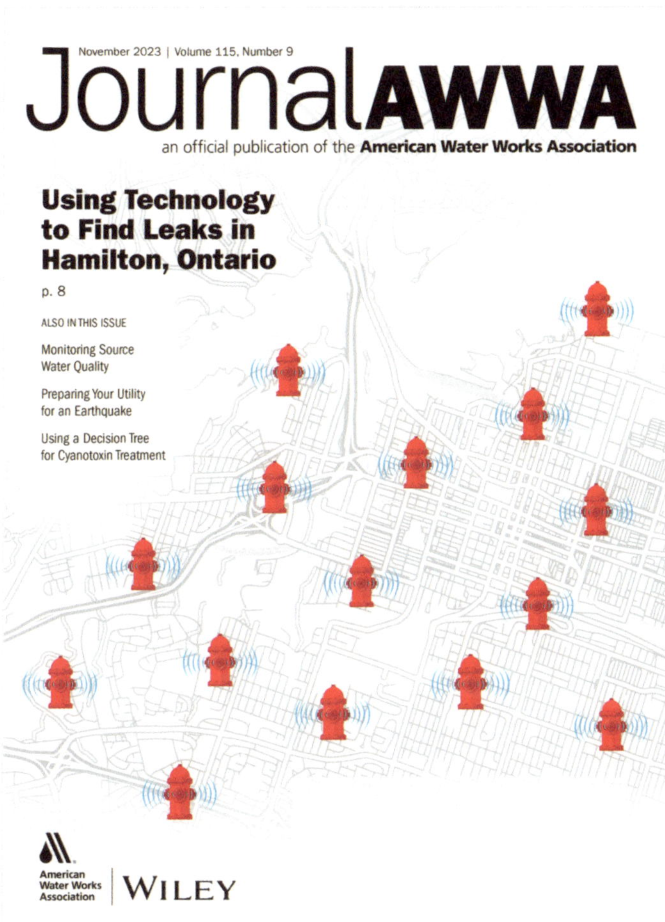

론 텐파스 ▌ 파트너, 빈슨 앤 엘킨스 LLP, 워싱턴 D.C.
코린 스노우 ▌ 변호인, 빈슨 앤 엘킨스 LLP, 워싱턴 D.C.
한나 플레쉬 ▌ 전 변호사, 빈슨 앤 엘킨스 LLP, 워싱턴 D.C.
본 글은 *AWWA 저널* 2023년 11월호(115권 9호, 60~64쪽)에 게재되었습니다.

미국환경보호청(U.S. Environmental Protection Agency, USEPA)은 미국수도법(Safe Drinking Water Act, SDWA)에 따라 공공상수도시스템(public water systems, PWS)을 규제합니다. USEPA의 규정은 국가 수돗물 기준을 설정하며, 여기에는 상수도시스템이 오염물질을 검사해야 하는 의무가 포함됩니다. SDWA 프로그램에 대한 1차 집행 권한이 부여된 주에서도 USEPA는 이러한 요건을 집행하는 데 중요한 역할을 계속 수행하고 있습니다. 2018년, USEPA는 연방 수돗물 규정 준수를 2020~2023 회계연도(fiscal year, FY) 사이의 우선순위로 지정했으며, 2024~2027 회계연도에도 이를 국가집행 및 규정준수 이니셔티브(National Enforcement and Compliance Initiative, NECI)로 지속 유지할 계획입니다. 특히 납 노출 저감, 과중한 부담을 받는 지역의 건강 기반 수돗물 기준 위반 해소, 모든 PWSs의 기후 복원력 향상에 중점을 두고 추진될 예정입니다.

USEPA의 추진계획 (Initiatives)

USEPA는 4년마다 기관이 중요하고 광범위한 환경 문제와 중첩된다고 판단되는 규정 준수 영역을 선정합니다. 이후 이러한 우선순위 환경 문제에 대한 법률 및 규정의 집행과 준수를 강화하기 위해 추가 자원을 투입합니다. USEPA는 2020~2023 회계연도 동안 대기, 유해 화학물질, 수질에 중점을 둔 6개의 추진계획을 운영하고 있습니다. USEPA의 감독 대상 전 영역에서 집행 활동은 계속되지만, NECI로 지정된 영역은 특히 더 많은 관심과 자원이 집중됩니다.

USEPA는 현재 커뮤니티 상수도시스템(community water systems, CWSs)에서 수돗물 기준 미준수 감소(Reducing Noncompliance With Drinking Water Standards at CWSs)'라는 이니셔티브를 운영하고 있습니다. 2018년 기준으로 USEPA는 CWSs(연중 동일 인구에게 물을 공급하는 PWSs)의 약 40%가 최소 하나 이상의 건강 기반 수돗물 기준을 위반한 것으로 추정했습니다. 이에 따라 USEPA는 2022 회계연도 말까지 규정 위반 CWS의 수를 3,600개에서 2,700개로 25% 줄이겠다는 목표를 설정했습니다. 이를 위해 고위험 PWSs를 집중 관리하고, 기술 지원을 제공하며, 주 및 지방정부의 우선권(primacy) 집행 역량을 강화하여 적극적인 집행과 비준수 PWSs 문제 해결을 지원하겠다고 약속했습니다.

더 많은 검사와 시행

Point

USEPA는 특정 PWS이 법적으로 요구되는 위험 및 복원력 평가와 비상 대응 계획에 기후 변화 위험을 포함하도록 함으로써 규정 준수의 실질적 범위를 확대할 계획입니다.

2020~2022 회계연도 동안 USEPA는 규정 준수 목표 달성을 위해 "상당한 진전"이 있었다고 밝히며 수백 건의 CWSs 검사를 실시했습니다. 그러나 최근 집행 자료에 따르면 2022년 회계연도 종료시점까지 목표했던 25% 감소 목표를 달성하지 못하였습니다. 이에 따라, USEPA는 2024~2027 회계연도 주기에도 CWSs의 규정 준수를 추가로 개선할 계획이라고 밝혔습니다.

USEPA 공지에 따르면 PWSs는 지하수 규칙(Groundwater Rule), 소독제 및 소독부산물 규칙(Disinfectants and Disinfection Byproducts Rules) 등 국가 수돗물 규정의 보다 엄격한 시행과 함께 납과 관련된 강화된 요구사항을 예상해야 합니다. NECI 공지에서 USEPA는 납 노출을 "미국에서 가장 시급한 환경 및 공중보건 문제 중 하나"로 간주한다고 명시했습니다.

이전 행정부 말기에 USEPA는 2024년에 발효될 납 및 구리 규칙(Lead and Copper Rule)에 대한 장기 개정안을 발표했으며, 2023년에는 추가 개정안도 제안할 예정이라고 밝혔습니다. 최종 NECI에서 USEPA는 납에 특화된 새로운 NECI를 별도로 만들지 않기로 결정했지만, "집행 및 규정 준수 보증 프로그램을 통해 납 전략(Lead Strategy)에 따라 납 노출 문제 해결을 위한 기관의 전반적 노력에 기여할 것"이라고 언급했습니다.

환경 정의 (Environmental Justice)

현 행정부가 환경 정의에 중점을 두고 있고, NECI와 결합되면서 PWSs는 USEPA

가 소수계층, 저소득층, 부족 지역 또는 원주민 공동체 등 불균형적인 환경 피해와 위험에 노출될 가능성이 있는 지역사회에 더욱 많은 관심을 기울일 것으로 예상할 수 있습니다. 연방정부는 수돗물 기준 위반의 몇몇 대표적인 사례로 인해 이러한 지역의 SDWA 준수 문제에 대해 점점 더 집중해 왔으며, USEPA는 2022년에 SDWA 제1431조에 따라 주로 저소득층 및 소수민족 공동체를 대상으로 최소 11건의 긴급 명령을 발령한 바 있습니다. 이 긴급 명령은 PWSs가 즉시 수돗물과 공중보건에 대한 시급한 위협을 해결하도록 요구하는 특별한 연방 권한을 활용한 것입니다. 또한 USEPA는 SDWA 검사를 전담할 인력을 추가로 채용하고 전문 교육을 실시하여 검사 역량과 자원을 강화하고, 이를 통해 이번 이니셔티브를 더욱 적극적으로 추진할 계획입니다.

기후 변화

USEPA는 일부 PWS가 법적으로 요구되는 위험 및 복원력 평가와 비상 대응 계획에 기후 변화 위험을 반드시 포함해야 한다고 명시하고 있습니다. 2018년, 의회는 SDWA 제1433조를 개정하여 3,300명 이상에 물을 공급하는 CWSs는 위험 및 복원성 평가와 비상 대응 계획을 수립하거나 갱신하도록 의무화했습니다. 이 법은 CWSs가 시스템에 대한 자연재해 위험을 평가해야 한다고 명시하고 있지만, 기후 변화에 대한 직접적인 언급은 없습니다. 그럼에도 불구하고, USEPA는 제1433조를 해석하여 CWSs의 기후 변화로 인한 위험을 평가하도록 요구할 계획인 것으로 보입니다. 다만, 이러한 복원성 계획에 대한 연방정부의 접근 권한이나 구체적인 집행 조치 범위는 현재로서는 명확하지 않습니다. 이는 SDWA가 PWSs가 필수 비상 대응 계획을 USEPA에 제출하도록 요구하고 있지 않고, 단지 계획이 완료되었음을 인증하지 않도록만 규정하고 있으며, 기부 변화와 관련한 구체적인 사항은 별도로 명시하고 있지 않기 때문입니다.

검사 및 시행 관련 조치

SDWA의 정보 수집 권한은 우선 집행 기관(primacy agency)이 PWSs가 SDWA를 준수하고 있는지 확인하거나 적절한 시행 조치를 취할 수 있도록 하는 중요한 도구를 제공합니다. PWSs는 이러한 권한과 관련된 요구사항을 항상 염두에 두어야 할 뿐만 아니라, 시행 조치의 위험을 줄이기 위한 모범 사례(best practices)를 도입하는 것도 고려해야 합니다. 이에 따라 다음 섹션에서는 규제 기관이 SDWA에 따라 보유하고 있는 정보 수집 권한, 이 권한이 PWSs에 미치는 영향, 그리고 PWSs가 시행 리스크를 줄이기 위해 할 수 있는 방안에 대해 살펴봅니다.

정보 수집 권한

SDWA 제1445조는 PWSs에 기록과 보고서를 "수립하고 유지"하며, 규제 오염물질과 미규제 오염물질에 대한 모니터링을 수행하고, 규정이나 정보 요청을 통해 "USEPA 관리자가 합리적으로 요구할 수 있는 정보"를 제공하도록 명시하고 있습니다. 또한, SDWA 제1445조는 연방정부가 우선 집행 권한을 가진 주정부 기관에 사전 통보한 후, PWSs의 "시설, 사업장, 기타 부지에 출입하여 합리적인 시간에 기록, 파일, 서류, 공정, 관리체계 및 시설을 검사하거나 시스템의 특정 기능을 테스트할 수 있는 권한"을 부여하고 있습니다. 주정부 기관 대표자는 연방정부 대표자를 대신하거나 함께 PWSs에 대해 이 정보를 요구할 수 있으며, 주정부는 샘플링 결과, 위반 정보, 그리고 해당 PWSs에 대해 취한 집행 조치 등의 특정 정보를 USEPA에 보고해야 합니다.

규제 기관에 대한 대응

연방 및 주정부가 정보를 요구하고 검사를 수행할 수 있는 권한을 가지고 있기 때문에 PWSs는 규제 기관의 요청에 적시에 그리고 정확하게 대응해야 합니다. 이를 준수하지 않을 경우, 실질적인 규제 요건 위반 외에도 SDWA의 독립적인 위반으로 간주될 수 있습니다. 예를 들어, PWSs가 고의로 허위 또는 부정확한 정보를 정부 공무원에게 제공하는 경우, 연방법이나 주법에 따라 별도의 집행 조치나 형사 기소가 이루어질 수 있습니다.

검사관이나 집행 담당 공무원이 SDWA 준수 여부와 관련해 검사를 수행하면, 수집된 정보를 바탕으로 위반 여부를 검토합니다. 위반이 확인되면(실질적이고 보건 기반의 위반이든, 데이터를 기한 내 제출하지 않는 등 절차적 위반이든 관계없이), 주무 기관은 일반적으로 비공식적으로 위반 사실 통지를 제공하고 PWSs가 지정된 기간 내에 이를 시정하도록 지시합니다. 대체로 PWSs가 정해진 시한까지 위반 사항을 시정하지 않을 경우에만 주 기관이 강제 집행 절차를 시작하게 됩니다.

집행 조치(Enforcement responses)는 비공식적(위반 통지서나 경고 서한 등)일 수도 있고 공식적(인용장, 행정 명령, 주 검찰총장 또는 법무부로의 민사 송치, 형사 기소 등)일 수도 있습니다. 비공식적 조치와 공식적 조치의 주요 차이점은, 공식적 조치는 PWSs가 집행 가능한 일정에 따라 규정을 준수하도록 요구한다는 점이고, 비공식적 조치는 시스템이 규정을 준수할 수 있도록 보다 유연성을 허용할 수 있다는 점입니다.

모범 사례

기관의 집행 및 정보 수집 권한으로 인한 잠재적인 법적 리스크를 최소화하기 위해 PWSs는 <그림 19.1>에 설명된 바와 같이 정보 요청 또는 검사 전, 도중, 후에 시설에서 특정 모범 사례를 시행하는 것을 고려할 수 있습니다.

규제 환경이 변화함에 따라 PWSs는 모든 요구 사항을 내부적으로 검토하고, 규정 준수를 보장할 수 있는 계획과 절차를 사전에 마련하여 추가적인 감시나 점검에 대비해야 합니다.

정보 요청이나 검사 이전

- SDWA 요구사항 및 이에 대한 준수 현황을 잘 정리된 상태로 기록하여 유지
- 중요한 문서와 기록이 폐기되지 않도록, 관련 시설에 적절하고 합리적인 문서 보존 정책을 마련
- 중요 정보의 관리 책임자를 파악하고 추적할 수 있도록 함
- 주 및 연방 규제 동향을 모니터링하고 변경 사항을 파악할 수 있는 내부 시스템이나 절차를 운영
- 법률 자문이 필요할 경우를 대비하여 내부 또는 외부 법률 자문인을 활용하는 방안을 검토
- 언제든지 점검이 이루어질 수 있음을 인식하고 대비합니다. 연방 공무원은 주 정부의 우선 권한 기관에 사전 통보한 후 예고 없이 깜짝 점검을 실시할 수 있음

정보 요청이나 검사 중에

- 정부 공무원 및 검사관과는 정중하고 예의 바르며 전문적인 태도를 유지
- 검사나 정보 요청과 관련된 내부 커뮤니케이션은 신중하게 처리합니다. 정부 공무원이 공식적인 집행 절차를 진행할 경우, 정보 수집 활동과 관련된 기록을 요구할 수 있음
- 필요한 경우 변호사를 포함하여 논의할지 검토하며, 변호사와의 커뮤니케이션은 변호사 – 의뢰인 비밀 특권으로 보호될 수 있음
- 정부 공무원이 요청한 정보는 정확하고 신속하게 제공
- 관련 정보가 없는 경우에는 사실대로 알리고 허위 정보를 작성하지 않음
- 위반 사실이 포함된 정보라 하더라도 절대 정보를 위조하거나 허위로 작성하지 않음

정보를 제출하거나 검사를 받은 후에

- 검사 후에는 사내 또는 외부 법률 자문과 후속 논의를 진행하여 검사 결과를 공유하고, 추가 질의가 있는지 여부를 알림
- SDWA 준수와 관련하여 새로운 정보나 다른 사실이 발견되면 가능한 한 신속하게 정부 관계자에게 알림
- 조사관이 추가 자료를 요청할 경우, 정해진 기한 내에 신속하고 정확하게 제출
- 향후 정보 요청 및 검사를 대비하여 관련 기록을 계속 체계적으로 유지

그림 19.1 수도시설의 규정 준수 모범 사례

감사의 글

저자는 이 글 초안을 작성하는 데 기여와 통찰력을 제공한 휴스턴 빈슨 앤 엘킨스의 파트너인 조지 윌킨슨 주니어(George O. Wilkinson Jr.)에게 감사의 뜻을 표합니다.

미국수도법 50주년, 커지는 변화의 물결

2024

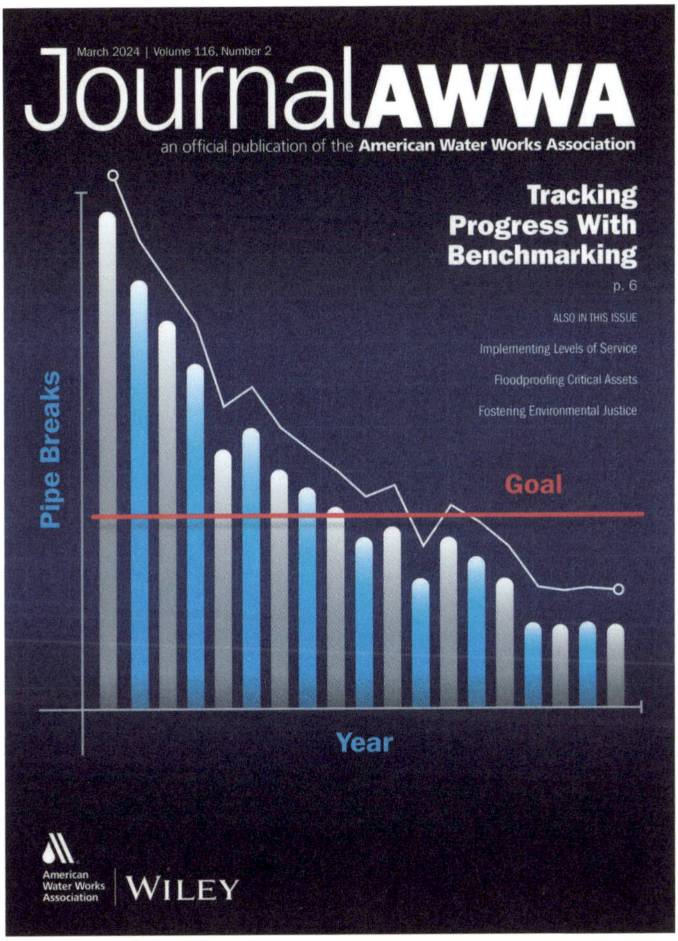

크리스 무디 ▌ 규제 기술 관리자, AWWA,, 워싱턴, D.C.

본 글은 *AWWA 저널* 2024년 3월호(116권 2호, 5페이지)에 게재되었습니다.

올해는 제럴드 포드 대통령이 1974년에 미국수도법(Safe Drinking Water Act, SDWA)에 서명한 지 50주년이 되는 해입니다. 지난 반세기 동안 미국의 수돗물 수질은 눈에 띄게 개선되어 왔으며, 이제 상수도 시스템 전반에 걸쳐 새로운 변화의 물결이 찾아오고 있습니다.

수돗물 오염물질의 추가적인 규제

2023년 말, 미국환경보호청(U.S. Environmental Protection Agency, USEPA)은 과불화화합물(per- and polyfluoroalkyl substances, PFAS), 미생물 및 소독부산물(microbes and disinfection byproducts, M/DBPs), 납 등을 제한하기 위해 기존 수돗물 규정을 새로 제정하고 개정하기 위한 조치를 취하였습니다.

USEPA는 국가수돗물자문위원회(National Drinking Water Advisory Council)와 만나 권장 개정안에 대해 논의하였습니다. USEPA는 2025년 7월까지 M/DBP 규칙 개정안을 제안해야 하는 상황입니다. 개정안에는 소독제 최소잔류농도를 기존의 '검출가능' 수준에서 구체적인 수치 기준으로 변경하고, 총 유기탄소 제거 요구 사항을 강화하며, 할로아세트산 기준을 개정하고, DBP 모니터링 요구 사항을 변경하는 내용이 포함될 수 있습니다.

USEPA는 현재 수도 인프라의 납 관리와 제거 요건을 더욱 강화하기 위해 '납 및 구리 규칙 개선안(Lead and Copper Rule Improvements, LCRI)'을 제안하고 있습니다. 개정안에는 규제 수준을 기존 15μg/L에서 10μg/L로 낮추고, 2021년 규칙에서 설정한 트리거 수준을 폐지하며, 납 서비스 라인을 10년 이내에 전면 제거·교체하고 대중 참여 활동을 강화하도록 하는 내용이 포함되어 있습니다.

마지막으로, 이 글을 작성하는 시점에서 USEPA는 PFAS에 대한 1차수돗물연방기준(national primary drinking water standards)을 수립하는 최종 규칙을 백악관 예산관리실(Office of Management and Budget)에 제출한 상태입니다. 제안된 규칙에는 6가지 PFAS에 대한 기준이 포함되어 있으며, 이로 인해 수돗물 처리 시설에 400억 달러 이상의 투자와 장기적인 운영 및 유지관리 비용이 필요할 것으로 예상됩니다.

대중과의 소통

USEPA는 공공상수도시스템이 수돗물 품질에 대해 소비자와 보다 현대적이고 효과적으로 소통할 수 있도록 소비자 신뢰 보고서(Consumer Confidence Reports, CCR) 개정안을 최종 확정할 준비를 하고 있습니다. 개정된 요건에는 보고서의 가독성과 이해도를 높이고, 영어 능력이 부족한 소비자를 위한 번역 제공, 소비자에게 더 빈번한 정보 제공, 전자 문서로의 전달 등이 포함되어 있습니다.

이러한 개정안 중 일부는 이미 일부 공공상수시스템에서 활용하고 있는 모범 사례를 반영한 것입니다. 그러나 일부 개정 내용은 SDWA의 본래 취지를 약화시키고 광범위한 불신을 초래할 가능성이 있다는 지적도 있습니다. 대표적인 예로, 상수도 사업자가 "안전하다"는 표현을 포함하여 "오해의 소지가 있거나 허위인 진술"을 하지 못하도록 규정하는 " '안전하다'고 말하지 말 것" 조항이 있습니다.

사이버 보안

USEPA와 사이버보안 및 인프라 보안국(Cybersecurity and Infrastructure Security Agency), 그리고 국회의원들은 사이버 공격으로부터 국가 중요 인프라를 보호하는 방안에 계속 집중하고 있습니다. AWWA는 물 인프라에 대한 잠재적 사이버 보안 위협을 인식하고 있으며, 이에 따라 지속적으로 사이버 보안 교육 도구를 제공하고 해당 부문의 사이버 보안 요구 사항을 해결하기 위한 국가적 프레임워크 마련을 지지하고 있습니다. USEPA는 각 주에서 위생 조사를 통해 상수도시스템의 사이버 보안을 평가하도록 하는 규칙을 발표한 바 있으나, 여러 주정부가 AWWA와 전미농촌용수협회(National Rural Water Association)와 함께 절차적 문제와 의도치 않은 데이터 프라이버시 문제를 이유로 이 규칙에 대해 이의를 제기하였습니다. 결국 USEPA는 해당 규칙을 철회한 상태입니다.

현재 전력 부문과 유사한 상수도시스템 전용 부문별 사이버 보안 프레임워크를 구축하는 법안이 도입을 앞두고 있습니다. 이러한 논의와 제도 개선은 2018년 제정된 미국 수도 인프라 법(America's Water Infrastructure Act of 2018)에 따라 수도 시스템이 2차 위험 및 복원력 평가를 완료하기 위한 노력이 진행됨에 따라 함께 진전될 것입니다.

주목할 만한 변화

다른 주목할 만한 변화들도 함께 살펴볼 필요가 있습니다. 우선, USEPA는 미국대기환경보전법(Clean Air Act)에 따른 위험 관리 계획을 개정하는 규칙을 추진 중이며, 이 규칙은 염소 가스를 사용하는 시설에 새로운 요건을 부과할 가능성이 있습니다. 또한, 석면의 제조 및 사용을 전면 금지하는 규제도 진행되고 있어, 차아염소산염을 제조하는 업체들은 주요 생산 설비를 비석면 재료로 전환해야 할 것으로 보입니다. 아울러, PFAS을 함유한 재료에 대해서도 몇 가지 비(非) SDWA 규칙이 마련되고 있는 상황입니다.

AWWA는 이러한 변화 속에서도 USEPA 및 기타 정부 기관과의 긴밀한 협력을 유지하고 있으며, 입법 활동을 통해 회원사를 지속적으로 지원하고 있습니다.

대한상하수도학회 특별출판위원회

- 김경민 (국회입법조사처)
- 김춘수 (국립공주대학교 환경공학과)
- 맹승규 (세종대학교 건설환경공학과)
- 오희경 (서울시립대학교 환경공학부)
- 이윤호 (광주과학기술원 환경 · 에너지공학부)
- 전강민 (강원대학교 건축토목환경공학부)
- 정관호 (조선대학교 환경공학과)
- 정석희 (전남대학교 환경에너지공학과)
- 최용주 (서울대학교 건설환경공학부)
- 최정권 (서울대학교 건설환경공학부)
- 최정현 (이화여자대학교 환경공학과)

The Safe Drinking Water Act Turns 50
반백살의 미국 수돗물 들여다보기 정가 25,000원

발 행 2025년 10월 30일 1판 1쇄
저 자 American Water Works Association
역 자 김경민 · 김춘수 · 맹승규 · 오희경 · 이윤호 · 전강민
정관호 · 정석희 · 최용주 · 최정권 · 최정현
발행인 정우용
발행처 도서출판 동화기술
경기도 파주시 광인사길 201(문발동, 파주출판도시)
Tel (031)955-4211~6 donghwapub@nate.com
Fax (031)955-4217 www.donghwapub.co.kr
(등록) 1977년 12월 19일/9-16호

Printed in Korea
ISBN 978-89-425-9737-6